新概念工程图学

刘培晨 等　编著

科学出版社

北京

内 容 简 介

本书针对工程图学的三大核心问题(看图、画图、标注)进行较深入的探讨，形成一套新颖、高效、实用的讲解方法，以提高读者的学习兴趣，帮助读者记忆、把握相关内容。例如，对于形体分析法看图，提出将组合体划分为柱体的分解原则，大大简化了看图步骤，给出推断柱体形状的“公式”和判断试分方案可行性的原则；对于线面分析法看图，从应用的角度下定义，总结出三种看图方法，使看图告别了“猜想”阶段；对于一个机件需要用哪几个图形表达形状，需要多少个尺寸表示大小进行了独到的分析，给出了明确的答案；对线、面的投影特点进行简要的证明，如用非常简单的方法证明投影面垂直面的投影是直线，平行面的投影反映实形，倾斜面的投影是类似形状等。对于本课程涉及的其他内容，如基本体、相贯线、截交线的画法，以及标注表面粗糙度和公差等，也都总结出一整套较为系统、完善的讲解方法。

本书可为读者提供免费课件。请打开网址 www.ecsponline.com，在页面最上方注册或通过 QQ、微信等方式快速登录，在页面搜索框输入书名，找到图书后进入图书详情页，在“资源下载”栏目中下载该课件。

本书适合普通高等院校和大、中专院校开设工程图学课程的专业以及各类培训机构作为教材使用，也特别适合作自学、复习提高用书。

图书在版编目(CIP)数据

新概念工程图学 / 刘培晨等编著. —北京：科学出版社，2019.5

ISBN 978-7-03-060791-1

Ⅰ. ①新… Ⅱ. ①刘… Ⅲ. ①工程制图 Ⅳ.①TB23

中国版本图书馆 CIP 数据核字(2019)第 044923 号

责任编辑：邓　静　张丽花　王晓丽 / 责任校对：郭瑞芝
责任印制：张　伟 / 封面设计：迷底书装

科 学 出 版 社 出版
北京东黄城根北街 16 号
邮政编码：100717
http://www.sciencep.com

北京建宏印刷有限公司 印刷

科学出版社发行　各地新华书店经销
*
2019 年 5 月第　一　版　开本：787×1092　1/16
2019 年11月第二次印刷　印张：13 1/4
字数：340 000

定价：49. 80 元

(如有印装质量问题，我社负责调换)

前　言

作者多年来一直从事工程图学(又叫画法几何与工程制图等名称)的教学工作。在学习和教学过程中曾经遭遇了种种困惑，感到有许多关键问题还没有确切的答案。例如，一个机件需要标注多少个尺寸？需要用几个图形表达形状？能否使看图跨越“猜想”阶段？如何确定局部视图的大小和局部剖的剖切范围？凡此种种，不一而足。作者在多年的教学实践中，对相关问题进行了深入的探讨，找到了确切答案，形成了一套较为完善、系统的讲解方法，发表过多篇教学论文，在应用中取得较好的教学效果。作者将这些年的感悟呈现给大家，以期对本课程的教学尽一点绵薄之力。本书有如下创新点，书名中的“新概念”也来自这些创新点。

1. 编写形式创新点

(1) 每章后面有内容丰富、全面的思考题和下一章预习题，引导学生复习、提炼所学知识，指导预习下一章内容。

虽然画图和标注是本课程的核心(这可能是现有大多数教材中没有思考题的原因)，但为了避免知其然而不知其所以然的现象，思考题是一种很好的传授方式。特别是高水平的判断题和不定项选择题，可以把画图、标注的技巧与规律，以及其他容易忽视、混淆的知识点，用一两句话概括出来，让学生在判断、选择中把握重点，少走弯路，清除似是而非的不当认知。本书的课后思考题体现了作者对所述问题的见解，可以帮助学生较快地把握相关知识。

目前教育部力推以学为主的教学改革，课前预习是核心。预习可以培养学生的自学能力和探索能力，是提升教学效果的重要环节，“下章预习题”介绍预习需要重点把握的知识点。

(2) 本书的配套多媒体课件，核心内容与本书相同，增加了例题数量(有部分进一步强化的内容和部分书中没有列出的例题)。例题讲解做到像黑板讲解那样，按精心优化的顺序，一条线一条线地画图，一个尺寸一个尺寸地标注，即时显示讲解文字，比课堂板书更为清晰、高效。

2. 内容方面创新点

本书所涉内容范围与现有教材相同，其创新点主要体现在以下8个方面。

1) 在点、线、面的投影方面

(1) 在投影的形成中，架设了自然现象与理论抽象之间的连接桥梁。说明了影子的实质，给出点的投影的定义。

(2) 对于点的投影，着重强调投影与坐标的关系，多角度展示投影由三维空间转换到平面的过程，说明已知两个投影可以求第三个投影的理由及所有可能的情况，总结判断投影可见性的一般规则。

(3) 对于直线的投影，简要证明各种位置直线的投影特点。将直线的投影特点“与坐标轴平行”转变为“与坐标轴垂直”，使投影特点与坐标值直接关联。总结根据直线的任意两个投影判断其与投影面的相对位置的通用规则。

(4) 对于平面的投影，简要证明各种位置平面的投影特点；用非常简单的方法证明投影面垂直面、平行面、倾斜面的投影特点，证明平面投影的类似性，归纳类似的项目，将用投影规律指导作图落到实处；总结根据平面的两个投影判断其与投影面的相对位置的通用规则。

(5) 对线、面相交问题，阐述了可见性的本质，介绍一种判断可见性的直观方法。

简要证明可以帮助初学者理解、把握相关知识。讲完每一种线、面的投影规律，都配有对应的例题或练习题，加深学生对线、面投影的把握，为画立体图夯实基础。

2) 在立体的投影方面

(1) 对于平面立体的投影，从便于作图的角度，将立体分解为直线和平面，用动画(本书涉及的动画均在课件中)在三维空间中展示通过绘制各组直线和平面的投影，最后形成立体的投影过程和方法。按作者优化的作图顺序，从画底稿到加深，用动画展示每一条线的绘制过程。接着在三维空间中分析立体的每一表面的投影，说明利用可见性找点的投影的一般规律。

(2) 对于回转体的投影，给出转向轮廓线的定义，通过动画从多个视角介绍轮廓线的投影，总结其在三个投影图中的位置关系，给出利用可见性找点的投影的一般规则。

(3) 对于平面立体截交线，给出确定交线边数、交线端点在棱线上或在平面上的通用方法，这是利用平面投影特点画交线的根本。总结画平面立体截交线的三个步骤，用动画进行展示。

将画单个平面的投影、立体的表面投影和截交线的投影串联在一起，从基础到应用，由浅入深，可以收到很好的效果。

(4) 对于相贯线，用动画展示相贯线上每一个点的求解过程，给出把这些点连接成曲线的通用规则。阐明用圆弧近似表示相贯线的原理，用动画展示绘制方法。

(5) 对回转体的截交线进行更为合理的归类。

对上述问题的讲解都设有基本例题和拓展例题，对前者的讲解细化到每一线、面的投影，后者只介绍难点和重点。

3) 在画三视图和看图方面

(1) 讲解三视图的形成时，给出通过“正视”直接“看出”立体投影的方法，总结以柱体为基本单元画三视图的通用方法，完善主视图的选择准则。用动画演示三视图的绘制过程，包括从选择图纸到视图布局，从画底稿到加深，按作者总结的作图顺序，绘制每一条图线的全过程。

(2) 关于看视图，对形体分析法，给出形体分析的试分原则和判定“试分”正误的标准。提出以柱体为单元看图的基本原则，大大简化了看图步骤。总结根据两个投影推断各种基本体形状的方法，给出了推断柱体形状的“公式”，填补了看图缺少的中间环节；对线面分析法，从应用的角度下定义，总结出三种看图方法，使看图告别了“猜想”阶段。

4) 在标注尺寸方面

(1) 打破传统的讲解方法，将几何作图和标注尺寸串联起来讲解。明确画图条件，就是需要标注的尺寸。对定位尺寸作了定义，明确尺寸的起点与终点。对标注尺寸的硬性规定进行合理的解释，说明违背规定可能造成的后果。

(2) 对于标注平面图形尺寸，确立平面图形尺寸的标注顺序和要领，明确各种线段需要标注的定位尺寸和定形尺寸。提出对称尺寸的概念，解释对称结构尺寸标注的特殊要求，说明圆需要标注直径不能标注半径的原因。对尺寸标注的硬性规定进行合理的解释。

(3) 对于标注组合体尺寸，引入端面尺寸和厚度尺寸的概念，阐明各种基本体需要标注的定位尺寸和定形尺寸；结合例题给出了叠加、挖切形成的两种组合体的标注顺序和通用方法。

将平面图形的尺寸划分为直角坐标和极坐标两种形式，组合体的尺寸划分为直角坐标、柱坐标、球坐标三种形式，说明每一种“形式”各自适宜标注的图形。尺寸的坐标形式是保证尺寸标注合理、齐全的催化剂。

上述标注方法，建立了一个层层递进的理论体系，据此标注的尺寸与国标例图中的尺寸一致。看图、标注尺寸、选择表达方案的方法，是作者在多年的教学实践中逐步形成的，已在 1996 年、1997 年、2001 年先后发表了相关教学论文。

5) 在轴测图方面

提出以柱体为单元绘制轴测图的思路，确立了先画端面再画棱线的作图顺序。按倾斜线的端点是否在与坐标轴平行的棱线上，分两类介绍倾斜线的画法。介绍坐标原点位置和坐标轴方向的确定原则。依据圆角与椭圆弧的对应关系介绍其画法。结合典型实例，介绍画堆积、挖切两种组合体轴测图的方法和步骤。

6) 在机件的表达方法方面

(1) 对于六个基本视图，引入轴对称的概念，明确相关视图形状的对应关系；分析视图需要标注的原因，提出尽量在“三视图”上标注投影方向，以及如何确定投影方向的基本原则。

(2) 对于局部视图，强调画局部视图的缘由，给出确定局部大小的实用方法，这是画好局部视图首先要解决的核心问题。阐明了局部视图可以不画波浪线，视图可以省略标注的理由。用选择表达方案例题，对各类视图的选用和画法作了强化训练。

(3) 对于剖视图，详细说明作剖视的理由，用一个典型实例，说明确定剖切位置的一般原则，以及选择不当造成的后果。阐述了剖视图可以省略标注的理由；对于局部剖视图，给出确定剖切范围的通用原则，详细阐明画波浪线需要考虑的各种问题；阐明剖切符号不表示剖面大小，这一初学者容易混淆的问题；对半剖视说明了分界面、剖切面的区别，分界面与中心线的关系，对基本对称的机件作半剖视应注意的问题；论述半剖视与局部剖、阶梯剖与旋转剖的优先级，以及可以在视图中不作剖视，保留少量虚线的原则。

(4) 用对比法介绍了断面图的画法。指出其与剖视图在画法和标注上的异同，给出将断面图画为剖视图应遵循的规律。

(5) 对于简化画法进行归纳与总结，没有照搬国标中的相关条目。

7) 在零件图方面

对于选择机件的表达方案，用翔实的实例从多个方面介绍了主视图的选择原则，说明选择主视图以后，再选哪一个视图作为第二个视图；选择两个视图以后，再以基本体(主要是柱体)为单元进行分析，确定每一基本体用哪几个视图表达其形状，哪几个图形表达基本体之间的相对位置，如何协调形状与位置的关系等。详细介绍各类零件确立表达方案的一般方法，对于选择复杂零件的表达方案进行重点分析和论述。

对于公差与配合、表面粗糙度的标注，没有简单罗列国标中枯燥的、生硬的条目，而是对相关内容进行系统归纳与总结，用通俗易懂的语言向学生介绍现阶段应该掌握的相关知识，从功能上给“配合”下定义。

8）在装配图方面

对于选择表达方案、绘制装配图，强调以装配干线为单元进行分析和画图，给出划分装配干线的典型实例，阐明每一装配干线需要几个图形，如何剖切表达各零件的连接关系和相对位置，以及该干线的空间位置；说明了装配干线有简有繁，即使一个螺钉，也需要按上述原则选择表达方案。结合典型实例，详尽阐明在装配图中如何确定每一零件的相对位置。给出了看装配图、拆分零件图的详尽步骤和通用方法。

一直以来，“工程图学”被学生视为最难学的课程之一，本课程综合性极强，画一个图、看一个图几乎用到课程的全部内容，即便课堂上理解了各零散的知识点，课后没有便于复习、查阅的教材，学生遇到问题又会茫茫然不知所以。作者力图奉献给学生一本便于自学、复习和查阅的教材。本书每章后面的思考题均是作者原创，能够引导学生复习、归纳所学知识，预习下章内容，使学生在选择、判断中，轻松把握课程的重点和难点，消除似是而非的模糊认知，少走弯路。市面上现有习题集内容相差不大，可以达到相同使用效果。请读者自行选用一本流通时间长、再版次数多的习题集来练习画图、看图题，例如由刘荣珍等编写的科学出版社出版的《机械制图习题集(第三版)》(该习题集含解答视频)。读者也可以根据课时的多寡选择难度更大或更小的其他习题集。

在本书编写过程中参考了一些同类教材，在此对原创作者表示衷心感谢！本书主要由青岛大学刘培晨编著，参加本书编写的还有戈升波、王建华、万勇、潘松峰、卞国龙、谢凤彦、张楠、刘庆斌、刘金霞，书中部分图片由王新月提供，在此表示感谢。

书中第 2.8 节的知识点与后续章节没有关联，少学时的非机类专业学生可以不学，其他内容是画图、看图必须用到的。

在本书写作过程中得到了山东大学葛佩琪教授、青岛大学史秋花研究员多方面的指导，他们提出了许多宝贵的修改意见，在此表示衷心的感谢！

由于作者水平所限，特别是对重要问题的创新讲解，可能会有疏漏之处，望读者和同行不吝指教，愿与大家共同探讨，进一步提高教材质量。如果您对本书有什么意见、建议或疑问，可以发送电子邮件至 1535025388@qq.com，我们非常欢迎您的来信。

编　者

2017 年 12 月

目　录

绪　论

1. 本课程的研究对象

工程图学是一门研究图示、图解空间几何问题，绘制与阅读工程图样的基础性学科。简言之，本课程的核心是研究画图、看图和标注三大问题。例如，根据图 1(a)所示零件，画出图 1(b)所示图样，并标注尺寸、其他符号和文字(即技术要求)，称为画图。反之，根据图 1(b)所示图样，想出图 1(a)所示形状，看懂图中标注的所有项目，称为看图。

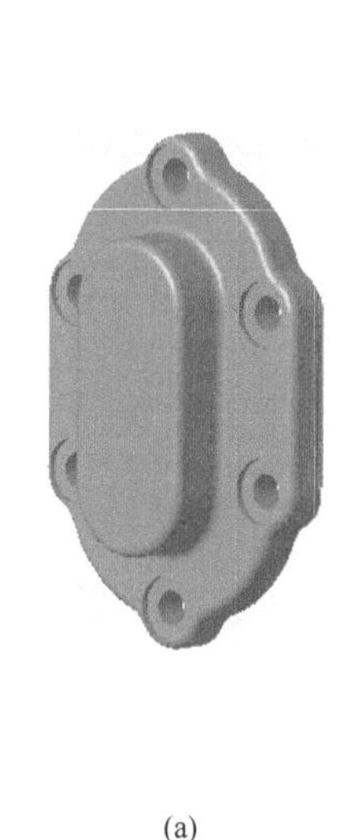

(a)

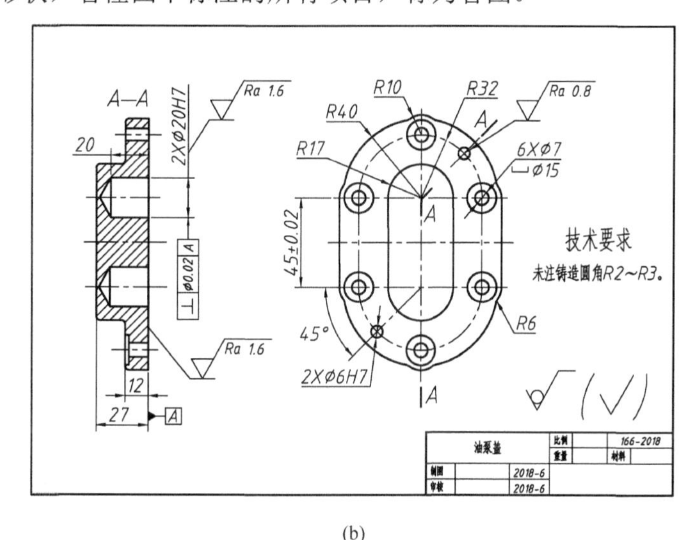

(b)

图 1　零件图

表达零件的形状、尺寸和技术要求的图样称为零件图；表达机器或部件的图形称为装配图。图 2(b)是图 2(a)所示球心阀的装配图。本课程主要介绍这两种图样的画法、看图和标注问题。

徒手画的零件图、装配图等图样称为草图。

2. 本课程的性质

本课程是一门专业基础课，比物理、化学等通识课程更接近于专业，比汽车设计、金属加工工艺等专业课程具有更宽广的适用面。要全面把握尺寸标注和技术要求，既需要精通本课程介绍的基本理论和方法，还会用到设计、加工等方面的专业知识，需要读者在今后的工作中，不断积累有关专业知识。

为了说明专业与基础的关系，在此借用一个中学物理问题进行说明，即用最简单的方法，估算压力锅可能达到的最高温度。用气体状态方程可以求出这个温度。气体状态方程 $P = P_0 + 4W / (D^2\pi)$ 是基础，W、D 是主要待定参数。测量压力阀的重量 W、压力阀放置杆的孔径 D 是实际问题、工程问题、专业问题。解决方法的难点是想到、会用这个方程，测量重量和孔径需要遵循一定的操作规程，需要根据不同的精度要求选用不同的测量仪器。

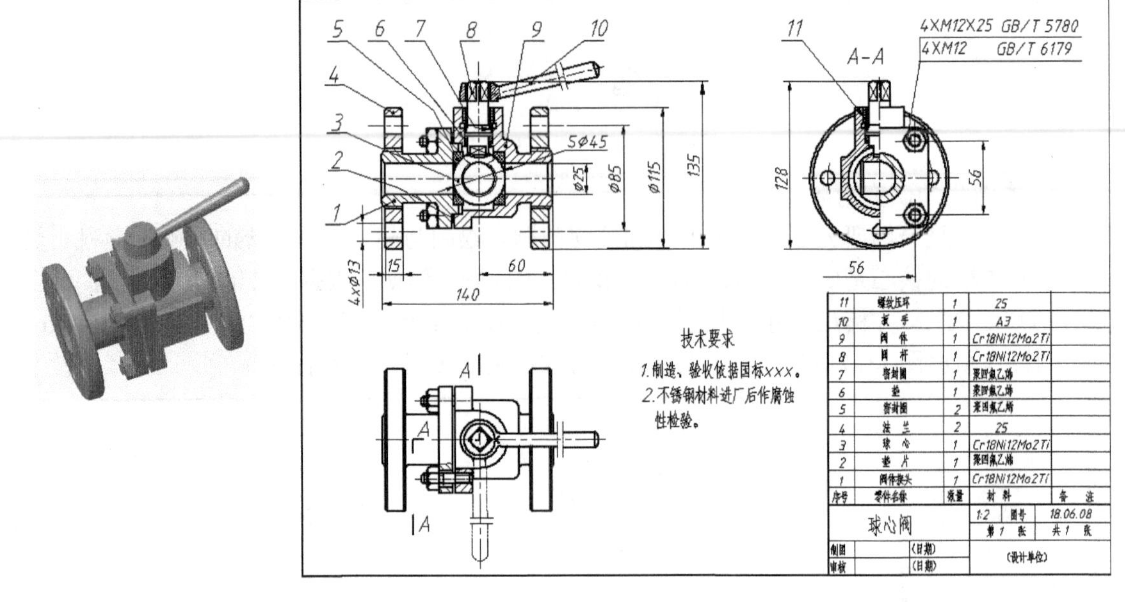

(a)球心阀　　(b)装配图

图2　球心阀及其装配图

3. 本课程的地位

工程图样是产品设计、工业生产的重要的技术文件，是设计、加工人员表达设计思想，进行交流、沟通的媒体，是工程技术人员必须掌握的一门“工程语言”。下面从一个工业产品的设计、制造、使用三方面说明这个问题。

(1)提出设计任务。设计任务是主管部门下达的，或自己根据市场需要提出的。

(2)调研生成设计方案，用草图和文字表达出来。

(3)根据经验，查阅设计手册和有关资料，或通过计算、试验确定零件的形状和大小。用草图、外观图、装配图、零件图，将机器和零件全部表达出来。

(4)依据零件图投入加工，进行验收。零件图是确认零件是否合格的依据。

(5)依据装配图进行组装、调试。装配图是检验机器装配是否合格的依据。

(6)依据装配图指导产品的使用、维修，依据零件图加工新零件、替换损坏的零件。

4. 本课程的学习目的和任务

本课程是高等院校的机、电、化工、材料、纺织、工业设计等专业普遍开设的一门既有理论又有实践的重要技术基础课程。其目的是培养学生绘图、看图和空间想象的能力，主要任务如下。

(1)学习投影的基本理论。这是用二维平面图表达三维立体的依据。

(2)培养画图和看图的基本能力。

(3)培养空间想象能力。在三维立体与二维平面图进行双向转换中，空间想象能力是需要培养的基本能力。

(4)培养严肃认真的工作作风。从图1、图2可以看出，工程图包括许多内容，图纸上的签字绑定了相关人员的权利和责任，画图、看图的一点点失误，可能会造成巨大损失，必须严肃对待，认真做好每一步。

(5)培养计算机绘图的能力。随着计算机技术的普及与发展，工程界与科学界基本用计算机绘图代替了手工绘图。

5. 工程图学与计算机绘图的关系

简单地讲，计算机绘图就是用计算机代替手工画线。画什么、怎样画、看懂图形，都是本课程要解决的问题。学会手工绘图，才能学习用计算机绘图。

6. 本课程的学习方法

(1)掌握理论。学习本课程的理论(第 2、3 章)时，要把基本概念和基本原理理解透彻，做到融会贯通，这样才能灵活运用这些概念、原理以及相应方法进行解题作图。

本课程的理论，不是数学、物理中的公式和定理。解题作图时用的是从原理中总结出的方法和步骤。例如，画图和看图的步骤，看似轻微，无关紧要，但只有严格按步骤进行画图、看图、标注尺寸，才能没有遗漏、不出差错，才能提高效率。

(2)认真完成作业。先找出解题方法和步骤，再进行作图，有的习题有多种解题方法，应多进行比较和总结，寻找规律，选择其中比较简捷的方法进行解题。

本课程内容较为零散，需要总结、归纳才能把握要领，找出规律，这也是本书的最大亮点。本课程综合性特别强，例如，画一个图、看一个图，就要用到本课程的几乎全部内容，这些需要通过大量练习，才能学到真正有效的绘图和看图方法。

(3)培养自学能力，树立终身学习的观念。工程图样表达设计成果，是加工、检验的依据，包含大量专业知识，需要读者在后继课程的学习中，在今后的生产实践中，不断加强图样的表达和理解能力。

第 1 章　制图的基础知识

1.1　国家标准的基本规定

工程图样是一门工程语言。为了便于交流，国家组织有关专家对相关问题作了统一规定，这些规定称为标准。我国于 1959 年首次发布了国家标准《机械制图》，随着生产技术的发展和对外交流的扩大，先后发布过几次修订的国家标准，之后又陆续发布了多次推荐标准《技术制图》。前者编号格式为 GB xxxx—yyyy，后者编号格式为 GB/T xxxx—yyyy。其中 GB 是"国标"拼音的第一个字母，T 是"推"字拼音的第一个字母，xxxx 是标准代号，yyyy 是发布的年份，例如，本章内容依据的是 GB/T 14689—2008 等标准，并将它们简称为国家标准或国标。

GB 为强制国家标准，相关企业、个人都必须无条件执行；GB/T 是推荐国家标准，相关企业、个人可以根据自己的具体情况决定是否执行。但由于推荐标准着重解决用户在使用旧标准中遇到的新问题，具有较强的市场适应性，大家也作为正式标准来执行。

1. 图纸幅面 (GB/T 14689—2008)

图纸的幅面是指其长度和宽度尺寸。为了便于图纸的装订和保管，国家标准对图纸幅面作了统一的规定，必要时可以采用加长幅面。最大标准图纸称为 A0，面积=1m^2，宽 (B)∶长 (L)=1∶$\sqrt{2}$，B=841mm，L=1189mm。"A0"一分为二是"A1"，"A1"一分为二是"A2"，…，见表 1-1。

表 1-1　图纸基本幅面　　(单位：mm)

基本幅面代号	尺寸 $B \times L$	加长幅面代号	尺寸 $B \times L$
A0	841×1189	A3×3	420×891
A1	594×841	A3×4	420×1189
A2	420×594	A4×3	297×630
A3	297×420	A4×4	297×841
A4	210×297	A4×5	297×1051

加长图幅的形成规律是，标准图纸的 L 不变，加长边的长度=标准图纸的 B 乘以代号中"×"后面的数字。例如，A3×4 的幅面是，标准"A3"的 L (420) 不变，加长边的长度=A3 的 B×4=1189 (误差产生的原因是标准图纸"A3"的 B≈297)，大小是标准图纸"A3"的 4 倍。

除表 1-1 列出的加长图幅以外，国标还给出了更多加长幅面作为备选。

2. 图框格式 (GB/T 14689—2008)

在图纸上必须用粗实线画出图框。格式分为留装订边和不留装订边两种。同一产品的图纸只能采用一种格式。留装订边的图框格式如图 1-1 所示，不留装订边的图框格式如图 1-2 所示。

所有图纸都要按国标规定剪裁，按规定尺寸画出图框。图框边到图纸边缘的距离，见表 1-2。

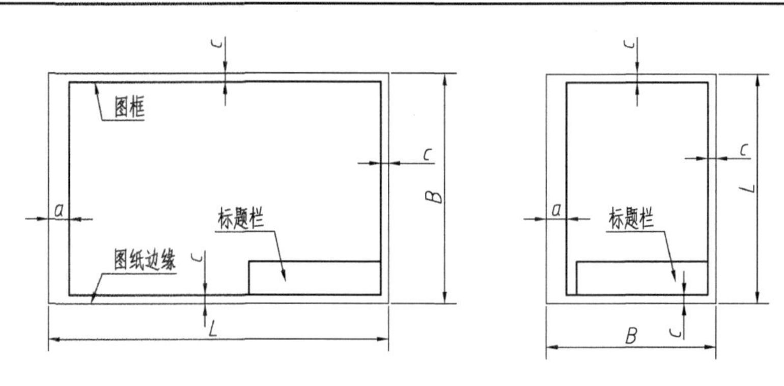

图 1-1　留装订边的图框尺寸

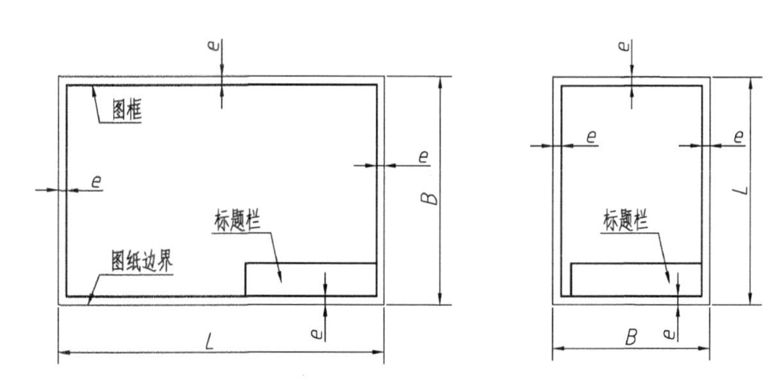

图 1-2　不留装订边的图框尺寸

表 1-2　图框尺寸　　　　（单位：mm）

幅面代号	A0	A1	A2	A3	A4
$B\times L$	841×1189	594×841	420×594	297×420	210×297
e	20		10		
c	10			5	
a	25				

3. 标题栏(GB/T 10609.1—2008)

每张图纸都要有标题栏。用来填写零件或部件的名称、所用材料、画图比例、图号、设计单位名称，设计、审核、批准等有关人员的签字(绑定有关人员的权利和责任)、日期等信息。一般将标题栏放在图纸边框的右下角。标题栏中文字的字头方向，对应图形的上方。看图时用来确定图形的上下方向。

在国家标准中，对标题栏的格式和尺寸作了规定，练习时可以使图 1-3(a)所示的标题栏，图中尺寸的单位是毫米，还可以使用印刷了图框和标题栏的图纸。每一个设计单位都有自己固定格式的标题栏。

4. 比例(GB/T 14690—1993)

比例是图形与其实物相应要素的线性尺寸之比，非面积、体积之比。国标中规定的比例，见表 1-3。

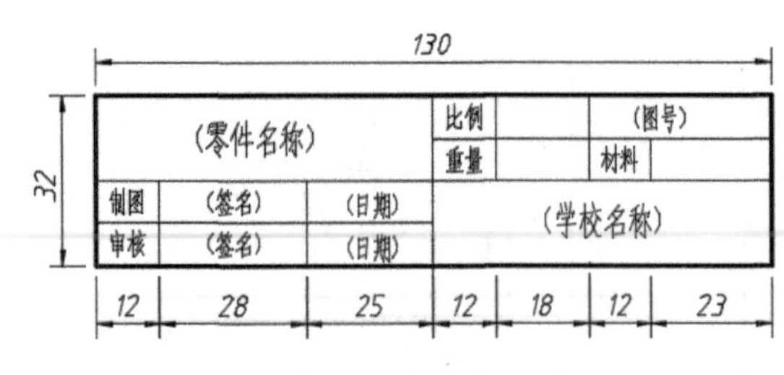

(a)标题栏格式

ABCDEFGHIJKLMNOPQRSTUVWXYZ
ABCDEFGHIJKLMNOPQRSTUVWXYZ
abcdefghijklmnopqrstuvwxyz
abcdefghijklmnopqrstuvwxyz
1234567890　*1234567890*

(b)字母和数字

图 1-3　标题栏、字母和数字

表 1-3　标准比例系列

种类	比例系列一	比例系列二
原值比例	1∶1	
放大比例	2∶1；5∶1；1×10^n∶1；2×10^n∶1；5×10^n∶1	2.5∶1；4∶1；2.5×10^n∶1；4×10^n∶1
缩小比例	1∶2；1∶5；1∶1×10^n；1∶2×10^n；1∶5×10^n	1∶1.5；1∶2.5；1∶3；1∶4；1∶6；1∶1.5×10^n 1∶2.5×10^n；1∶3×10^n；1∶4×10^n；1∶6×10^n

比例的选用原则：①为了简化作图，在图样上直接感知零件的真实大小，应尽量采用 1∶1 的比例绘图。②不宜采用 1∶1 的比例时，可选择放大或缩小的比例。但标注尺寸一定要标注实际尺寸。同一零件的所有视图选择相同的比例，个别视图比例不同时，需要标注出来，详见本书 5.6.1 节。③优先选用“比例系列一”中的比例。

5. 字体(GB/T 14691—1993)

工程图样中用数字和文字表示机件大小与技术要求。数字和文字是图纸中指令性最强的内容，一定要按有关规定注写。

1)汉字

汉字采用长仿宋体字，只能使用国家公布推行的《汉字简化方案》中的汉字(简体字)，字体高度 h 一般不小于 3.5mm。从国标规定的高度系列中选用高度，常用值有 3.5、5、7、10、14、20(mm)。

长仿宋体的书写要领是，宽∶高=2/3，横平竖直，结构匀称，字体工整，间隔均匀，排列整齐。

图 1-4、图 1-5 中汉字的字体，分别用 Windows 的仿宋体、AutoCAD 的 gbcbig.shx 字体书写。用 AutoCAD 等软件绘图时，推荐使用 gbcbig.shx 字体。

2)字母和数字

国标中的字母和数字，由直线和小的曲线段组成，如图 1-3(b)所示，可写成斜体或直体，全图要统一。斜体字字头向右倾斜，与水平基准线成 75° 角。

用 AutoCAD 等软件绘图时，字母和数字推荐使用字体：gbenor.shx 或 gbeitc.shx。前者是直体，后者是斜体。图 1-3(b)的字母、数字就是用这两种字体书写的。

6. 图线(GB/T 4457.4—2002)

国标中规定的常用线型及应用，见表 1-4。

表 1-4　线型及应用

代码(名称)	宽度	线型名称和图例	应用举例
01(实线)	$b/2$	细实线：	尺寸线、尺寸界线、指引线、剖面线
	b	粗实线：	可见轮廓线、螺纹牙顶线、螺纹终止线
02(虚线)	$b/2$	细虚线：	不可见轮廓线
	b	粗虚线：	标记零件表面特别处理的部分
04(点画线)	$b/2$	细点画线：	中心线、对称线、齿轮的节圆、节线
	b	粗点画线：	表示限定范围
05(双点画线)	$b/2$	细双点画线：	假想轮廓线、极限位置轮廓线
基本线型的变形	$b/2$	波浪线：	断裂边界线(局部剖、局部视图边界)

需要强调的是，图形与文字不同，图线的粗细和线型都有特定的含义，必须严格按规定选用，并按规定绘制，如图 1-4 所示。

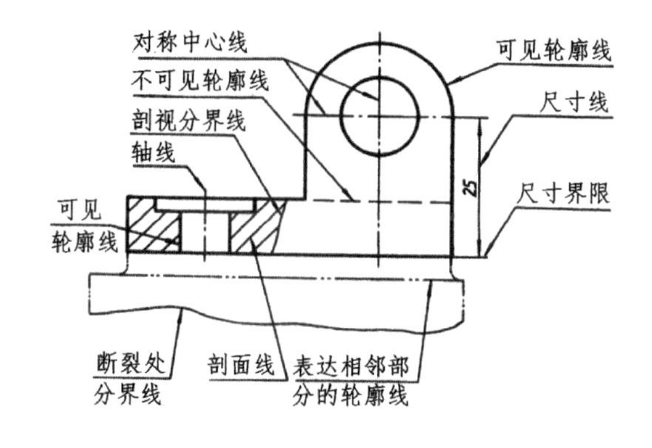

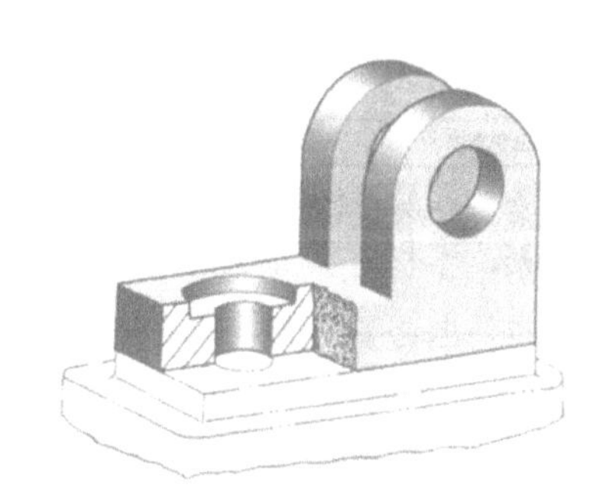

图 1-4　图线应用举例

提示　现在必须掌握的是，图线有粗、细之分，不同粗细有不同的含义，不同线型不能混用。图线的应用是本课程的主要内容之一，以后用到时还会重点强调。

画图线时，需要注意如下问题。

(1) 细线宽度是粗线的 1/2，为 0.2～0.3mm。

(2) 中心线的长画的长度=15～35mm；短画(不是点)的长度、间隙各 1mm；两端是长画(后面称为线段)，不是短画，如图 1-5(a)所示。

(3) 中心线在图上两端各出头 2～5mm；相交处是线段，不是短画，如图 1-5(b)所示。

(4) 虚线的每段长 4～6mm，间隙 1mm，如图 1-5(a)所示。

(5) 虚线要线段相交；与粗实线共线时，虚线断开，留下间隙，如图 1-5(b)所示。

(6) 中心线较短，画点画线有困难时，用细实线代替，如图 1-5(b)所示。

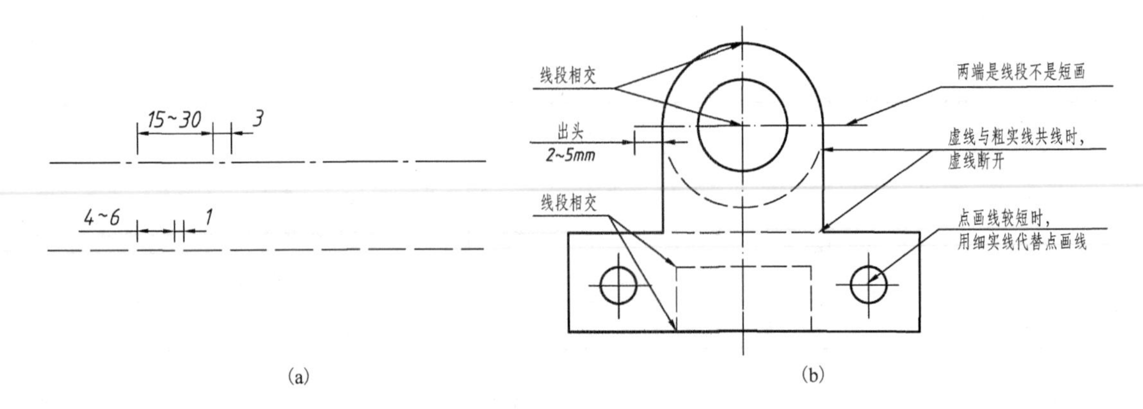

图 1-5　图线的画法

1.2　尺寸标注的基本规定

尺寸用来表示物体的大小，必须严格按国标中的规定标注，以免引起歧义。

1. 标注尺寸的基本规则

(1) 标注实物的真实大小，与绘图比例及绘图的准确度无关。

尺寸是决定零件大小的唯一依据。其数值当然与绘图比例及绘图的准确度无关，必须标注零件的真实大小。

(2) 工程图尺寸默认以毫米为单位，不用标注单位，如果用其他单位必须要标注。

例如，建筑图中的尺寸数字大至上千、上万，仍然用毫米作单位。其他尺寸单位属于私人主张，不标注，别人无从知晓。

做作业时一律用毫米作单位。

(3) 机件的每一尺寸，无特殊情况只标注一次，并标注在反映该结构最清晰的图形上。

图 1-6 所示零件，底板的长度尺寸 100，标在了俯视图(中学学过的)上，主视图中不能再标注。重复标注将导致：①增大标注工作量，浪费图纸空间；②造成图纸混乱；③增大看图工作量。竖板的 3 个端面尺寸标注在左视图上，比标注在其他视图上便于查找对应关系。

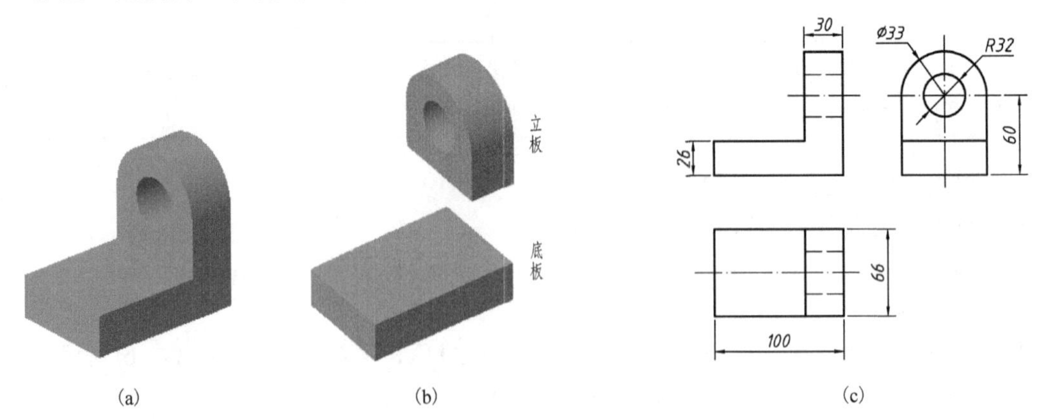

图 1-6　尺寸标注

(4) 标注的尺寸是零件的最后完工尺寸。

完工尺寸是相对于工艺尺寸而引入的概念。例如，图 1-6 所示零件竖板上的孔 ϕ33，需要加工几次才能达到尺寸和精度要求。加工过程中，尺寸逐渐变大，精度逐步提高。这些中间尺寸，称为工艺尺寸。一个结构可能有多个工艺尺寸，不能标在零件图上。

2. 尺寸的三要素

每一尺寸都由如下三个要素组成，如图 1-7(a)所示。

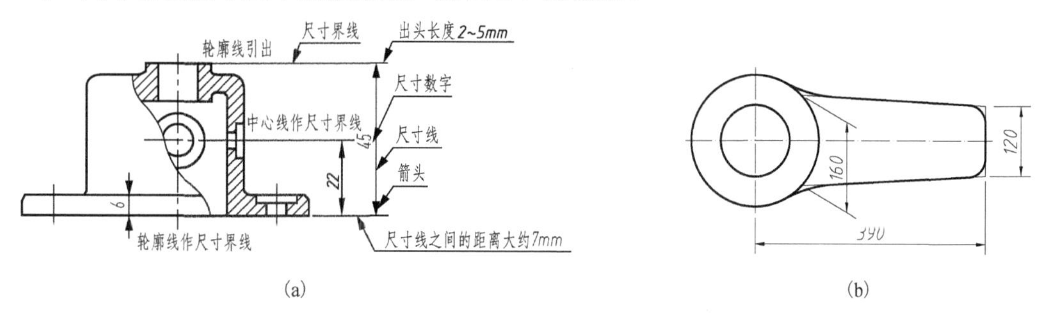

(a)　　(b)

图 1-7　尺寸要素

(1) 尺寸界线(细实线)——表示尺寸的起点和终点。

(2) 尺寸线(细实线)——表示尺寸的方向。尺寸线两端要画箭头或 45° 斜线，进一步强调尺寸的起点和终点。

(3) 尺寸数字——表示机件的大小。

下面分别说明国标对尺寸三要素的基本要求。

3. 尺寸界线

(1) 尺寸界线用细实线绘制，可以从轮廓线、中心线引出，如图 1-7(a)的尺寸 22；或直接用轮廓线、中心线作尺寸界线，如尺寸 6。尺寸界线超出尺寸线 2～5mm，如图 1-7(a)所示。

(2) 尺寸界线一般与尺寸线垂直，必要时允许倾斜。例如，当尺寸界线与倾斜轮廓线距离很小时，参见图 1-7(b)的尺寸 160。

(3) 光滑过渡处(端部是相切圆弧)，将轮廓线用细实线延长，从交点引出尺寸界线，如图 1-7(b)的尺寸 390。

4. 尺寸线

(1) 尺寸线用细实线绘制，两端画箭头或 45° 斜线，其大小如图 1-8(a)所示。b 是粗实线的宽度，常用 0.6～0.7mm。

(2) 箭头端宽度等于粗实线的宽度，为 0.6～0.7mm，长约 3mm。初学者容易将箭头画得太短太粗，如图 1-8(b)所示。其实箭头后端只要别画得太宽，自然就是图 1-8(a)所示的样子，不必另加涂抹。

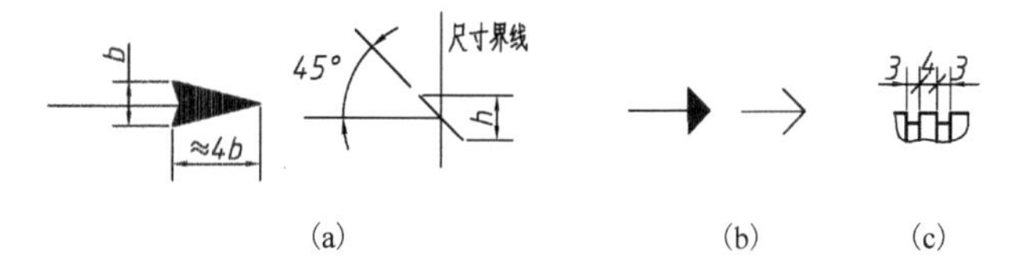

(a)　　(b)　　(c)

图 1-8　尺寸线末端形式

(3) 机电产品图一般画箭头，建筑、室内设计图一般画 45° 斜线。前者的小尺寸没有容纳箭头的空间时，也画 45° 斜线，如图 1-8(c)所示。

(4) 尺寸线必须与标注的线段平行，不能与其他图线重合或画在其延长线上，如图 1-9(a)、(b) 所示。

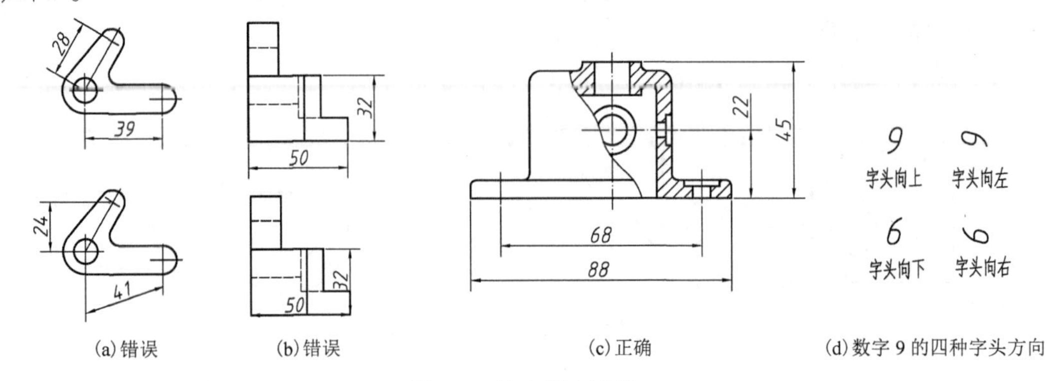

(a) 错误　　(b) 错误　　(c) 正确　　(d) 数字 9 的四种字头方向

图 1-9　尺寸标注示例

尺寸线代表尺寸方向。例如，图 1-9(a) 所示的尺寸 28、39，尺寸线与尺寸方向倾斜时，尺寸分别变为 24、41。方向变化，尺寸大小随之变化；如果尺寸与其他图线重合或画在其延长线上，就会很不清楚，例如图 1-9(b) 下图中的尺寸。

5. 尺寸数字

(1) 水平尺寸的尺寸数字标注在尺寸线的上方，与尺寸线平行，字头向上，从左向右排列；铅垂尺寸的尺寸数字标注在尺寸线的左面，与尺寸线平行，字头向左，从下向上排列。

尺寸数字标注在尺寸线的上方、左面，可以避免当两个平行尺寸距离较近时，被张冠李戴，如把图 1-9(c) 的尺寸 68 看成 88，22 看成 45。字头方向的规定可以避免看混 9 与 6，18 与 81 等尺寸，如图 1-9(d) 所示。

(2) 尺寸数字不能被任何图线穿过。当不可避免时，应将图线断开，以保证尺寸数字的清晰。不管是什么线，都可断开，如图 1-10(a) 所示。

如果尺寸数字被图线穿过，则会引起图面混乱，影响清晰度等。例如，被粗心者把直线看成“1”，把“0”看成“φ”等。

(3) 倾斜尺寸的尺寸数字标注在看上去像是在尺寸线的上方，与尺寸线平行，字头向上，从左向右排，如图 1-10(b) 所示。尽可能避免在图示 30° 范围内标注尺寸，无法避免时作引出标注，如图 1-10(c) 所示。

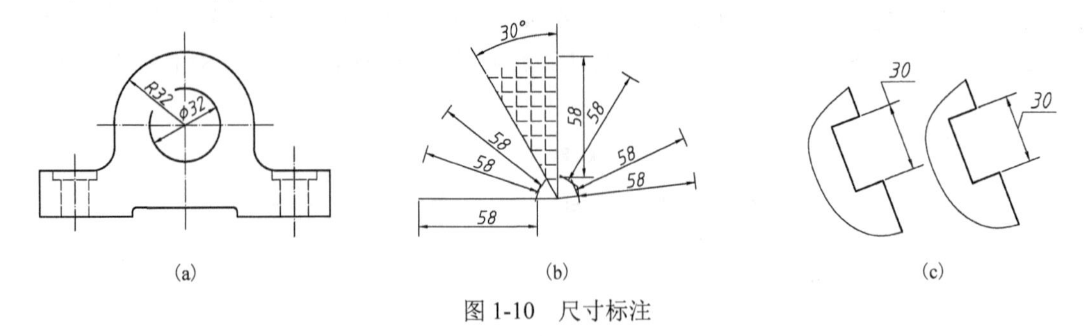

(a)　　(b)　　(c)

图 1-10　尺寸标注

提示　30° 范围内的尺寸，无法区分上下、左右。

(4) 同一张图上，数字及箭头的大小应保持一致。

6. 标注直径、半径尺寸

(1) 直径尺寸要在尺寸数字前加注符号“ϕ”，半径尺寸数字前加注符号“R”。尺寸线通过圆心，起始端画成箭头，不能用 45° 斜线，如图 1-11 (a) 所示。

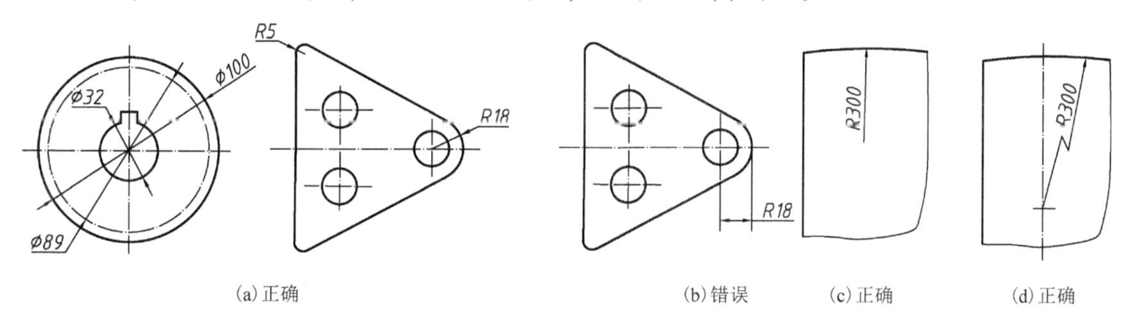

(a) 正确　(b) 错误　(c) 正确　(d) 正确

图 1-11　标注尺寸示例

由于尺寸数字不能被图形穿过，直径尺寸数字一般标注在圆外，水平或平行于尺寸线书写。箭头可以画在圆外或圆内，圆外箭头尖端向里，圆内箭头尖端向外。

(2) 整圆或大于半圆标注直径，半径尺寸必须标注在投影为圆弧的图形上 (详见 3.9.5 节)，如图 1-11 (a) 所示。

(3) 如果画出了圆心 (用十字中心线表示)，尺寸线或其延长线必须通过圆心，如图 1-11 (a) 所示。图 1-11 (b) 错误。

(4) 当圆弧半经过大，在图纸范围内无法标出圆心位置时，按图 1-11 (c)、(d) 方式标注半径。图 1-11 (d) 表示圆心在图示中心线上。

(5) 标注球面的直径或半径时，应在数字前分别加注“$S\phi$”或“SR”，如图 1-12 (a) 所示。其他事项与 (2)、(3)、(4) 项相同。

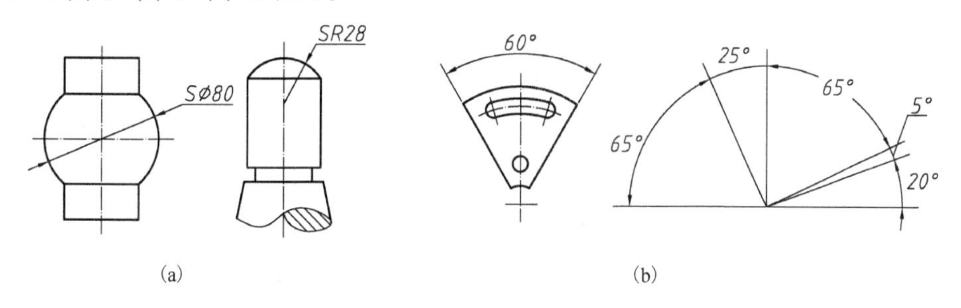

(a)　(b)

图 1-12　标注尺寸

7. 角度尺寸

角度尺寸的最特别之处是，尺寸数字一律水平书写，如图 1-12 (b) 所示。

(1) 标注圆弧角度的尺寸界线沿径向引出，两直线夹角的尺寸界线沿两直线引出。

(2) 尺寸线画成圆弧，圆心是要标注角度的角之顶点。

(3) 尺寸数字一律水平书写，可以写在尺寸线的外侧或中断处或引出标注。

8. 狭小部位尺寸的标注

(1) 当没有足够空间放置箭头或数字时，尺寸标注为图 1-13(a) 所示形式。依次为：将箭头画在外面；将箭头、数字都画在外面；省略尺寸界线之间的尺寸线并将箭头、数字都移到外面；引出标注；用轮廓线作尺寸界线时也作上述处理。将串联尺寸之间的箭头画为黑点或 45° 斜线。

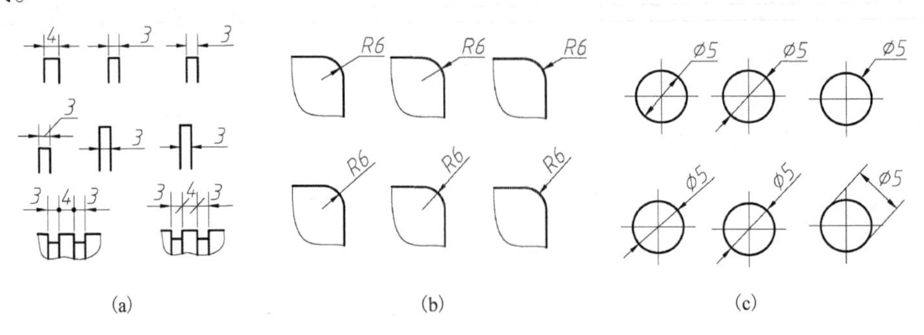

图 1-13　标注小尺寸

(2) 小半径尺寸，可以标注为图 1-13(b) 所示形式。依次为：数字标在外面；箭头、数字都移到外面；省略圆弧内的尺寸线并将箭头、数字都移到外面。上面三个尺寸数字水平书写，下面三个尺寸数字与尺寸线平行。

(3) 小直径尺寸的标注形式与小半径相同，如图 1-11(c) 所示。

9. 几种特殊尺寸的标注方法

1) 对称尺寸

当对称图形只画一半或略大于一半时，尺寸线应略超过对称中心线，并在尺寸线一端画箭头，标注尺寸的实际值，如图 1-14(a) 所示。与此类似，图形的对称结构，也要标注总尺寸。如图 1-14(b) 的两个对称孔，需要标注中心距 20，不能标注两个 10。

2) 板状类零件的厚度尺寸

标注板状类零件的厚度时，在尺寸数字前加符号"t"，如图 1-14(b) 所示。

3) 弦长及弧长

弦长及弧长的尺寸界线应当平行于弦的垂直平分线。标注弦长时，尺寸线是与尺寸界线垂直的直线，直接填写长度值，如图 1-14(c) 所示；标注弧长时，尺寸线是与待标注圆弧同心的圆弧，并在尺寸数字上方加注符号"⌒"，如图 1-14(d) 所示。

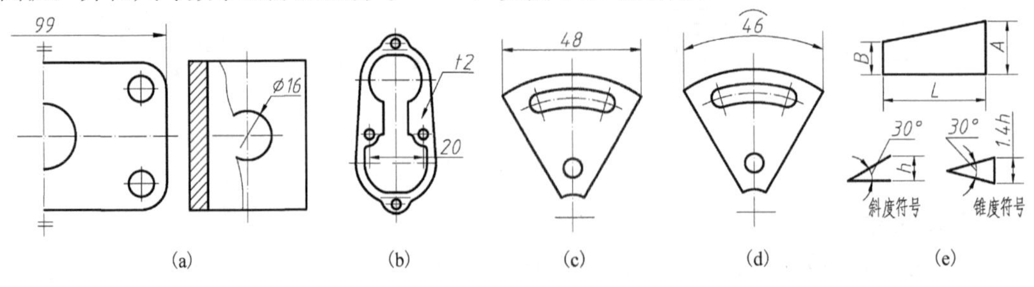

图 1-14　特殊尺寸

4) 斜度、锥度的标注方法

斜度是一直线或平面对另一直线或平面的倾斜程度，后者称为参考线或参考面，用夹角的正切值表示，其值为$(A-B)/L$，如图 1-14(e)所示。

锥度是正圆锥的直径与高度比。斜度、锥度符号的画法如图 1-14(e)所示。h 为本图所用字体高度。

斜度和锥度用引出标注，符号的倾斜方向与待标注图线的一致，如图 1-15(a)所示。

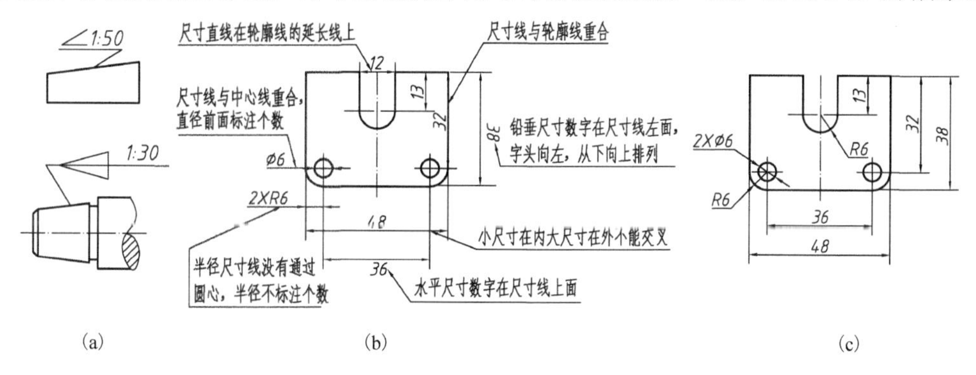

图 1-15　尺寸标注常见错误举例

图 1-15(b)是初学者标注尺寸可能出现的错误，图 1-15(c)是正确的标注方法。“直径前面标注个数”是指当多个圆的直径相等时，只标注一个圆的直径，在直径数值前面标注所有直径等于该数值的圆的个数。

本书将平面图形的尺寸标注放到 3.9.3 节中介绍，因为在标注组合体尺寸的大环境下，将其作为端面尺寸进行讲解，可以增强系统性和连贯性。另外标注尺寸还会涉及一些现在还没有介绍的知识点。

1.3　绘图仪器的使用方法

常用绘图仪器有图板、丁字尺、三角板、圆规、分规、曲线板、铅笔、橡皮、砂纸、擦图片等，计算机+绘图软件是用得越来越多的绘图工具。

1. 图板、丁字尺、三角板的使用方法

用图板、丁字尺画水平线，两者与三角板配合画铅垂线、任意 15° 整数倍的倾斜线。

图板的规格尺寸有：0 号(900mm×1200mm)、1 号(600mm×900mm)、2 号(450mm×600mm)三种。丁字尺又称为 T 形尺，是左端有横挡的有机玻璃(或其他材料)直尺，如图 1-16 所示。

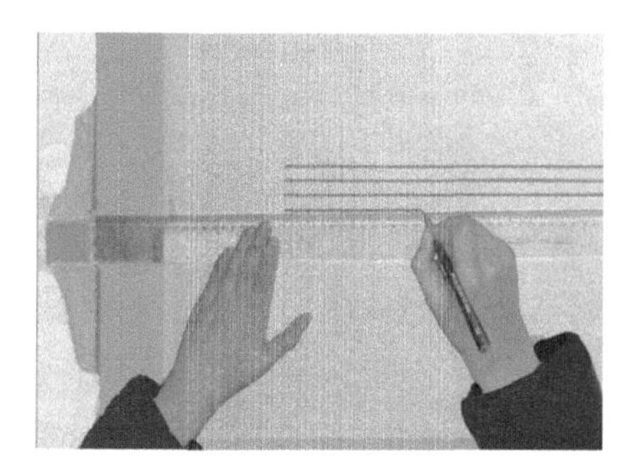

图 1-16　图板、丁字尺、三角板的使用方法

丁字尺与图板配套，有 1200mm、900mm、600mm 三种规格。不用时应悬挂放置，以免尺身弯曲变形。使用丁字尺画图应注意如下几点。

(1) 贴图纸。画图前，把丁字尺的尺头内侧面与图板左侧面(工作面)贴紧，使丁字尺水平，把图纸的下边靠在丁字尺的上边(工作边)上，用胶带将图纸贴在图板上，如图 1-17(a)所示。

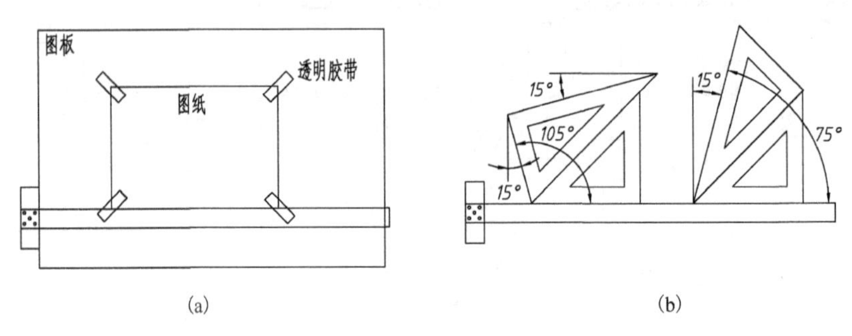

(a) (b)

图 1-17　绘图仪器使用方法

(2) 画水平线。画图时必须随时用左手向右推压丁字尺，保证尺头内侧面始终紧靠在图板左侧面上，然后沿丁字尺的工作边自左向右画水平线，如图 1-16(a)所示。

> **提示**　只能把丁字尺靠在图板的左侧边上画水平线，不能把丁字尺靠在图板的临边上画垂直线。因为图板和丁字尺都有形状误差，这样画线精度太低。只能使用丁字尺的上边画线。

(3) 画铅垂线与倾斜线。用丁字尺与三角板配合画铅垂线，如图 1-16(b)所示；画任意 15°整数倍的倾斜线，如图 1-17(b)所示。此时要用左手同时压住丁字尺和三角板，并向右推压丁字尺，自下向上画线。

2. 铅笔的使用方法

用铅笔画线时，铅笔垂直纸面，再向前进方向倾斜 15°。不同线宽的图线使用不同的铅笔，一笔画成，不能来回画几次，使线条光滑、流畅，色泽均匀。

铅笔的型号有 3H、2H、H、HB、B、2B、3B 等，从左到右依次变软。将 H 或 2H 铅笔笔尖修磨成锥形，用来画细线、写字；HB 铅笔软硬适中，修磨成矩形截面，厚度等于粗线宽度，用来画粗线，如图 1-18(a)所示。

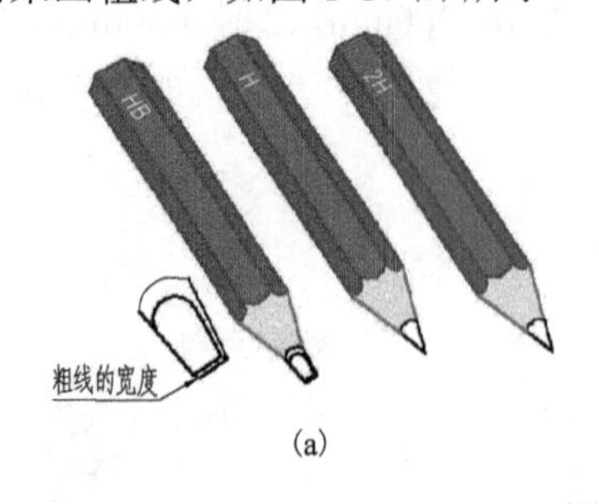

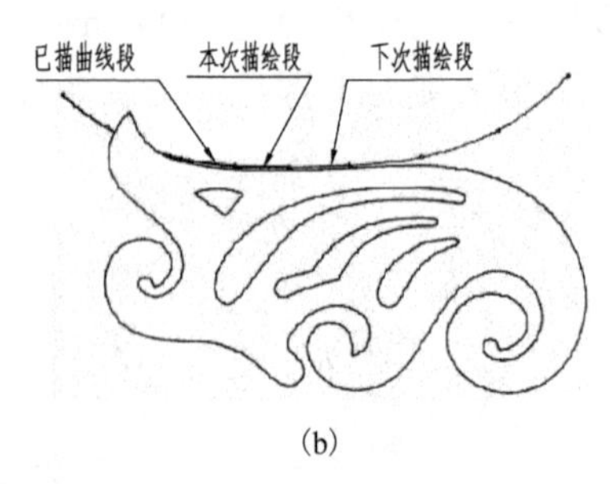

(a) (b)

图 1-18　铅笔与曲线板

> **提示**　如果把画粗线的铅笔笔尖修磨锥形，线宽几乎每笔都在变化，需要频繁修磨。

3. **曲线板的用法**

曲线板用来描绘非圆曲线，如图 1-18(b)所示。描图前，先徒手将已经求出的各点顺次轻轻地连成曲线。再根据曲线的曲率和弯曲方向，从曲线板上选取与待描绘曲线最吻合的一段与其贴合，进行描图。为了保证曲线光滑，本次描绘段要与上次描绘段有一点重叠。例如，从曲线一端开始，从曲线板上选取与前 4 个点的初描曲线最吻合的一段，只描过 1、2、3 点的曲线段，再向下选择 3 个点，描绘上一次的 3、4 点与本次选择的 1、2 点之间的曲线段，如此重复进行。

4. **圆规的用法**

(1)使针尖略长于铅芯。

(2)以右手握住圆规头部，左手食指协助将针尖对准圆心，匀速顺时针转动圆规画圆。

(3)画小圆时，将插腿及钢针向内倾斜；画大圆时，加装延伸杆，如图 1-19(a)所示。

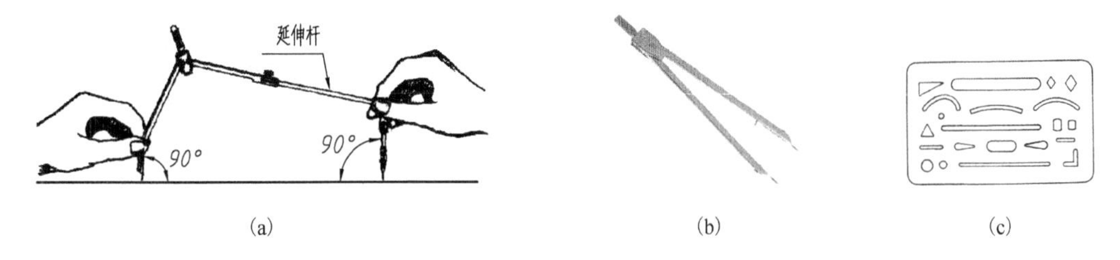

图 1-19　画图仪器

分规是只有针尖、没有笔芯的圆规，如图 1-19(b)所示，用来测量距离。

5. **其他绘图工具的用法**

(1)橡皮，应选用白色软橡皮，沿一个方向擦除图线，禁止来回涂抹。

(2)砂纸，用于修磨铅笔芯。

(3)擦图片，擦除图线时遮盖不能擦掉的图线，如图 1-19(c)所示。

(4)胶带纸，用于固定图纸。

(5)刀片，用于削铅笔、刮去图纸上的墨迹。

1.4　几 何 作 图

本节介绍用丁字尺、三角板、圆规等分圆周，画正多边形，画相切圆弧等。着重强调这些图线需要标注的尺寸，这是初学者最易出错的地方。

1.4.1　等分圆、画正多边形

用丁字尺和 30°-60°三角板可把圆周三等分、六等分。作图方法：先用丁字尺和三角板画中心线，用圆规画圆。将丁字尺放到工作位置，让三角板的直角边靠在丁字尺的工作边上，使三角板斜边通过中心线的交点与圆相交得等分点，如图 1-20(a)、(b)所示。

用 45°三角板可以将圆周八等分。

【例 1-1】　用丁字尺、三角板画图 1-20(c)所示的正六边形。

(1)用丁字尺和三角板画水平和铅垂中心线，在水平中心线上取 1、4 两个对称点，距离等于对角线长度(即内接圆直径)，如图 1-20(d)所示。

(2)用丁字尺和三角板，分别过 1、O、4 点画 60°倾斜线，如图 1-21(a)所示。

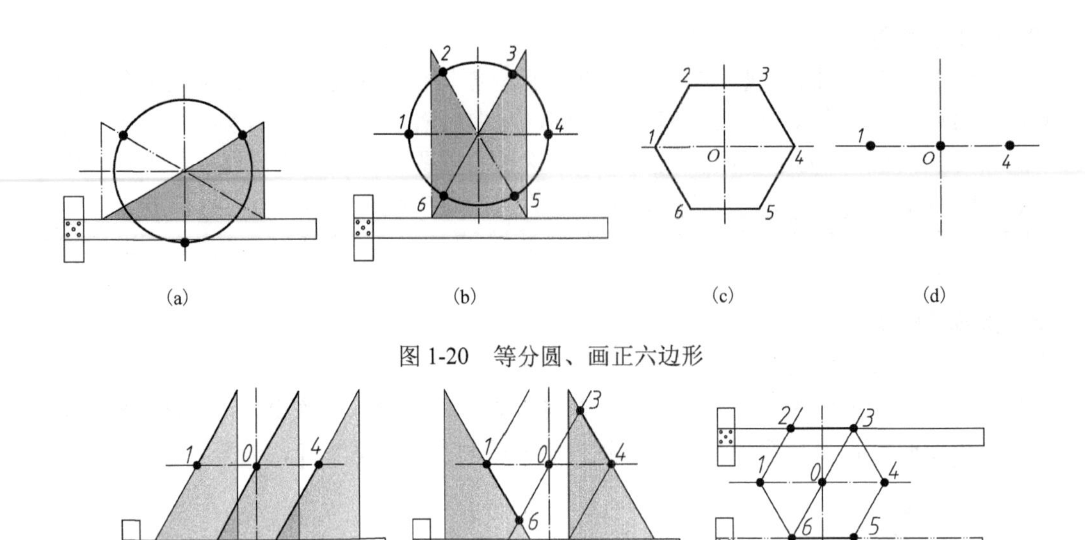

图 1-20　等分圆、画正六边形

(a)　(b)　(c)

图 1-21　画正六边形

(3) 用丁字尺和三角板，分别过 1、4 点画另一方向的 60° 倾斜线，如图 1-21(b) 所示。

(4) 用丁字尺分别过 3 点、6 点画水平线与第 (2) 步画的倾斜线相交，分别得到 2 点、5 点，如图 1-21(c) 所示。

(5) 擦除多余的图线，加深图形，如图 1-20(c) 所示。

用丁字尺和三角板，还可以根据对边距离画正六边形，方法如图 1-22(a) 所示。过 O 画 60° 斜线与水平边相交得 3 点，过 3 点画反向的 60° 斜线与中心线相交得 4 点。通过对称求得其他 4 个点。

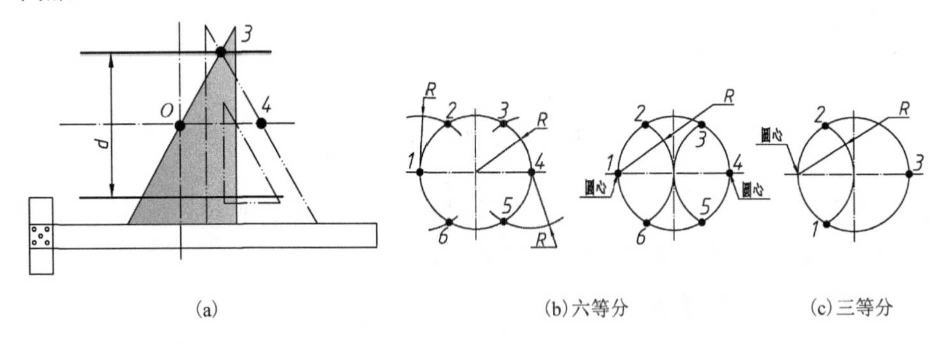

(a)　(b) 六等分　(c) 三等分

图 1-22　等分圆

用圆规对圆六等分和三等分，如图 1-22(b)、(c) 所示。圆弧的圆心在中心线上，半径等于待等分圆的半径。

提示　从上面的作图可以看出，正六边形只需要标注内接圆的直径或对边距离一个尺寸。边长相等，边的夹角 120°，从图上可以直接看出，不用标注。

1.4.2　画椭圆

【例 1-2】　已知长短轴，用四心圆弧法画椭圆。

四心圆弧法就是用 4 段圆弧近似表示椭圆。作图的核心是找圆弧的圆心和端点。

(1) 画长、短轴 *AB*、*CD*，连接 *AC*，通过画圆弧在 *AC* 上取点 *E*，使 *CE*=*OA*−*OC*，如图 1-23 (a) 所示。

图中圆弧分别以 *O*、*C* 为圆心。

(2) 画 *AE* 的中垂线，分别交 *AB*、*CD* 于 1、2 点，如图 1-23 (b) 所示。

(3) 用分规或圆规量取长度，求对称点 3、4，画对称线，如图 1-23 (c) 所示。

至此已经求出了 4 段圆弧的圆心、端点和半径。1、2、3、4 点是圆心，端点在步骤(3)画的对称线上，半径分别是 2*C* (=4*D*)、1*A* (=3*B*)。

(4) 以 2*C* 为半径，分别以 2、4 点为圆心画圆弧；以 1*A* 为半径，分别以 1、3 点为圆心画圆弧，如图 1-23 (d) 所示。

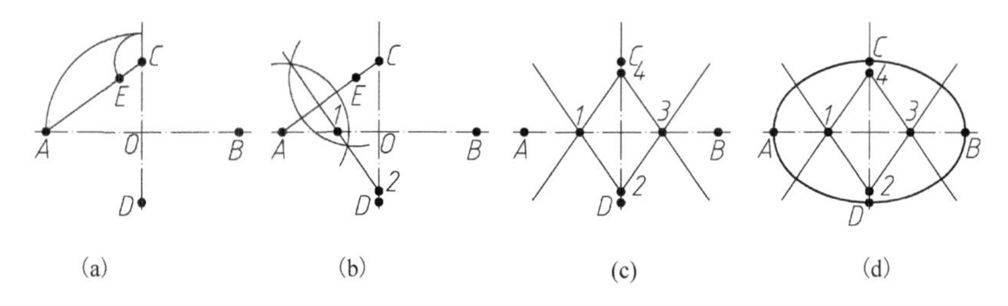

图 1-23　画椭圆的步骤

1.4.3　圆弧连接

圆弧连接的实质是作已知半径的圆弧与圆、圆弧、直线相切。作图步骤：①求连接弧的圆心。②求切点。③画连接圆弧。起点和终点都要画到切点。

本节重点说明连接圆弧需要标注的尺寸。

【例 1-3】　作半径为 *R* 的圆弧与直线相切，如图 1-24 (a) 所示。

(1) 求圆心：作距离等于 *R* 的平行线(细实线)，交点是圆心，如图 1-24 (b) 所示。

(2) 求切点：过圆心作已知直线的垂线(细实线)，垂足是切点，如图 1-24 (c) 所示。

(3) 擦去多余的图线，保留圆心、切点的痕迹，先加深圆弧，再加深直线，以保证相切。

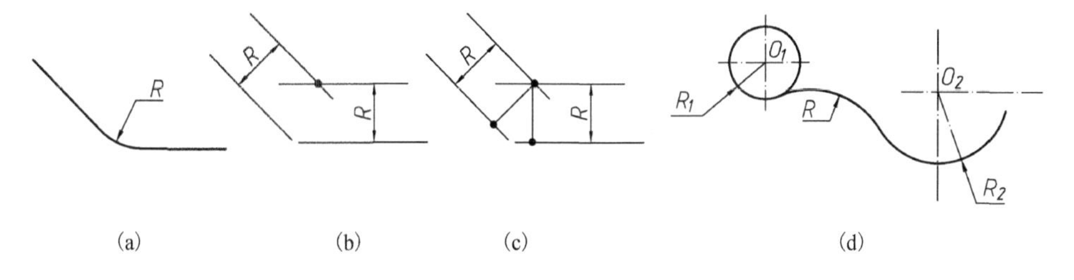

图 1-24　画连接圆弧 1

从上述作图方法可以看出，与两直线相切的圆弧，只需要标注半径尺寸，不需要标注圆心的定位尺寸、切点尺寸和圆弧长度。

【例 1-4】 作半径 R 的圆弧与已知圆、圆弧外切，如图 1-24(d)所示。

(1)求圆心：分别以 O_1、O_2 为圆心，半径之"和"为半径画圆弧，交点 A 是待求弧的圆心，如图 1-25(a)所示。

(2)求切点：分别连接 AO_1、AO_2，交点 B、C 是切点，如图 1-25(b)所示。

(3)擦去多余的图线，保留圆心、切点的痕迹，加深圆弧(到切点)。

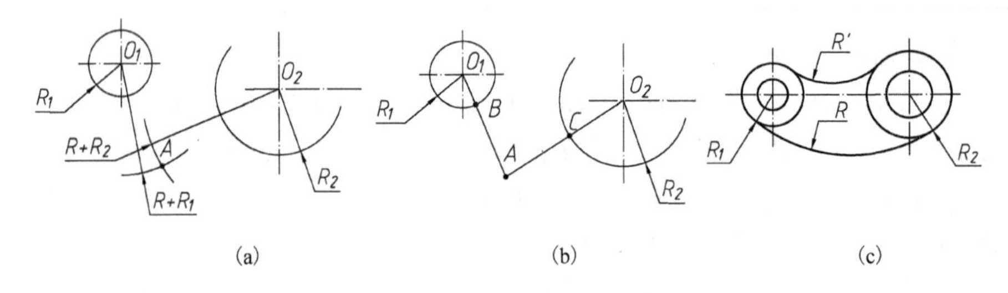

图 1-25 画外切圆弧

从上述作图方法可以看出，与两圆或圆弧外切的圆弧，只需要标注半径尺寸，不需要标注圆心的定位尺寸、切点尺寸和圆弧长度。

【例 1-5】 作半径 R 的圆弧与圆或圆弧内切，如图 1-25(c)所示。

(1)求圆心：分别以 O_1、O_2 为圆心，半径之"差"为半径画圆弧，交点 A 是待求弧的圆心，如图 1-26(a)所示。

(2)求切点：分别连接 AO_1、AO_2 并延长与圆相交，交点 B、C 是切点，如图 1-26(b)所示。

(3)擦去多余的图线，保留圆心、切点的痕迹，加深圆弧。

(4)用上例所述方法画外切圆弧。

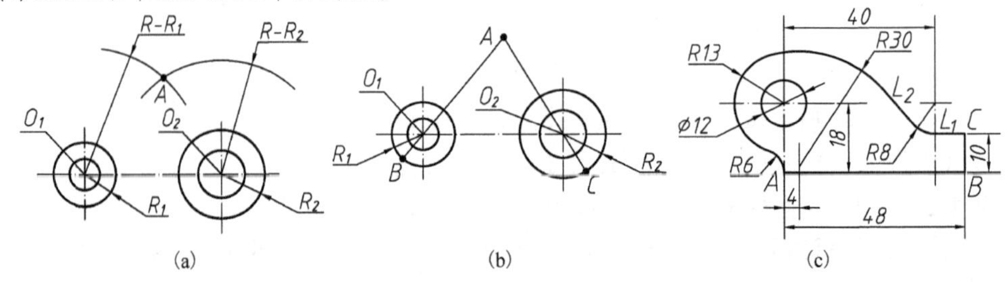

图 1-26 画连接圆弧 2

从上述作图方法可以看出，与两圆或圆弧内切的圆弧，也只需要标注半径尺寸，不需要标注其他尺寸。

1.4.4 画平面图形

平面图形中的线段，根据标注的尺寸，分为如下三种。

(1)已知线段，根据图形中标注的尺寸，可以直接画出的圆、圆弧或直线等线段。

(2)中间线段，除图形中标柱的尺寸外，还需根据一个相切条件才能画出的线段。

(3)连接线段，除图形中标柱的尺寸外，还需根据两个相切条件才能画出的线段。

如图 1-26(c)所示图形，根据标注的尺寸，L_2 是连接线段；中间线段有圆弧 $R30$、$R8$、$R6$；已知线段有圆 $\phi 12$，弧 $R13$，直线 AB、BC、L_1。

由定义可知，区分线段的类型，不是依据端点是否为切点，而是在于画线段时是否需要相切条件。弧 $R13$ 可以先画成圆，等画出圆弧 $R30$、$R6$ 之后，再擦除多余部分；L_1 先画得长一点，等画出圆弧 $R8$ 后，再擦除多余部分。画这两条线段时不需要相切条件，故看作已知线段。

画平面图形的顺序是，先画基准线，再画已知线段，最后画中间线段或连接线段。

【例 1-6】　画图 1-26(c)所示平面图。

如上所述，先分析线段类型，再按已知线段、中间线段、连接线段的顺序画图。

(1)根据尺寸，画已知线段，如图 1-27(a)所示。

(2)画圆弧 $R6$(中间线段)，如图 1-27(b)所示。

该圆弧一端过直线的端点 A，另一端与圆外切。画法为：以 A 为圆心、6 为半径画圆；以 O 为圆心、6+13 为半径画圆，交点 B 是圆心；连接 OB 与圆相交得圆弧切点，即弧 $R6$ 的待求端点。

(3)画圆弧 $R30$(中间线段)，如图 1-27(c)所示。

该圆弧与圆内切，圆心在铅垂线 CD 上。画法为：以 O 为圆心、30−13 为半径画圆，根据尺寸 4 画铅垂线 CD，交点 D 是圆心；连接 DO 并延长与圆相交，得圆弧切点，即该圆弧的一个端点，另一端画得长一点。

(4)画圆弧 $R8$(中间线段)，如图 1-27(d)所示。

该圆弧与水平线 E 相切，圆心在该线之上 8，在 O 点右侧 40，以此确定圆心，一个端点是切点，在圆心的正下方，另一端画得长一点。

(5)画连接线段直线 $L2$，如图 1-26(c)所示。

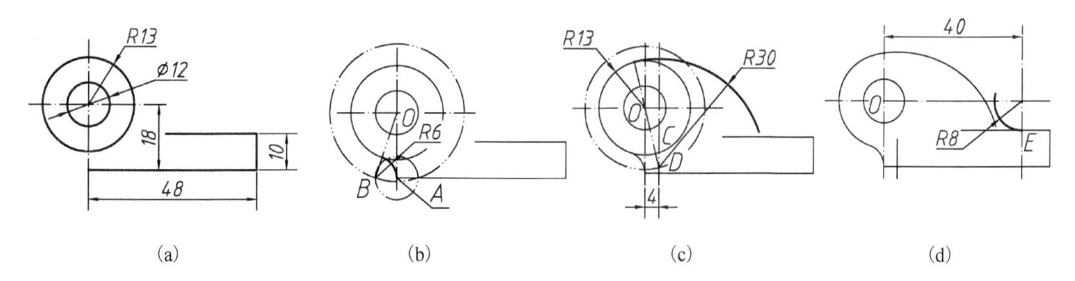

图 1-27　画平面图形

根据相切图线只有一个交点，目测位置画直线。

1.4.5　上图板作图

上图板作图可以按如下步骤进行。

(1)选择作图比例和图纸。根据图形大小和复杂程度选择比例，确定图纸幅面。

(2)准备图纸。剪裁图纸，固定图纸，画图框、标题栏，详见 1.1 节、1.3 节。

(3)布置图形。画图形的定位线(中心线或图形的直线边，详见 3.4 节)，使所有图形匀称地分布在图框内。

(4)画底稿(细线、轻画)，详见 3.4 节。

(5)描深图线。加深粗线的顺序是，先曲后直，先垂直(从左向右依次加深)后水平(从上向下依次加深)。

(6)标注尺寸、填写文字。与题目原图相同即可。

1.5　徒手绘图的基本方法

徒手绘图时，目测尺寸和比例，徒手或部分使用仪器绘制图形。在设计的初始阶段，测绘(详见 7.6 节)、维修机器时，都要画草图。

练习徒手画图时，可以先在方格纸上进行。画图时悬空手腕，小指轻触纸面。画直线时，要随时观察线段的终点，以保证直线的方向。水平线自左向右画，铅垂线自上到下画，如图 1-28(a)所示。

画小圆时，可以先按半径在中心线上取 4 个点，然后分 4 段连接成圆。画大圆时，再添加 45° 线上的 4 个点，共取 8 个点，分为 8 段画圆，如图 1-28(b)所示。

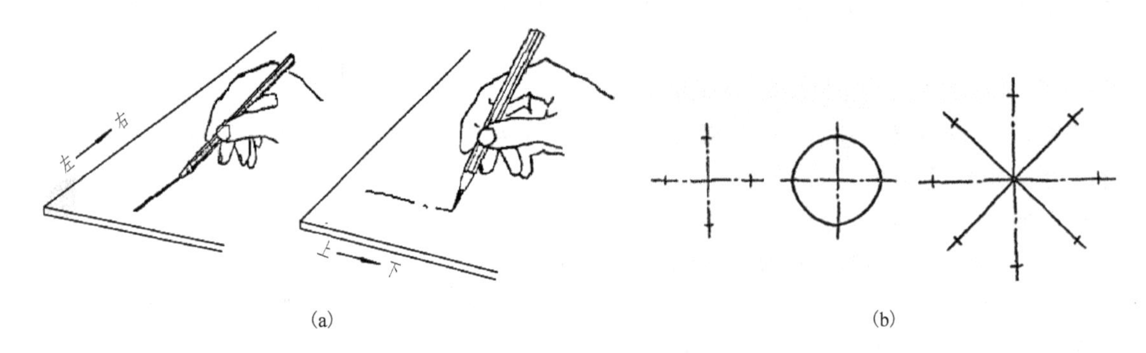

(a)　(b)

图 1-28　画草图

画草图的步骤与前面介绍的仪器画图基本相同，但标题栏中不能填写比例，图纸也可以不贴在图板上。但画出的草图，各部分的比例与实物的要基本一致，做到线型分明，字体工整，图面整洁。

思考题、预习题

1-1 判断下列各命题，正确的在(　)内打“√”，不正确的在(　)内打“×”

(1) 代号 GB/T xxxx—yyyy 的含义：GB 是“国标”拼音的第一个字母，T 是“推”拼音的第一个字母，xxxx 是标准代号，yyyy 是发布的年份。　(　)

(2) GB/T 虽然是推荐性标准，但由于其着重解决用户在使用旧标准中遇到的新问题，具有较强的市场适应性，大家也会作为正式标准来执行。　(　)

(3) 最大标准图纸称为 A0，面积=1m^2，长∶宽=$\sqrt{2}$∶1。　(　)

(4) 标题栏中文字的字头方向，对应图纸的上方。看图时可用来确定图形的上下方向。　(　)

(5) 比例是实物与图形相应要素的线性尺寸之比。　(　)

(6) 图样中的汉字采用长仿宋体字，只能使用国家公布推行的《汉字简化方案》中的汉字。　(　)

(7) 斜体字字头向右倾斜，与铅垂基准线成 75° 角。　(　)

(8) 用 AutoCAD 等软件绘图时，字母和数字可使用字体：gbenor.shx 或 gbeitc.shx。　(　)

(9) 图形与文字不同，图线的粗细和线型都有特定的含义，必须严格按规定选用，并按规定绘制。（　）

(10) 虚线的每段长为 4～6mm，间隙 1mm。虚线要线段相交，与粗实线共线时，虚线必须断开，留下间隙。（　）

(11) 箭头尺寸：后端宽度等于粗实线的宽度，宽约 0.7mm，长约 3mm。（　）

(12) 尺寸数字可以被图线穿过，或将穿过图线断开。（　）

(13) 倾斜尺寸的尺寸数字标注在看上去像是在尺寸线的上方，与尺寸平行，字头向上，从左向右排。尽可能避免在图示 30° 范围内标注尺寸，无法避免时，作引出标注。（　）

(14) 同一张图上，数字及箭头的大小应保持一致。（　）

(15) 半径尺寸要在尺寸数字前加注符号“ϕ”，直径尺寸要在尺寸数字前加注符号“R”。（　）

(16) 圆、大于半圆的圆弧标注直径。半径尺寸必须标注在投影为圆弧的图形上。（　）

(17) 标注球面的直径或半径时，应在数字前加注 ϕ 或 R。（　）

(18) 弦长及弧长的尺寸界线垂直于弦的垂直平分线。标注弦长时，尺寸线是与尺寸界线垂直的直线，直接填写长度值。（　）

(19) 标注圆弧的弧长时，尺寸线是与其同心的圆弧，并在尺寸数字上方加注符号“⌒”。（　）

(20) 用图板、丁字尺画水平线，二者与三角板配合画铅垂线和任意 15° 整数倍的倾斜线。（　）

(21) 把丁字尺靠在图板左侧的边上画水平线，靠在临边上画铅垂线。（　）

(22) 用丁字尺和 30°-60° 三角板可以画正六边形。（　）

(23) HB 铅笔软硬适中，修磨成矩形截面画粗线。（　）

(24) 圆弧连接的实质是画已知半径的圆弧与圆、圆弧、直线相切。（　）

(25) 已知线段、中间线段、连接线段的划分，不依据端点是否为切点，而在于画线段时，需要的相切条件。（　）

(26) 画平面图形的顺序是先画已知线段，再画中间线段或连接线段。（　）

1-2 不定项选择题（在正确选项的编号上画“√”）

(1) 对中心线画法表述正确的有：

A．长画的长度 15～35mm　　B．长画之间是点

C．间隙=1mm　　D．两端是长画

(2) 标注尺寸的基本规则包括：

A．标注物体的真实大小，与绘图比例及绘图的准确度无关

B．尺寸必须标单位

C．尺寸默认以毫米为单位，用其他单位需要标注单位

D．机件的每一尺寸，无特殊情况只标注一次，标注在反映形状最清晰的图形上

(3) 尺寸的组成要素有：

A．尺寸数字　　B．尺寸界线

C．尺寸单位　　D．箭头或 45° 斜线

(4) 对书写尺寸数字描述正确的有：

A．水平尺寸的尺寸数字标注在尺寸线的上方，与尺寸线平行

B．水平尺寸的尺寸数字字头向上，从左向右排列

C．铅垂尺寸的尺寸数字标注在尺寸线的右面，与尺寸线平行

D．铅垂尺寸的尺寸数字字头向左，从下向上排列

(5) 标注角度尺寸的要求是：

A．尺寸数字一律水平书写

B．尺寸线画成直线或圆弧(圆心是该角顶点)

C．圆弧角度的尺寸界线沿径向引出，两直线夹角的尺寸界线沿两直线引出

D．尺寸数字，写在尺寸线的外侧

(6) 标注狭小部位的尺寸，当没有足够空间放置箭头或数字时：

A．将箭头画在尺寸界线外侧　　B．将箭头、数字都移到尺寸界线外侧

C．省略尺寸界线之间的尺寸线　　D．将串联尺寸的箭头画为黑点或45°斜线

(7) 几种特殊尺寸的标注方法：

A．当对称图形只画一半或略大于一半时，尺寸线应略超过对称中心线，并在尺寸线一端画箭头，标注尺寸的实际值

B．标注板状类零件的厚度时，在尺寸数字前加符号“t”

C．弦长及弧长的尺寸界线应当平行于弦的垂直平分线

D．标注弦长时要在尺寸数字上方加注符号“⌒”

(8) 平面图形中的线段，根据标注的尺寸分为：

A．已知线段　　B．中间线段　　C．连接线段　　D．相切线段

1-3 归纳与提高题

(1) 归纳画图线应注意的问题。

(2) 简述国标对尺寸三要素的有关规定。

(3) 简述标注直径、半径、角度尺寸的基本要求。

(4) 归纳狭小部位尺寸标注的有关规定。

(5) 简述平面图形的画法。

(6) 简述上图板作图的基本步骤。

1-4 第2章预习题

(1) 何为点的正投影？

(2) 简述投影图的展开方法，如何确定点、线、面投影的前后位置？

(3) 各种位置的直线和平面的投影特点。

(4) 平行、相交、交叉两直线投影特点的异同。

(5) 如何求直线与平面的交点？

(6) 如何求平面与平面的交线？

(7) 如何将平面立体分解为线、面，画其投影？

(8) 何为回转体的转向轮廓线？某一投影面的转向轮廓线在其他面上的投影在什么位置？

(9) 如何求转向轮廓线上点的投影？

(10) 如何确定辅助纬圆的直径和半径？

第2章　投影法基础

2.1　投影法介绍

物体在光源的照射下会形成影子。影子能反映物体的形状。例如，三角形板的影子是三角形，如图 2-1(a)所示。投影法就是从这一自然现象中抽象出来，并随着科学技术的发展而发展起来的。

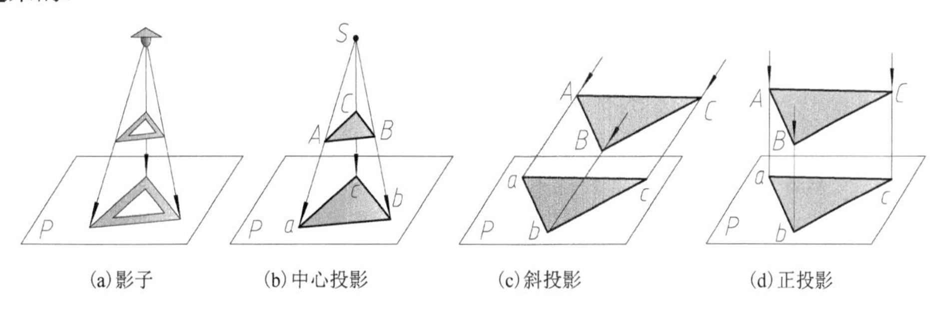

(a)影子　(b)中心投影　(c)斜投影　(d)正投影

图 2-1　投影的定义

1. 中心投影法

在中心投影中，把光源简化为点，用 S 表示，称为投影中心；光线用射线表示，称为投影线；影子所在面简化为平面，用 P 表示，称为投影面；影子称为投影，如图 2-1(b)所示。投影的实质是被照射物体遮挡的光线与投影面的交点的集合。点 A 的投影是投影线 SA 与投影面 P 的交点 a，点 B 的投影是投影线 SB 与投影面 P 的交点 b，以此类推。

中心投影法的所有投影线的起点为投影中心。如果改变投影中心、被投影物体、投影面之间的相对位置，投影会发生变化。投影一般不反映被投影体的真实形状和大小，度量性较差，且作图复杂，一般用于画透视图。

2. 平行投影

把中心投影法的投射中心移至无穷远处，投影线变为平行线，这种投影称为平行投影。

投射线互相平行且倾斜于投影面得到的投影称为斜投影，如图 2-1(c)所示。投影线互相平行且垂直于投影面时，得到的投影称为正投影，如图 2-1(d)所示。这种投影能准确、完整地表达出被投影体的形状，且作图简便，度量性好，广泛用于工程图。本书后面(除第 4 章外)介绍的就是正投影。

点的正投影(简称投影)是过点作投影面的垂线所得交点，如图 2-1(d)所示。

2.2　点 的 投 影

点、线、面是构成形体的基本几何元素。画立体的投影就是画其点、线、面的投影。如图 2-2(a)所示三棱锥，作出点 S、A、B、C 的投影，用直线连接两点得到棱线的投影，所有棱线的投影就是三棱锥的投影(不可见棱线画为虚线)。

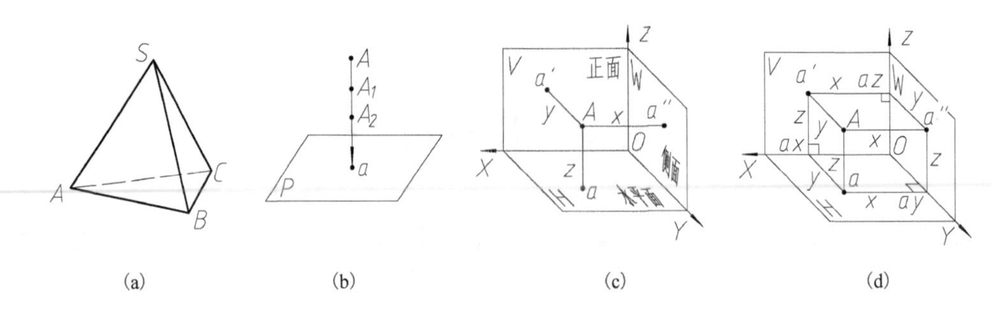

(a)　(b)　(c)　(d)

图 2-2　点的投影 1

2.2.1　点的三面投影(正投影)

点的投影是过该点和投影面的垂线与投影面的交点，所以与投影面垂直的直线上所有点的投影重合，如图 2-2(b)所示，因而点在一个投影面上的投影不能确定点的空间位置。解决方案是建立图 2-2(c)所示的三个相互垂直的投影面，向这三个投影面投影。这三个面分别称为正面投影面(简称正面或 *V* 面)、水平投影面(简称水平面或 *H* 面)、侧面投影面(简称侧面或 *W* 面)。投影面的交线是投影轴，分别称为 *X*、*Y*、*Z* 坐标轴，三条轴的交点 *O* 为坐标原点。

过点 *A* 作 *V* 面的垂线交点 *a'*是点 *A* 的正面投影，简称正投影。同样方法求得点 *A* 的水平面投影点 *a*(简称水平投影)、侧平面投影点 *a''*(简称侧投影)。*Aa''*、*Aa'*、*Aa* 的长度分别等于点 *A* 的 *x*、*y*、*z* 坐标值，如图 2-2(c)所示。

说明　空间点的名称用大写字母表示，投影名称用同名小写字母表示。*H* 面的投影不加撇，*V* 面的投影加一撇，*W* 面的投影加两撇。

为了探究投影与坐标的关系，如图 2-2(d)所示，过投影作坐标轴的垂线 $a'a_x$、$a'a_z$、aa_y，连接垂足与投影，得到一长方体。长方体的对边长度相等，等于点的一个坐标值。这样求点的投影变为根据两个坐标值，画两条垂直于坐标轴的直线得到的交点(参见图 2-3(a))，即点的一个投影由两个坐标值确定，*V*(*x*,*z*)面的投影由 *x*、*z* 坐标值确定，*H*(*x*,*y*)面的投影由 *x*、*y* 坐标值确定，*W*(*y*,*z*)面内投影的由 *y*、*z* 坐标值确定，三个坐标值确定点的三个投影，这就是投影与坐标的关系。

为了将点的三个投影画在一个平面内，需要将三个投影面展开到一个平面中。规定 *V* 面不动，把 *H* 面、*W* 面沿 *Y* 轴分开，将 *H* 面绕 *X* 轴向下旋转 90°，*W* 面绕 *Z* 轴向右旋转 90°，如图 2-3(a)、(b)所示。省略求投影用不到的边框，如图 2-3(c)所示。由于展开时仅绕坐标轴旋转，没有移动，据此得出点的投影规律如下。

(1) $a'a \perp OX$(因为 *V*、*H* 面上点投影的左右位置仅由其 *X* 坐标决定)，称为“长对正”。

(2) $a'a'' \perp OZ$(因为 *V*、*W* 面上点投影的上下位置仅由其 *Z* 坐标决定)，称为“高平齐”。

(3) 过投影 *a*、*a''*作坐标轴的垂线交于 45° 斜线(因为 *V*、*W* 面上点投影的前后位置仅由其 *Y* 坐标决定)，称为“宽相等”。

规定将 *X*、*Y*、*Z* 方向，分别称为长度方向、宽度方向、高度方向。根据点的两个投影可以求第三个投影，共有三种情况，如图 2-4(a)、(b)、(c)所示。

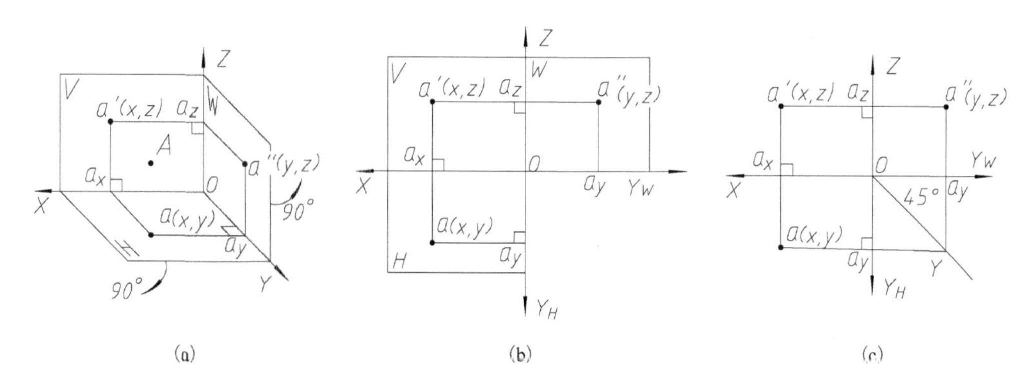

图 2-3　点的投影 2

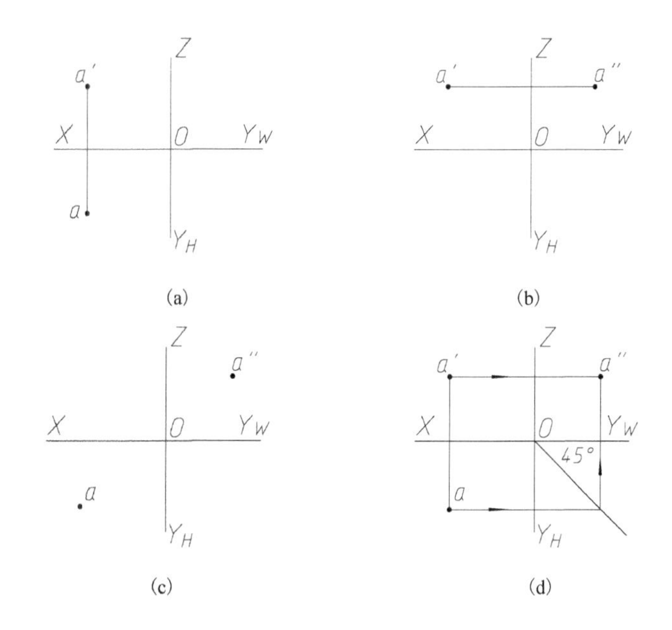

图 2-4　根据点的两个投影可以求第三个投影

【例 2-1】　已知点 A 的两个投影 a'、a，如图 2-4(a)所示，求侧投影 a''。

作图方法，如图 2-4(d)所示。

(1)根据“高平齐”，过 a'作水平线。

(2)根据“宽相等”，过 O 点画 45° 斜线，过 a 作水平线与 45° 斜线相交，过交点画铅垂线与水平线相交，得 a''。

2.2.2　点的相对位置与无轴投影图

在三维空间中，坐标轴 X、Y、Z 分别对应左右、前后、上下三个方向。x 坐标大的在左面，y 坐标大的在前面，z 坐标大的在上面，参见图 2-5(a)。

投影面展开时，H、W 面分别绕 X、Z 轴向外旋转 90°。在 H 面上“前”转到了下面，在 W 面上“前”转到了右面，如图 2-5(a)、(b)所示。这一点需要特别注意，这是以后确定点、线、面的相对位置，判断投影是否可见的理论依据。

点的投影反映两点的坐标差，如图 2-5(b)所示。因此可以在不画坐标轴的情况下，根据点的坐标差画投影，如图 2-5(c)所示。不画坐标轴的投影图，称为无轴投影图。

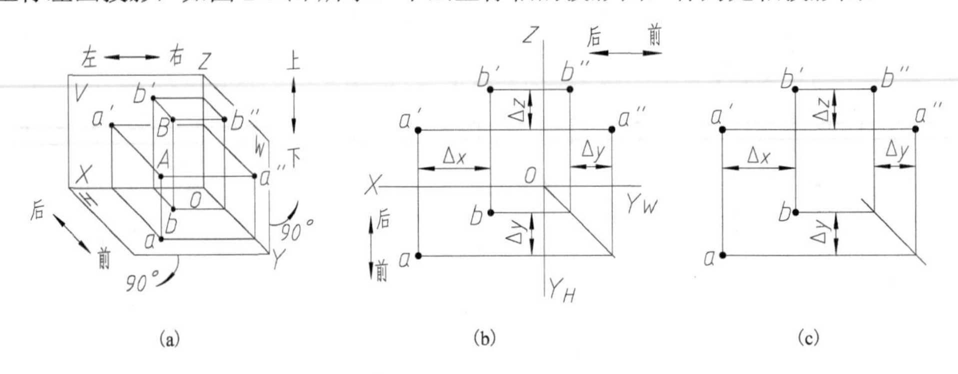

(a)　(b)　(c)

图 2-5　点的相对位置

【例 2-2】　已知点 A 的三个投影、点 B 的两个投影，如图 2-6(a)所示，求点 B 的另一投影。

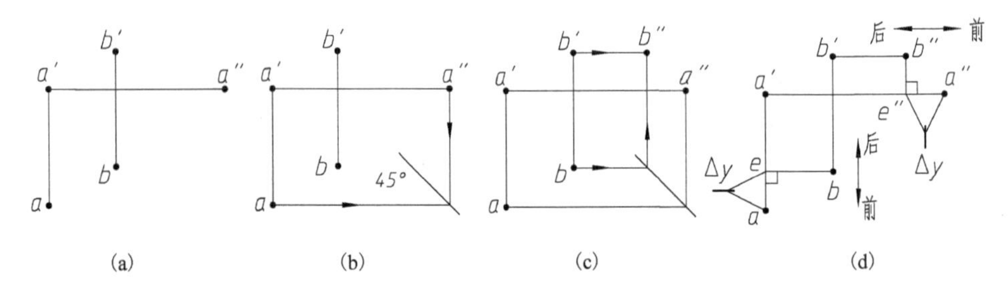

(a)　(b)　(c)　(d)

图 2-6　无轴投影图

方法一，画 45° 斜线求解。

(1)分别过 a、a''画水平线、铅垂线相交，过交点画 45° 斜线，如图 2-6(b)所示。

(2)过 b 画水平线与 45° 斜线相交，过交点画铅垂线；过 b'画水平线与上述铅垂线相交，交点是 b''，如图 2-6(c)所示。

方法二，用分轨测量 Δy，如图 2-6(d)所示。作 $bc_1 \perp aa'$，用分轨量取 c_2，使 $a''c_2=ac_1=\Delta y$，过 c_2 作 $a'a''$的垂线，与过 b'的水平线相交得 b''。

2.2.3　重影点

如果空间两点在某一投影面的垂线上，则它们在该面上的投影重合，这两点称为该投影面的重影点。重影点需要判断可见性。投影被遮挡的点的名称加(　)，如图 2-7 所示。

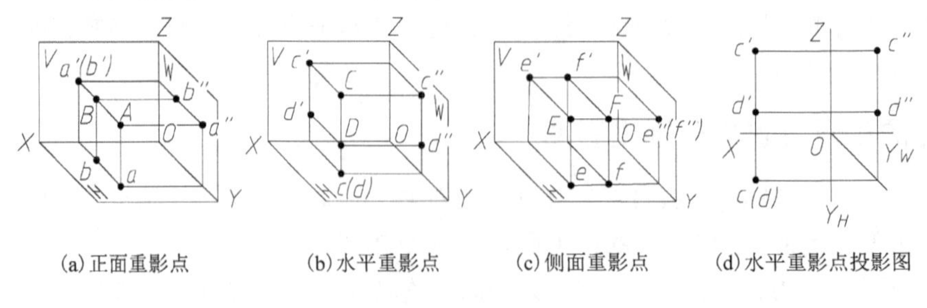

(a)正面重影点　(b)水平重影点　(c)侧面重影点　(d)水平重影点投影图

图 2-7　重影点

重影点分为图 2-7(a)、(b)、(c)所示的三种。按如下方法判断可见性。

(1)正面重影点，从前向后投影形成，前面的可见，后面的不可见。

(2)水平重影点，从上向下投影形成，上面的可见，下面的不可见。

(3)侧面重影点，从左向右投影形成，左面的可见，右面的不可见。

图 2-7(d)是水平重影点的投影图，同样可以画其他两种重影点的投影，并判断可见性。

2.3　直线的投影

直线的投影是直线(证明方法见课件)。求直线投影的方法，就是用直线连接两个端点的同面投影。根据直线与投影面的相对位置，将直线分为投影面平行线、投影面垂直线和一般位置的直线。

2.3.1　投影面平行线

投影面平行线是平行于一个投影面，与另外两个投影面都倾斜的直线，见表 2-1。

表 2-1　投影面平行线的投影特点

	正平线	水平线	侧平线
空间图	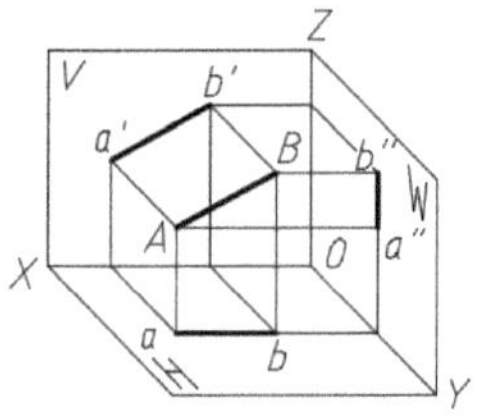	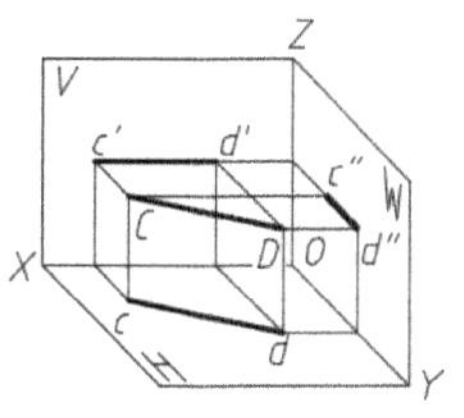	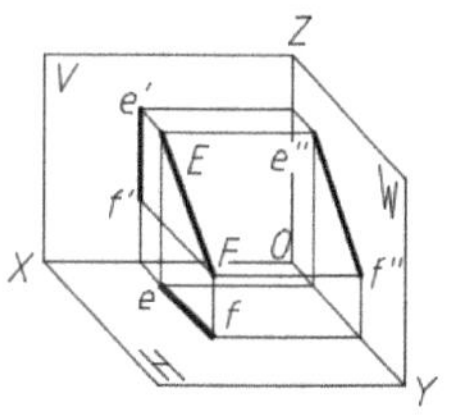
空间位置	平行于 *V*，倾斜于 *H*、*W*	平行于 *H*，倾斜于 *V*、*W*	平行于 *W*，倾斜于 *V*、*H*
投影图	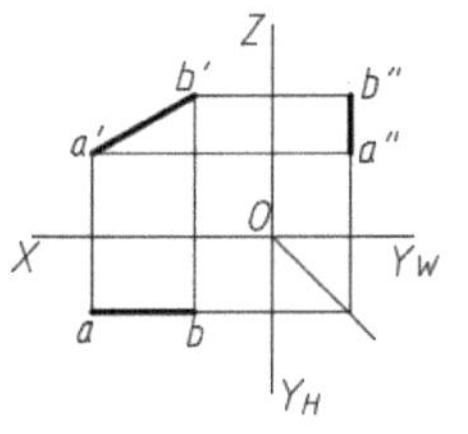	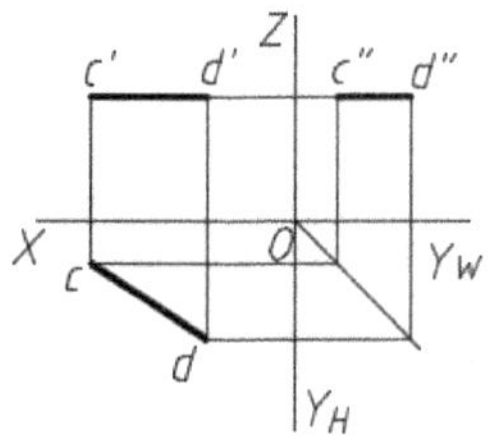	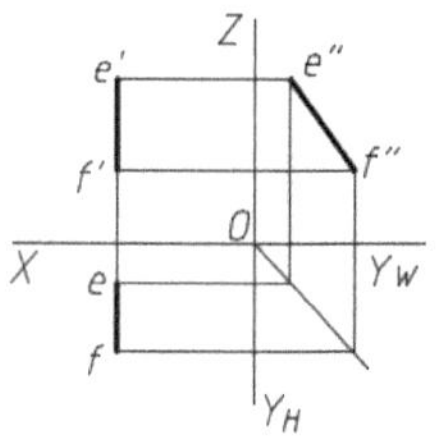
投影特点	① 在与直线平行的投影面上的投影为倾斜线，长度等于实长； ② 在另外两个投影面上的投影垂直于同一轴		

下面以正平线 *AB* 为例证明投影面平行线的投影特点。

①在 *H* 面(*XY* 面)、*W* 面(*YZ* 面)内的投影垂直于 *Y* 轴。用反证法证明：如果投影 *ab*、*a″b″*(表 2-1)不垂直于 *Y* 轴，*Y* 坐标值不是常数，则 *AB* 不是正平线。②正面投影等于实际长度。证明：因为 *a′b′*是平面 *ABa′b′*(表 2-1)与 *V* 面的交线，*AB*//*V*，所以 *a′b′*//*AB*；又因为 *Aa′*//*Bb′*(正面投影的垂线相互平行)，所以 *ABa′b′*是平行四边形，其对边相等。

【例 2-3】　已知水平线的一个投影，如图 2-8(a)所示，求其余投影。

(1)求正面投影。分别过 *c*、*d* 画铅垂线，在适当位置画与 *Z* 轴垂直的直线(因为 *z* 坐标未知，数值自定)与铅垂线相交，得正面投影 *a′b′*，如图 2-8(b)所示。

(2)求侧面投影。过坐标原点画 45° 斜线，分别过 *c*、*d* 画水平线与 45° 斜线相交，过交点画铅垂线；过 c'画水平线与铅垂线相交，得侧面投影 $c''d''$，如图 2-6(c)所示。

> **提示**　建议不要画 45° 斜线，用分轨测量 y 或 Δy，如图 2-8(d)所示。本节所谓“适当位置”，是指离坐标轴距离适中，能较好地体现投影特点的位置。

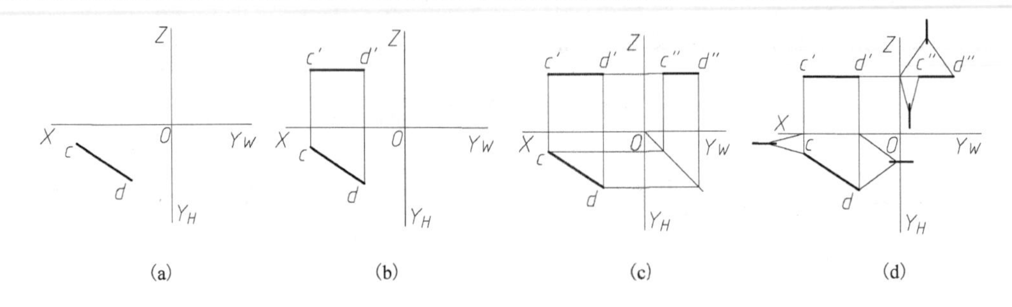

图 2-8　水平线的投影

2.3.2　投影面垂直线

投影面垂直线是与一个投影面垂直，与另外两个投影面都平行的直线。投影特点见表 2-2。

表 2-2　投影面垂直线的投影特点

	正垂线	铅垂线	侧垂线
空间图			
空间位置	垂直于 V，平行于 H、W	垂直于 H，平行于 V、W	垂直于 W，平行于 V、H
投影图			
投影特点	① 在与直线垂直的投影面上的投影是一点； ② 在另外两个投影面上的投影分别垂直于不同的坐标轴，且长度等于实长		

下面以正垂线 AB 为例证明投影面垂直线的投影特点。

因为 $AB \perp V$，其 x、z 坐标值是常数，所以在 V 面(XZ 面)的投影只能是一点，在 H 面(XY 面)、W 面(YZ 面)的投影分别垂直于 X、Z 坐标轴(用反证法证明)；又因为 $AB /\!/ H$、W 面，AB 在这两个投影面内的投影等于实长。

【例 2-4】　已知 CD 是铅线，长度为 30，完成其三个投影。

(1)参考表 2-2 铅垂线的投影特点，在适当位置(x、y 坐标值未知，数值自定)画点作为水平投影 $c(d)$，如图 2-9(a)所示；过该点画铅垂线，在 X 轴之上适当位置(z 坐标值自定)确定

d'，使 $c'd'$=30，确定 c'。

(2) 分别过 c'、d'画水平线，用分轨测量 y 坐标值，得侧面投影，如图 2-9 (b) 所示。

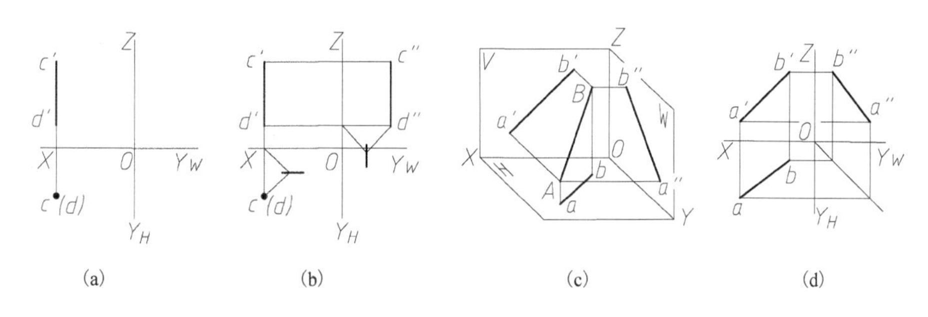

图 2-9　直线的投影

2.3.3　一般位置直线

一般位置的直线，是与三个投影面均倾斜的直线。其三个投影都比实长短，都倾斜于坐标轴，如图 2-9 (c)、(d) 所示。画其投影的方法是根据点的坐标，画出点的投影，用直线连接同面投影。

2.3.4　根据直线的两个投影判断直线与投影面的相对位置

投影面平行线平行于一个投影面，倾斜于另外两个投影面；投影面垂直线垂直于一个投影面，平行于另外两个投影面；这两种直线称为特殊位置的直线。一般位置的直线与三个投影面均倾斜。因而可以用直线的名称表示直线与投影面的相对位置。分析表 2-1、表 2-2 和图 2-9 (c)、(d)，根据两个投影判断直线与投影面的相对位置，有如下规律。

(1) 若有一个投影是一点，则是投影面垂直线，且⊥(垂直于) 该点所在投影面。

(2) 两个投影都是直线。

① 两投影都∠(倾斜于) 坐标轴，是一般位置直线。

② 一个投影∠坐标轴，一个投影⊥坐标轴，是投影面平行线，//(平行于) 投影是倾斜线的投影面。

③ 两个投影都⊥坐标轴：如果⊥同一坐标轴，是投影面平行线，//未知投影的投影面；如果⊥两个坐标轴，是投影面垂直线，⊥未知投影的投影面。

如图 2-10 所示直线，分别是正垂线、水平线、侧垂线、侧平线。

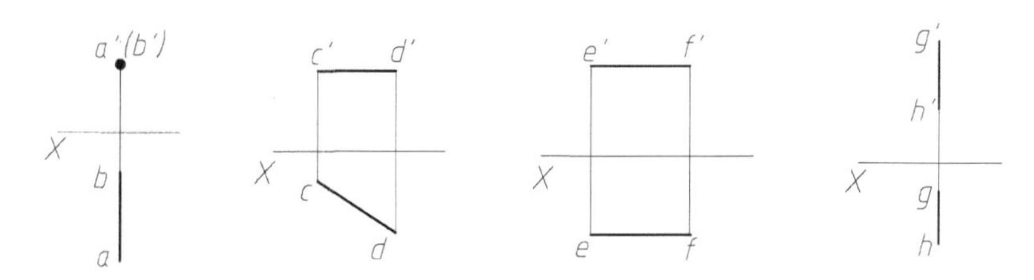

图 2-10　直线的投影

2.4　平面的投影

根据平面相对于投影面的位置，可以将平面分为三种：投影面垂直面、投影面平行面、一般位置的平面。

2.4.1　投影面垂直面

投影面垂直面，垂直于一个投影面，倾斜于另外两个投影面。分为正垂面、铅垂面、侧垂面三种，详见表 2-3。

表 2-3　投影面垂直面的投影特点

	正垂面	铅垂面	侧垂面
空间图	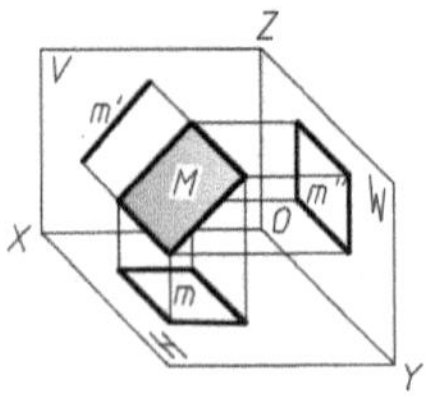	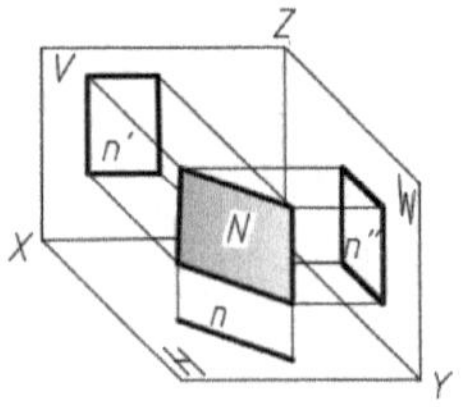	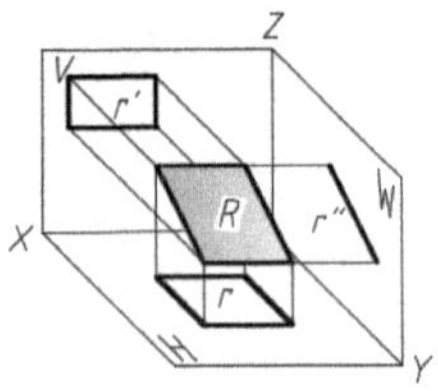
空间位置	垂直于 *V*，倾斜于 *H*、*W*	垂直于 *H*，倾斜于 *V*、*W*	垂直于 *W*，倾斜于 *V*、*H*
投影图	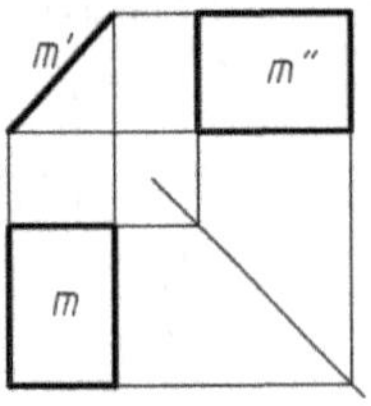	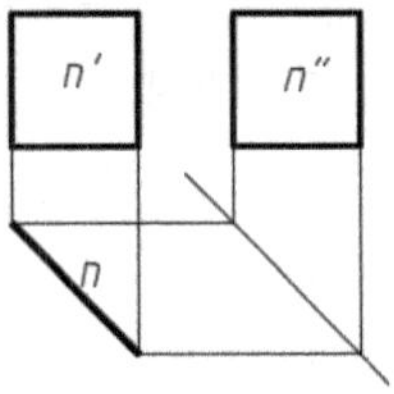	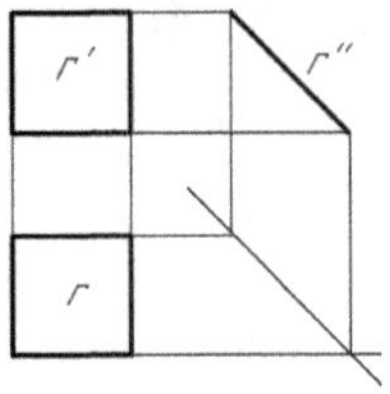
投影特点	① 在与平面垂直的投影面上，投影为倾斜线； ② 其他投影面上的投影为相似形状：边数不变；平行边的投影仍为平行		

下面证明投影面垂直面的投影特点。

(1) 平面垂直于投影面时，投影为直线，参见图 2-11 (a)。

因为△$ABC \perp H$，所以过△ABC 上每一点的垂线都在它所在的平面 P 内，即△ABC 的投影是 H 与 P 的交线，所以是直线。

(2) 平面在非垂直投影面上的投影为类似形状，有如下两个特点。

① 边数不变。

因为直线的投影是直线(不是折线)，所以边数不会增多；又因为只有当平面的边垂直于投影面时投影是点，边数才会减少。但在倾斜面内没有与投影面垂直的边，所以没有边的投影是点，即边数不会减少。

② 平行边的投影还平行，参见图 2-11 (b)。

因为 $AB//CD$，面 $P(ABba) \perp H$，面 $Q(CDdc) \perp H$，所以 $P//Q$；又因为 ab、cd 分别是 P、Q 与 H 的交线，所以 $ab//cd$。同理 $a'b'//c'd'$。

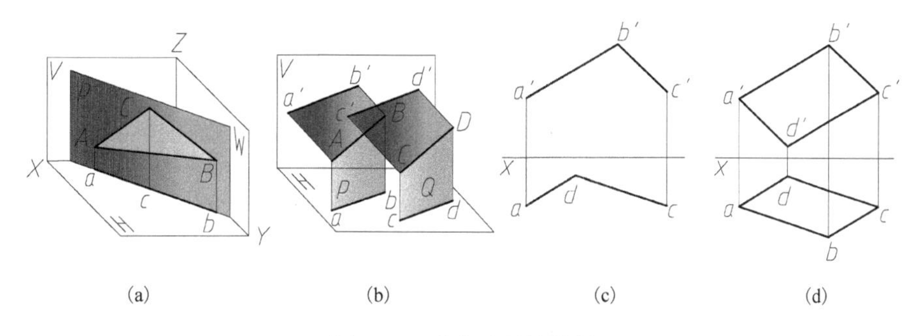

(a)　(b)　(c)　(d)

图 2-11　垂直平面的投影

【例 2-5】　完成图 2-11(c)平行四边形 *ABCD* 的两个投影。

因为平面投影后边数不变，平行边的投影平行。所以两个投影都是平行四边形，如图 2-11(d)所示。

2.4.2　投影面平行面

投影面平行面，平行于一个投影面，垂直于另外两个投影面。投影面平行面分为正平面、水平面、侧平面三种，见表 2-4。

表 2-4　投影面平行面的投影特点

	正平面	水平面	侧平面
空间图			
空间位置	平行于 *V*，垂直于 *H*、*W*	平行于 *H*，垂直于 *V*、*W*	平行于 *W*，垂直于 *V*、*H*
投影图			
投影特点	① 在与平面平行的投影面上，投影反映实形； ② 另外两个投影面上的投影是垂直于同一坐标轴的直线		

当平面的投影为实形、类似形状、直线时，依次称平面的投影具有实形性、类似性、积聚性。

下面以正平面为例，证明投影面平行面的投影特点。

(1) *在与平面平行的投影面上，投影反映实形，参见图* 2-12(a)。

因为$\triangle ABC // V$，所以 $AB // V$，$AB=a'b'$。同理知 $BC=b'c'$，$AC=a'c'$。所以$\triangle ABC \cong \triangle a'b'c'$，即三角形的正面水平投影反映实形。又因为任意图形都可以划分为若干三角形，所以任意平行面的投影也反映实形。

(2) 在另外两个投影面上的投影是垂直于同一坐标轴的直线。

正平面//V面，其Y坐标值为常数，用反证法即可证明，其在H面(XY面)、W面(YZ面)内的投影只能是垂直于Y轴的直线。倾斜线、多边形的Y坐标值都不是常数。

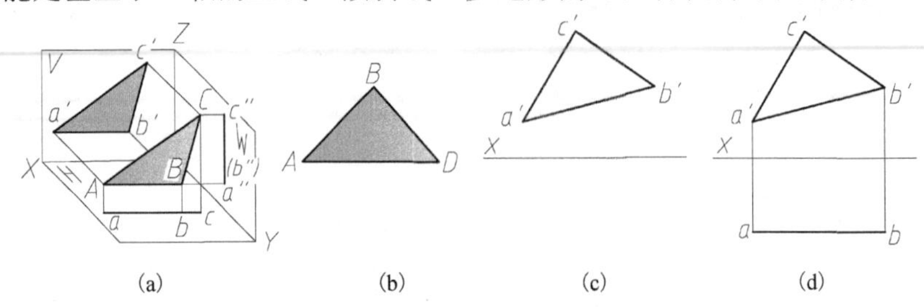

图 2-12　投影面平行面的投影

【例 2-6】　将图2-12(b)所示△ABC放入正平位置，画出其正面投影和水平投影。

(1) 正面投影是实形。由于没有其他条件，在适当位置，以任意倾角按实际尺寸画出△a'b'c'，如图2-12(c)所示。

(2) 水平面投影是⊥Y轴的直线。由于y坐标未知，数值自定，在X轴下方适当位置作⊥Y轴的直线。再分别过a'、b'作铅垂线，确定投影的两个端点，如图2-12(d)所示。

2.4.3　一般位置平面

一般位置平面是与三个投影面都倾斜的平面。三个投影均为缩小的类似形：边数不变，平行边的投影平行，如图2-13(a)、(b)所示。基本作图方法是，画出各个端点的投影，用直线连接各端点的同面投影。

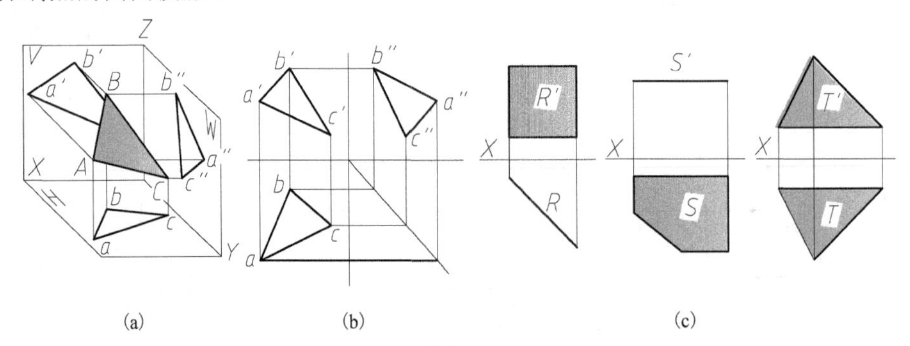

图 2-13　平面的投影

2.4.4　根据平面的两个投影判断平面与投影面的相对位置

分析表2-3、表2-4和图2-13(a)、(b)，得出如下规律。

1) 若有一个投影是直线

(1) 直线⊥坐标轴，是投影面平行面，//投影是多边形的投影面。

(2) 直线∠坐标轴，是投影面垂直面，⊥投影是直线的投影面。

2) 若两个投影都不是直线

(1) 若投影的一边⊥某一投影面，则此平面⊥该投影面。

(2) 否则求作第三个投影，如果此投影是直线，此平面⊥投影是直线的投影面；否则是一般位置平面。

3）若两个投影都是直线，则为投影面平行面，平行第三个投影面

如图 2-13(c) 所示的 R、S、T 面分别是铅垂面、水平面、侧垂面。

2.5 几何元素间的相对位置

几何元素间的相对位置包括点、线、面的从属关系，两直线的相对位置，直线与平面相交等问题。

2.5.1 直线与点的相对位置

若点在直线上，则①点的投影必在直线的同面投影上；②点将线段的同面投影分割成与空间直线相同的比例(因为平行线分割线段成比例)，$AC/CB=a'c'/c'b'=ac/cb$，如图 2-14(a) 所示。

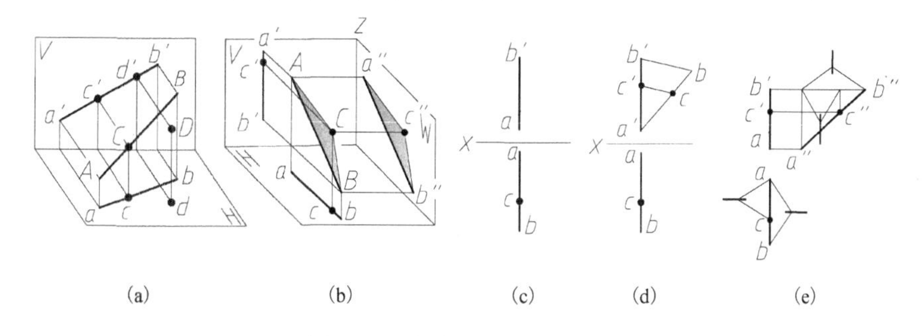

(a) (b) (c) (d) (e)

图 2-14 直线与点的相对位置

反之，若点有一个投影不在直线的同面投影上，则该点必不在该直线上(因为正命题成立，逆否命题也成立)。如图 2-14(a) 所示的 C 点在 AB 上，D 点不在 AB 上。有时点的两个投影在直线的同面投影上，也可能不在直线上。如图 2-14(b) 所示 C 点不在 AB 上。因为只要 C 点与 AB 在同一侧平面内，不管 C 点是否在 AB 上，其正面、水平投影都在 AB 的同面投影上，或延长线上。

【例 2-7】 已知 C 点在线段 AB 上，投影如图 2-14(c) 所示，求点 C 的正面投影 c'。

作图原理：点在直线上，点将直线的同面投影分割成相同的比例。

(1) 在正面投影上，过 a' 任作一条直线 $a'b$，使 $a'b=ab$；在 $a'b$ 取 c 点，使 $a'c=ac$，见图 2-14(d)。

(2) 连接 $b'b$，过 c 点作 $cc'/\!/b'b$ 交 $a'b'$ 于 c'。

另一种作图方法是，先画出 AB 和 C 的侧面投影，再求 C 的正面投影，如图 2-14(e) 所示。

2.5.2 两直线的相对位置

空间两直线的相对位置分为：平行、相交和交叉三种。

1. 两直线平行

2.4.1 节已经证明过，若空间两直线平行，则其同面投影必定平行，反之亦然。一般位置的直线只要有两个投影平行，空间即平行；投影面垂直线，只要有一个投影平行(垂直于同一投影面)，空间即平行；但投影面平行线，已知两个投影平行，空间不一定平行。例如，所有侧平线的正面投影和水平投影都垂直于 X 轴，相互平行，但空间不一定平行。判断两直线平行的一般方法是，画出三个投影，如果三个投影都平行，则空间平行。图 2-15(a)、(b) 所示

的 *AB*、*CD* 空间不平行。

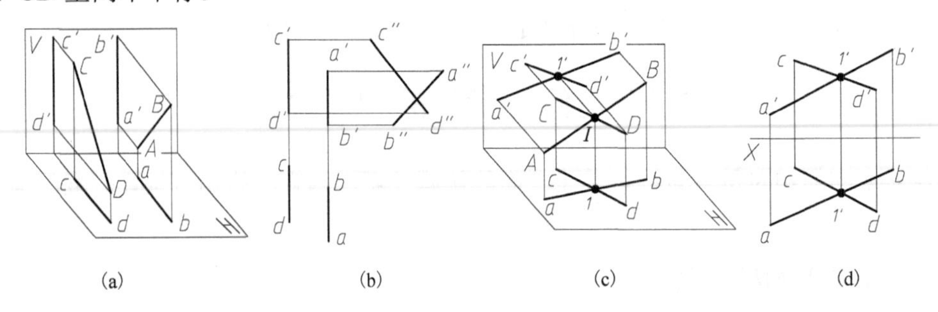

图 2-15　相交线

2. 两直线相交

若空间两直线相交，则其同面投影必相交，且交点的投影符合点的投影规律(长对正、高平齐、宽相等)，如图 2-15(c)、(d)所示。反之亦然，若已知直线的两个投影符合上述规律，如果两直线的投影都倾斜于坐标轴，两空间直线一定相交；如果其中一条直线的投影垂直于坐标轴，需要求出第三个投影才能判断直线是否相交。如图 2-16(a)所示两直线投影的交点，不符合“高平齐”，不相交。

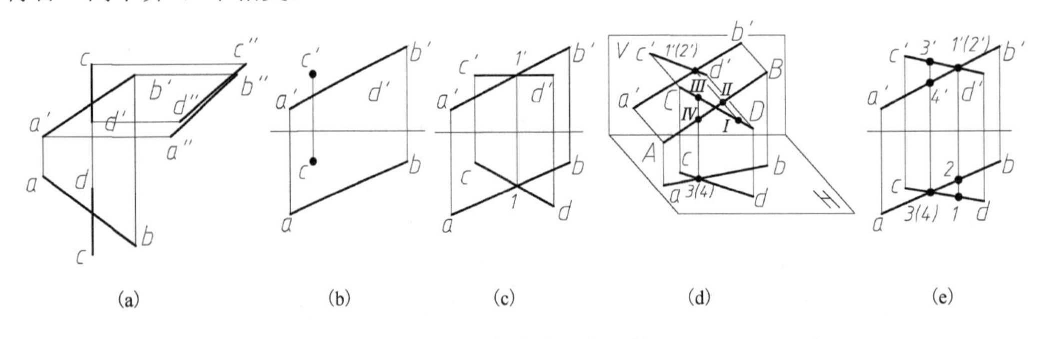

图 2-16　相交线、交叉线

【例 2-8】　已知条件如图 2-16(b)所示，过 *C* 点作水平线 *CD*，与 *AB* 相交。

根据水平线、相交两直线的投影特点作图。

(1) 过 *c′* 作一条水平线 *c′d′* 交 *a′b′* 于 1′，根据“长对正”在 *ab* 求交点的水平投影 1，参见图 2-16(c)。

(2) 连接 *c*、1，延长 *c*1 到 *d*(*cd* 长度自定)，“长对正”求 *d′*，如图 2-16(c)所示。

3. 交叉两直线

既不平行又不相交的两直线称为交叉直线。两交叉直线有如下投影特点。

1) 可能一到三个投影都分别相交，但投影的交点不符合点的投影规律

由于点的一个投影由两个坐标值决定，与另一个坐标值无关，如果两个点的两个坐标值分别相等，这两个点的投影重合。如图 2-16(d)、(e)所示的Ⅰ、Ⅱ点的 *x*、*z* 坐标值分别相等，正面投影重合。Ⅲ、Ⅳ点的 *x*、*y* 坐标值分别相等，水平投影重合。

2) 可能有一个或两个投影平行，但不可能三个投影都平行

如图 2-17(a)所示，*AB*、*CD* 是侧平线，不管空间是否平行，正面、水平投影都⊥*Y* 轴，投影分别平行。需要求出侧面投影。若侧面投影也平行，则 *AB*、*CD* 平行，否则交叉。

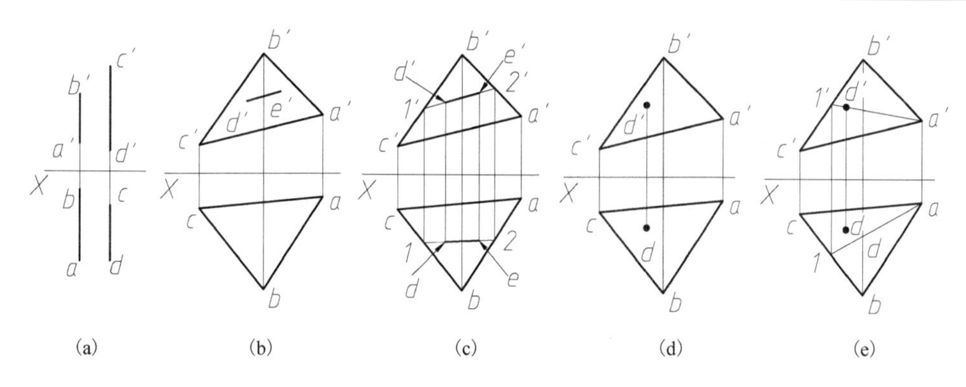

图2-17　平面上的直线和点

2.5.3　平面上的直线和点

直线在平面上的条件：过平面上两点，或过平面上一点且平行于平面内任意一条直线。点在平面上的条件：在平面的任意一条直线上。

【例2-9】　*DE*在△*ABC*上，已知*DE*的正面投影，如图2-17(b)所示，求水平投影。

D、*E*在△*ABC*上，利用在平面上取点，求*DE*的水平投影。在面上取点需要先取直线。

(1)向两端延长*d'e'*分别交*b'c'*于1'点、交*a'b'*于2'点，如图2-17(c)所示。

因为共面二直线，只要一个同面投影相交，则空间相交，所以Ⅰ点在*BC*上，Ⅱ点在*AB*上。

(2)根据长对正，求出点1、2。连接12，在12上求取点*d*、*e*。

【例2-10】　已知△*ABC*和*D*点的两个投影，如图2-17(d)所示，判断*D*点是否在△*ABC*决定的平面上。

本例用反证法证明。假如*D*点在△*ABC*上，则延长*AD*交*BC*于Ⅰ点，参见图2-17(e)。Ⅰ点在*BC*上，*D*点在*A*Ⅰ上，*D*点的水平投影在*A*Ⅰ的同面投影上。

按上述方法求*a*1，如图2-17(e)所示。因为*d*点不在*a*1上，所以*D*点不在△*ABC*决定的平面上。

2.5.4　相交问题

相交问题包括直线与平面相交、平面与平面相交两种情况。

1. 直线与平面相交

直线与平面相交，需要求交点，判断可见性。交点是：①直线与平面的公有点；②可见与不可见的分界点，如图2-18(a)所示。

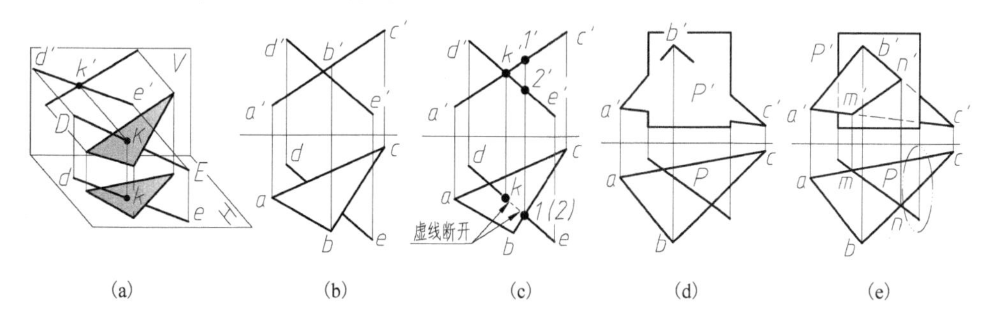

图2-18　相交问题

【例 2-11】 求图 2-18(a)、(b)所示直线 DE 与△ABC 的交点，并判断可见性。

(1)因为交点 K 是直线 DE 与△ABC 的共有点，所以 k'是直线 $d'e'$和△$a'b'c'$的交点，由此得出 k'，如图 2-18(c)所示。

(2)因为 K 在直线 DE 上，所以 k 在直线 de 上，得出交点 K 的水平投影 k，如图 2-18(c)所示。

可见性是指直线与平面投影的重叠部分，交点一侧的直线被遮挡。以交点为分界点，两侧的可见性相反，可以用如下两种方法判断可见性。

① 重影点法。在需要判断可见性的投影上，找一个直线与平面的边投影相交的点作为重影点。本例可以在水平投影中，取 de、bc 的交点为重影点，分别标记为Ⅰ点、Ⅱ点。假设Ⅰ点在△ABC 上，Ⅱ点在 DE 上，求出两点的正面投影，如图 2-18(c)所示。Ⅰ点在上Ⅱ点在下，Ⅱ点不可见，即 DE 不可见，de 在交点右侧三角形之内的部分画为虚线，另一侧为粗实线。

提示　虚线与粗实线共线时，虚线断开，留下间隙。

② 直观法。当平面的一个投影为直线时，可以直接判断可见性。如例 2-11，从正面投影可以看出，在 K 点的右侧，DE 在△ABC 的下方，该部分的三角形内水平投影不可见。这种判断可见性的方法称为直观法。

2. 平面与平面相交

两平面相交，需要求交线，判断可见性。交线是：①两平面的公有点集合；②可见与不可见的分界线，如图 2-18(e)所示。

【例 2-12】 求图 2-18(d)所示△ABC 和平面 P 的交线 MN，并判断可见性。

(1)因为交线 MN 在平面 P 上，所以交线的水平投影是与其重合的直线。交线是三角形与四边形的共有部分，得其水平投影 mn，如图 2-18(e)所示。

(2)因为 m 在 AC 上，n 在 BC 上，求出 m'、n'，连接得到交线的正面投影 $m'n'$。

可见性是指两平面投影重叠部分，交线一侧被遮挡，画为虚线。以交线为界，两侧的可见性相反。可以用重影点或直观法判断可见性。下面用直观法判断可见性。

因为在椭圆区域之内，四边形在前，三角形在后。

所以正面投影，交线的右侧，三角形不可见，四边形可见。把 $m'n'$右侧，四边形内三角形的边画为虚线。另一侧相反，把 $m'n'$左侧，三角形内四边形的边画为虚线，如图 2-18(e)所示。要注意当粗、虚线共线时把虚线断开画。

2.5.5 平行问题

前面介绍过两直线的平行问题，本节介绍直线与平面、平面与平面平行的问题。

1. 直线与平面平行

直线与平面平行的条件是直线平行于平面内的一条直线。利用此条件可以作平面的平行线，判断直线与平面是否平行。

【例 2-13】 已知点 D 和△ABC 的投影，如图 2-19(a)所示，过 D 点作一条水平线平行于△ABC 决定的平面。

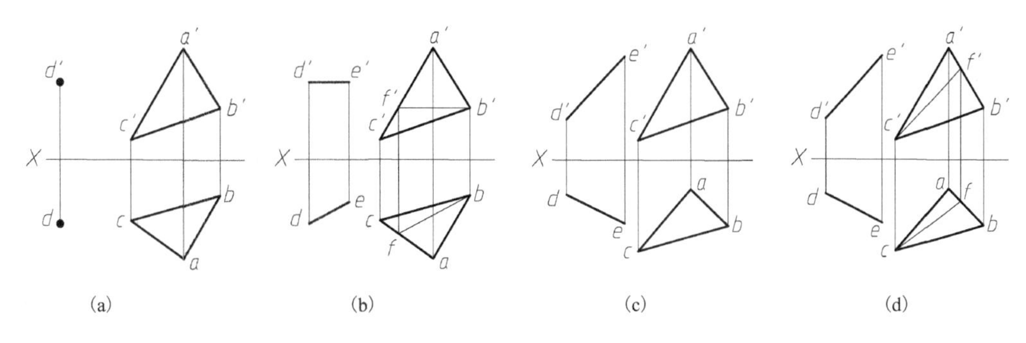

图 2-19　平行问题

因为待求直线 DE 是水平线，所以需要在△ABC 上作一条水平线，使 DE 与其平行，如图 2-19(b)所示。

(1) 在△ABC 平面内作一水平线 BF：过 b'作水平线 $b'f'$交 $a'c'$于 f'，长对正求出 f，连接 bf。

(2) 分别画 $d'e' /\!/ b'f'$，$de /\!/ bf$。DE 长度自定。

【例 2-14】　已知直线 DE 和△ABC 的投影，如图 2-19(c)所示，判断二者是否平行。

直线平行于平面的条件是，能否在平面上取一直线与该直线平行。如果不能，则不平行。

(1) 过 c'作 $c'f' /\!/ d'e'$交 $a'b'$于 f'，长对正求出 f，连接 cf，如图 2-19(d)所示。

(2) 因为 cf 不平行于 de，所以 CF 不平行于 DE，即 DE 不平行于△ABC。

2. 两平面平行

两平面平行的条件是：一平面上的两条相交直线，分别平行于另一平面上的两条相交直线。

【例 2-15】　已知点 D 和△ABC 的投影，如图 2-20(a)所示，过 D 点作平面平行于△ABC 决定的平面。

过 D 点作两条相交直线，分别平行于△ABC 的两条边，这两条相交直线决定的平面平行于△ABC。分别画 $d'f' /\!/ a'c'$，$d'e' /\!/ b'c'$，$df /\!/ ac$，$de /\!/ bc$。直线长度自定。

【例 2-16】　已知平面△ABC 和△DEF 的投影，如图 2-20(c)所示，判断二者是否平行。

图 2-20(c)所示的两个铅垂面，只要水平投影平行，则空间平行。因为两个投影是两平面与投影面的交线，如果两个平面与第三个平面垂直，且交线平行，则这两平面平行，即投影平行，参见图 2-20(d)。

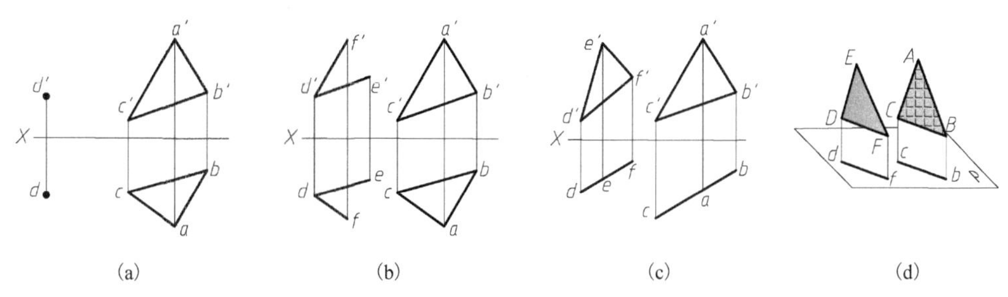

图 2-20　两平面平行

对于两个一般位置的平面，如果能在一个平面上作两条相交直线分别平行于另一平面上的两条相交直线，则此两平面平行；否则不平行。

2.5.6 垂直问题

1. 两直线垂直

当两垂直线之一平行于投影面时，两直线在该面上的投影相互垂直，称为直角投影定理，如图 2-21(a)、(b)所示。

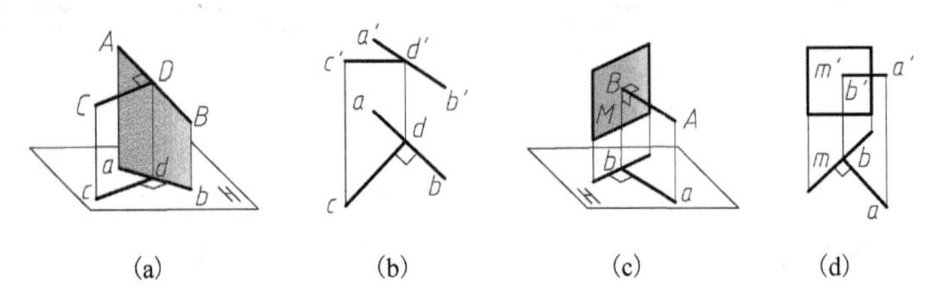

(a)　(b)　(c)　(d)

图 2-21　垂直问题

证明直角投影定理，因为 $CD \perp AB$，$CD \perp Dd$，所以 $CD \perp$ 平面 $ABab$，$CD \perp ab$。又因为 $CD // H$ 面，所以 $CD // cd$，即 $cd \perp ab$。

2. 直线与平面垂直

当直线与平面垂直，且平面垂直于投影面时，直线与平面的投影相互垂直，如图 2-21(c)、(d)所示。

证明：因为 $AB \perp M$，所以 $AB \perp M$ 内所有直线。$M \perp H$，M 在 H 面上的投影与 M 面内所有直线的投影重合，根据直角投影定理得 $ab \perp m$。

直线垂直于平面的条件是垂直于平面内的两条相交的直线，对于一般位置的平面需要利用此条件求解垂直问题。根据直角投影定理，只有当两垂直线之一平行于投影面时，两直线的投影才相互垂直，作图时需要取投影面平行线作为辅助线，如图 2-22(b)所示。

【例 2-17】 已知 D 点和 $\triangle ABC$ 的投影，如图 2-22(a)所示，过 D 点作直线垂直于 $\triangle ABC$ 决定的平面。

按上述分析作图，如图 2-22(b)所示。

(1) 在 $\triangle ABC$ 上分别取水平线 $1B$、正平线 $2C$，画出它们的投影。

(2) 分别作 $d'e' \perp 2'c'$，作 $de \perp 1b$。DE 长度自定。

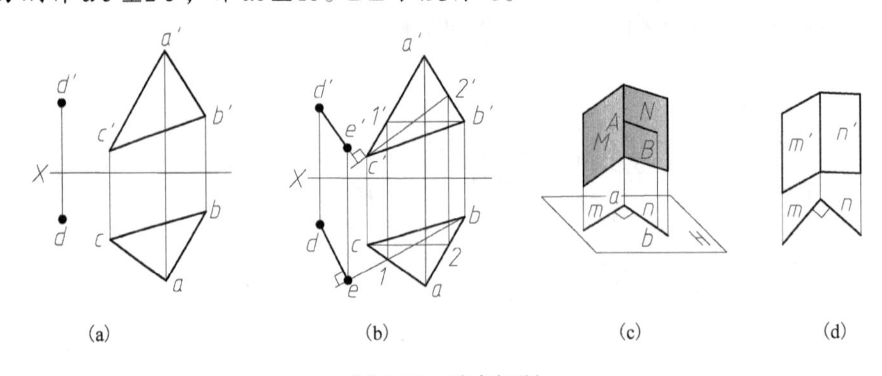

(a)　(b)　(c)　(d)

图 2-22　垂直问题

3. 两平面垂直

当相互垂直的两平面垂直于同一投影面时，它们的投影相互垂直，如图 2-22(c)、(d)

所示。这是因为当两平面垂直时，可以在任意平面内作另一个平面的垂线，如图 2-22(c)所示，这样问题变为前面已经证明过的直线与平面垂直、平面垂直于投影面的问题，上述结论成立。

如果一直线垂直于某一平面，包含该直线的平面一定垂直于该平面。当平面不垂直于投影面时，可以用此性质求解垂直问题。如例 2-17 已知条件不变，改为过 *D* 点作平面垂直于△*ABC*。

求解方法：按上例所述方法求△*ABC* 的垂线 *DE*。*DE* 与任意一条相交直线构成的平面与该面垂直，如图 2-23(a)所示。

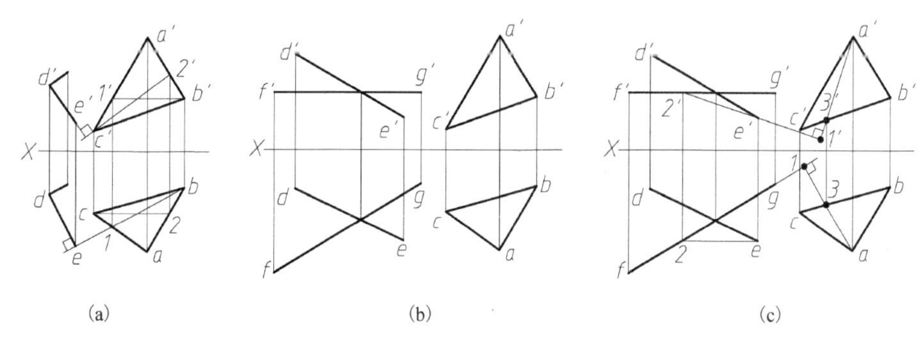

图 2-23　两平面垂直

【例 2-18】　判断图 2-23(b)所示两平面是否垂直。

判断两平面是否垂直，需要在一个平面内取一点，作另一个平面的垂线。如果该直线在第一个平面内，则两平面垂直，不在则不垂直。

根据垂直投影定理，作图时需要利用已知的投影面平行线，或取投影面平行线作辅助线，如图 2-23(c)所示。

(1)过 *A* 点作平面 *DEFG* 的垂线 1*A*。因为 *FG* 是水平线，所以 $1a \perp fg$；在平面 *DEFG* 内作正平线 2*E*，画出投影 2*e*、2′*e*′，作 $1'a' \perp 2'e'$。也可以过 *B*、*C* 点作垂线。

(2)判断 1*A* 是否在△*ABC* 决定的平面上。因为 1′*a*′与 *b*′*c*′的交点 3′，与 1*a* 与 *bc* 的交点 3 “长对正”，所以 1*A* 在△*ABC* 上，所以图 2-23(b)所示两个平面相互垂直。

2.6　立体的投影

立体分为平面立体和曲面立体。平面立体是表面全部都是平面的立体；曲面立体是部分或全部表面是曲面的立体。本节介绍画立体的投影图和在表面取点的方法。

平面立体分为柱体和锥体。本节以正六棱柱、正三棱锥为例，介绍相关内容。

1. 正六棱柱

画立体的投影就是画构成立体的所有表面的投影。为了简化作图，一般不会全部按“面”进行分析和画图。例如，为了利用水平面、铅垂线的投影特点作图，将六棱柱放置于图 2-24(a)所示位置。这样画六棱柱的投影，简化为画两个端面(正六边形)和 6 条棱线(*A*、*B*、*C*、*D*、*E*、*F*)的投影。

将六棱柱分解为两个端面和 6 条棱线作图，比分解为 8 个面或 18 条棱线，都要快捷。

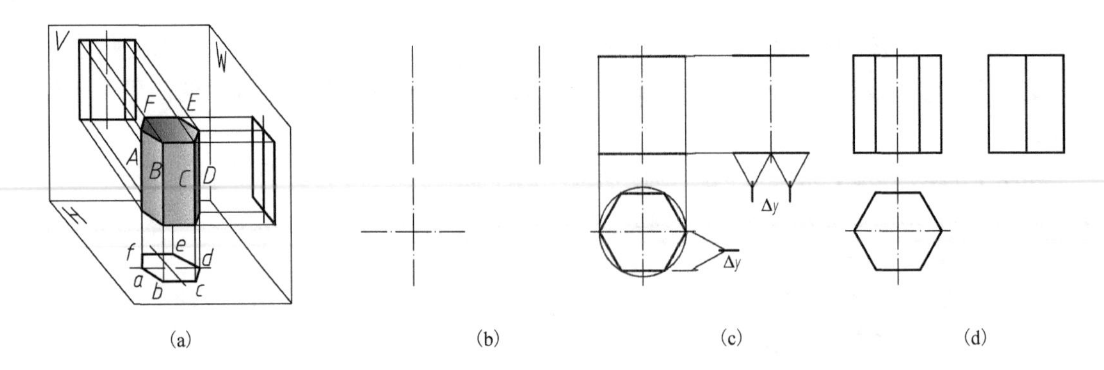

(a)　(b)　(c)　(d)

图 2-24　正六棱柱体

【例 2-19】　画图 2-24(a)所示正六棱柱的三面投影。

图 2-24(a)所示六棱柱，顶面、底面是水平面，水平投影重合，反映实形，是正六边形；正面、侧面投影是垂直 Z 轴的直线；6 条棱线是铅垂线，正面、侧面投影是铅垂线，反映实长；水平投影是点，在正六边形的角点上。

(1) 画定位线，如图 2-24(b)所示。用点画线画出水平投影的对称中心线；“长对正”画正面对称中心线。在适当位置画侧面投影的对称中心线。该线仅影响侧面投影在图纸上的左右位置。

(2) 画两端面的投影。用六等分圆的方法画水平投影，根据“长对正、高平齐、宽相等”和六棱柱高度画正面和侧面投影，如图 2-24(c)所示。

画正面投影时，先在适当位置画下端面的投影，上端面的投影到下端面投影的距离等于棱柱高度。“适当位置”就是根据图纸大小、棱柱尺寸和作图比例确定合适的位置，使三个投影匀称地分布在图纸上。为了便于修改，画图时先画底稿，将粗实线画为细实线。

(3) 根据“长对正、宽相等”画 6 条棱线的正面投影和侧面投影(棱线端点在端面的同面投影上)。检查清理底稿，按规定线型加深，如图 2-24(d)所示。

棱线 B 与 F、C 与 E 的正面投影分别重合，棱线 B 与 C、A 与 D、F 与 E 的侧面投影分别重合。因而 6 条棱线的投影，正面投影为 4 条铅垂线，侧面投影为 3 条铅垂线。

【例 2-20】　已知棱柱表面上的点 A、B 的正面投影 a'、b'(图 2-25(a))，求其他两面投影。

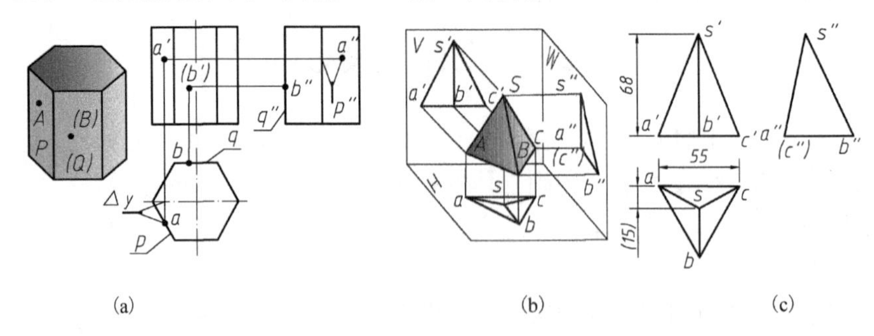

(a)　(b)　(c)

图 2-25　平面立体的投影

由于棱柱的表面都是平面，所以在棱柱表面上取点就是在平面上取点。要求点的投影，首先要根据可见性判断点在立体的哪个表面上。点的可见性判定原则：①点所在表面的投影可见，点的投影可见；点所在表面的投影不可见，点的投影不可见。②若点所在表面的投影是直线，认为点的投影可见。当平面的投影为直线时，平面上点的投影在该直线上，称为利用积聚性作图。这是常用的求点方法。

因为柱体中间最大，正面投影前半部分可见，后半部分不可见；侧面投影左半部分可见，右半部分不可见。所以本例 A 点在六棱柱的前半部分，B 点在后半部分。

假定 A 在 P 面上，B 在 Q 面上，找出 P、Q 的水平和侧面投影，如图 2-25(a)所示。

(1)根据可见性，判断点所在表面，找出所在面的投影。

(2)求 A 点的投影：利用积聚性，"长对正"求水平投影，"高平齐、宽相等"求侧面投影。

(3)求 B 点投影：利用积聚性，"长对正"求水平投影，"高平齐"求侧面投影。

(4)判断可见性：A、B 的水平、侧面投影都可见。

2. 正三棱锥

棱锥是侧棱线的一端交于一点的立体。

【例 2-21】 画图 2-25(b)所示三棱锥的三面投影。

为了简化作图，将三棱锥放置于图 2-25(b)所示位置。将其分解为 1 个底面和 3 条棱线。底面是水平面，水平投影反映实形(正三角边)，正面和侧面投影是⊥Z 轴的直线。

下面是画图过程，如图 2-25(c)所示

(1)画底面投影。用丁字尺和 30°-60° 三角板，画底面△ABC 的水平投影，再根据"长对正、宽相等"画正面和侧面投影。

(2)根据图中标注的尺寸求锥顶 S 的三面投影。s'在 b'正上方 68mm 处，s 在 ab 中点正前方 15mm 处，"宽相等、高平齐"求侧面投影。

"( )"内的尺寸是参考尺寸，表示立体不需要这种尺寸决定大小，画图时可以参考此尺寸。正三棱锥锥顶的水平投影在底面外接圆的圆心上，最好用图解法求出。

(3)连接 S 与 A、B、C 的同面投影，得到三棱锥的投影图。

(4)最后检查清理底稿，按规定线型加深。

【例 2-22】 已知三棱锥表面上点 M、N 的正面投影 m'、n'(图 2-26(a))，求其他两面投影。

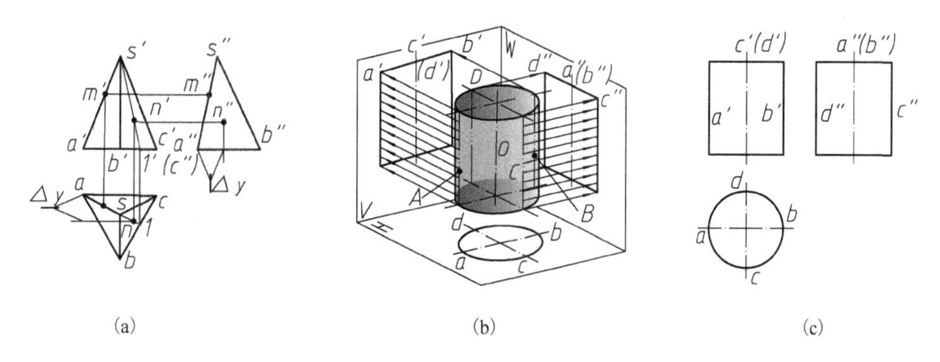

图 2-26 立体表面的线与点

M 在棱线 SA 上，待求投影在 SA 的同面投影上。

三棱锥处在图 2-26(a)、(b)所示位置，前小后大，其表面△SAB、△SBC 可见，△SAC 不可见。

因为 n' 可见，所以 N 在△SBC 上，利用在面上取点，求 N 在其他面上的投影。

(1)求 M 点的投影。根据"长对正、高平齐"，分别在 sa、$s''a''$上求 m、m''。

(2) 求 N 点的投影。延长 $s'n'$ 交 $b'c'$ 于 $1'$，根据“长对正”在 bc 上求 1，连接 $1s$。根据“长对正”在 $1s$ 上求 n，根据“高平齐、宽相等”求 n''。

2.7 回转体的投影

回转面是一条动线绕一固定直线旋转一周形成的曲面。动线称为母线，定线称为轴线。例如，圆柱面看成直线 A 绕与它平行的轴线 O 旋转一周而成，如图 2-26(b) 所示。

回转面包括圆柱面、圆锥面、球面、圆环面。回转面的投影用转向轮廓线的投影表示。转向轮廓线的投影是与回转面相切的投影线与投影面的交点的集合(轮廓边界)。如图 2-26(b) 所示的 A、B 是圆柱对正面的转向轮廓线，C、D 是圆柱对侧面的转向轮廓线。图中标注了这 4 条轮廓线在其他面上的投影。

2.7.1 圆柱体的投影

圆柱体由圆柱面和两个端面(圆形平面)围成。水平投影：两个端面的投影重合，反映实形，是圆；圆柱面积聚在圆上；正面、侧面投影：两个端面是水平线，长度等于圆柱直径；圆柱面的投影用转向轮廓线表示，如图 2-26(b)、(c) 所示。

圆柱中间最大，转向轮廓线在圆柱体的中间部位。转向轮廓线只针对一个投影面。例如，A、B 是正面的转向轮廓线，不是侧面的转向轮廓线。转向轮廓线在其他面上的投影在中间，与轴线重合，规定不画出。例如，正面转向轮廓线 A、B 的侧面投影与轴线重合，不画出。

【例 2-23】 画圆柱的三面投影，并标注转向轮廓线的投影，如图 2-26(c) 所示。

(1) 画圆柱的对称线(俯视图中的中心线)、轴线(主、左视图中的中心线)等定位线，参见例 2-19。

(2) 画圆柱的顶面和底面投影。水平投影是圆，正面、侧面投影是水平线，长度等于圆柱直径，间距等于圆柱高度。

(3) 分别连接顶面和底面投影的端点，画正面转向轮廓线和侧面转向轮廓线的投影。

(4) 标注转向轮廓线，如图 2-26(c) 所示。

【例 2-24】 已知圆柱表面的点 K、M、N 的正面投影 k'、m'、n'(图 2-27(a))，求其他两面投影。

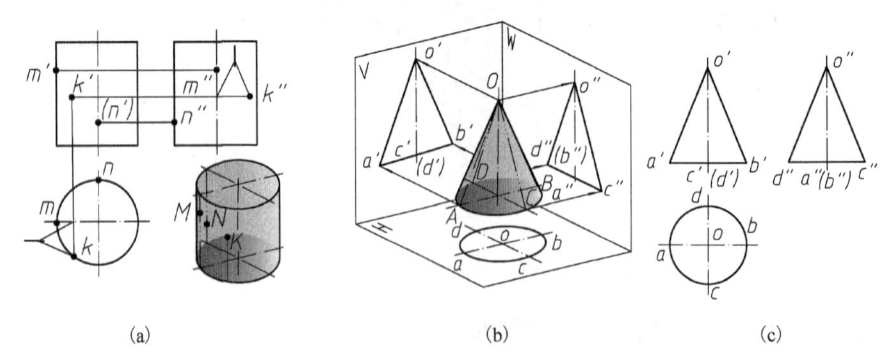

(a)　　(b)　　(c)

图 2-27　圆柱表面取点

M、N 分别在轮廓线 A、D(参见图 2-26(b)、(c)) 上，待求投影在 A、D 的同面投影上。圆柱中间最大。正面投影前半部分可见，后半部分不可见。侧面投影左半部分可见，右半部分不可见。

因为 k' 可见，所以在圆柱体的前半部分。利用“长对正”，在圆上取点求水平投影。

(1) 由“长对正”求水平投影 m、n。投影在圆柱面的水平投影上，即在圆上；由“高平齐”分别在转向轮廓线投影 a''、d''(参见图 2-26(b)、(c)) 上求 m''、n''，如图 2-27(a) 所示。

(2)“长对正”在圆上求出 k；“高平齐、宽相等”求 k''。

(3) 判断可见性，如图 2-27(a) 所示。

2.7.2　圆锥的投影

圆锥面是一母线绕与它相交的轴线旋转一周形成的回转面。圆锥体由圆锥面和底面围成。当圆锥轴线垂直于水平面时，底面和锥面的水平投影都是圆。底面投影反映实形，锥面投影积聚在圆内。正面和侧面投影是等腰三角形，如图 2-27(b)、(c) 所示。图 2-27(c) 中标注了四条转向轮廓线的投影。

> **提示**　圆锥面的水平投影在圆内；圆柱面的水平投影在圆上。

【例 2-25】　已知圆锥表面上点 M 的正面投影 m'，点 N 的水平投影 n(图 2-28(a))，求 M、N 其他两面投影。

点 M、N 在轮廓线上，利用在轮廓线上取点来作图，如图 2-28(a) 所示。

(1) 标注轮廓线的投影。

(2) 点 M 在轮廓线 OA 上。分别根据“长对正、高平齐”在轮廓线 OA 的同面投影上取点，求 m、m''。

(3) 点 N 在轮廓线 OC 上。根据“宽相等”求 n''，利用“高平齐”求 n'。

圆锥体在垂直于轴线的方向中间最大，正面、侧面投影的可见性与圆柱的相同；圆锥体上面小下面大，水平投影可见。

(4) 点 M、N 的投影都可见。

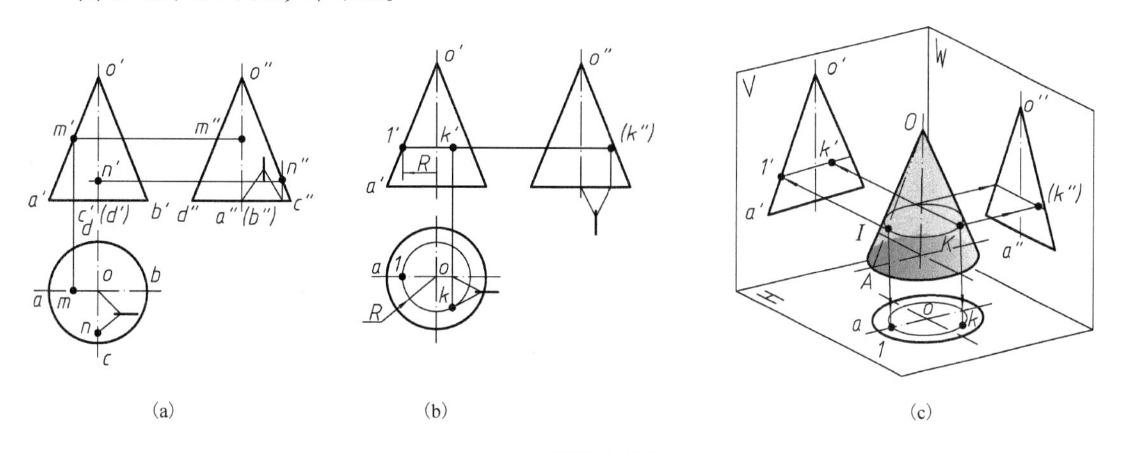

(a)　(b)　(c)

图 2-28　圆锥的投影

【例 2-26】　已知圆锥表面点 K 的水平投影(参见图 2-28(b))，求其他两面投影。

点 K 不在轮廓线上，是一般位置点。需要过该点作辅助纬圆(在圆锥表面上垂直于轴线的圆)求投影。点 K 的投影在该圆的同面投影上，如图 2-28(c) 所示。该圆的水平投影是圆，反映实形；正面、侧面投影为水平线，长度等于纬圆的直径，一半等于半径。

提示　这里强调一半等于半径，因为初学者作图时容易弄错。

(1) 在水平投影中，以 o 为圆心、ok 为半径画圆，交轮廓线 oa 于 1 点，得辅助纬圆的水平投影，如图 2-28(b) 所示。

点 1 是纬圆与轮廓线 OA 的交点 I 的水平投影，参见图 2-28(c)。

(2) 利用“长对正”，在 $o'a'$ 上求出 $1'$。过 $1'$ 作水平线得辅助纬圆的正面投影。利用“长对正”求出 k'。

(3) 根据“高平齐、宽相等”求出 k''，判断可见性，如图 2-28(b) 所示。

如果已知点 K 的正面投影，求另外两个投影，方法是过 k' 画水平线。在该线上，从中心线到轮廓线的长度等于纬圆半径 R(不是中心线到 k' 的距离，参见图 2-28(b))，画纬圆的水平投影(圆心在锥顶的水平投影上)，画长对正的线与纬圆相交得点 K 的水平投影 k。k' 可见，k 在纬圆的前半部分，不可见在后半部分。“高平齐、宽相等”求出 k''。

2.7.3　球的投影

球面可以看成半圆绕直径线旋转 360° 形成。它的三个投影都是圆，圆的直径等于球的直径，分别对应轮廓线圆 A、B、C 的投影，如图 2-29(a) 所示。这三个圆在其他面上的投影与中心线重合，不能画出。

这三个轮廓圆，都在球的中间位置，是与投影面平行的最大纬圆，是可见与不可见的分界线。例如，轮廓圆 A，平行于正面，是球面前半部分与后半部分的分界圆。在球面的正投影上，圆 A 前面的点、线可见，后面的不可见。

【例 2-27】　已知圆球表面点 I 的侧面投影，点 II 的水平投影，如图 2-29(b) 所示，求其他两个投影。

从侧面投影可以看出，点 I 在轮廓线圆 B 上，该点在球面的后、右(因为不可见)部位。

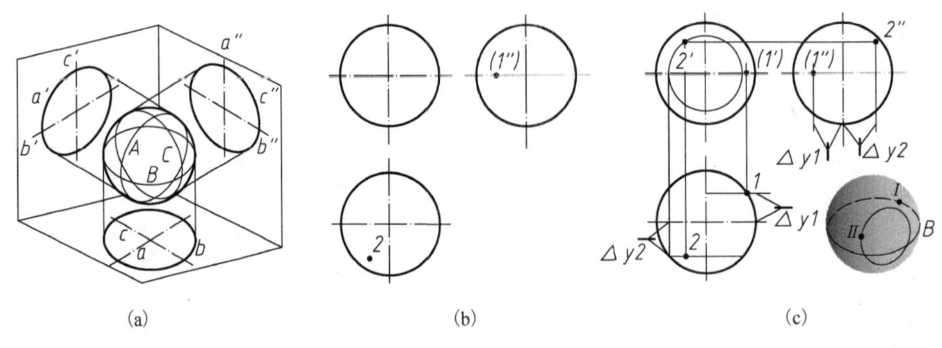

图 2-29　球的投影

(1) 在轮廓线圆 B 上，根据“宽相等”求出水平投影，“长对正”求出正面投影，如图 2-29(c) 所示。

(2) 判断可见性。点 I 在球面的后半部分，正面投影不可见，参见图 2-29(c) 立体图。

由于点 II 水平投影可见，故在球面的上半部分，是一般位置点。本例作平行于正面的辅助纬圆求投影，参见图 2-29(c) 立体图。也可以作平行于水平面或侧面的辅助纬圆。

(3) 过 2 作水平线与轮廓线相交，得纬圆的水平投影。“长对正”画出纬圆的正面投影，求出 $2'$。“高平齐、宽相等”求出 $2''$，如图 2-29(c) 所示。

(4) 判断可见性。从水平投影可以看出，Ⅱ点在球面的前、左部位，正面、侧面投影均可见。

2.7.4 圆环的投影

圆环面是以圆为母线，绕圆外与圆共面的直线旋转一周形成的回转面。当圆环轴线垂直于水平面时，投影如图 2-30(a)、(b)所示。在正面投影中，左、右两个圆是圆环面上最左、最右两个素线圆的投影回转体形成过程中，旋转到任意位置的母线称为素线。上下两条公切线是最高、最低两个水平纬圆的投影。侧面投影是最前、最后两个素线圆，最高、最低两个纬圆的投影。水平投影是最大、最小两个水平纬圆(在圆环上下的中间位置)的投影。

【例 2-28】 已知圆环表面点 A、B 的正面投影 a'、b'(图 2 30(b))，求其他两面投影。

点 A 在圆环面的轮廓线上(参见图 2-30(c))，利用在轮廓线上取点来作图，如图 2-30(b)所示。

(1) 根据“长对正、高平齐”在轮廓线的同面投影上取点，求 a、a''。两个投影都可见。

圆环中间最大，正面投影的前半部分、水平投影的上半部分、侧面投影的左半部分可见。当面可见时，面上的点可见。

点 B 是一般位置点，不在轮廓线上，需要过该点作辅助纬圆求投影，如图 2-30(b)、(c)所示。

(2) 在正面投影中，过 b'画水平线，中心线到轮廓线的距离是半径。在水平投影上，以圆环中心为圆心画圆，得纬圆的水平投影。

(3) 根据“长对正”在纬圆取 b，由“高平齐、宽相等”求出 b''，判断可见性。

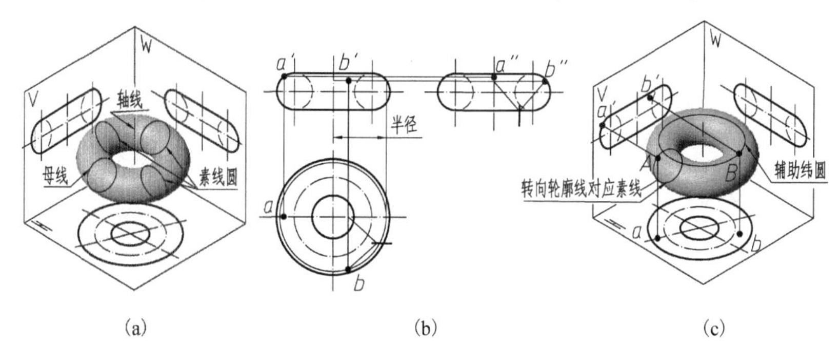

图 2-30　圆环的投影

2.8 投 影 变 换

前面求交点、交线时，都把线、面之一放在特殊位置，利用积聚性作图。但如果在复杂立体上求交点或交线，就不保证能将其放在有利于解题的特殊位置。还有求一般位置平面的实形、直线的实长等，都需要用换面法求解。

换面法就是用一个新的投影面代替原有投影面，使被投影体在新投影面上处在有利于解题的位置，将物体向新投影面投影求解问题。换面法使用的新投影面满足如下两个条件。

(1) 使被投影体在新投影面上处于有利于解题的位置。

(2) 新投影面与原投影面之一垂直，保证原投影面体系(如 V/H)中的投影规律，在新投影体系仍然适用。

2.8.1 点的投影变换

点、线、面构成立体，点的投影变换是投影变换问题的基础和核心。

1. 变换一次投影面

图 2-31(a) 表示在 V/H 投影体系中，H 不变，用铅垂面 V_1 代替 V 建立新的投影体系，V_1 与 H 的交线为新坐标轴 X_1。空间点 A 在 V_1 面上的投影用 a_1' 表示，与不变投影 a 一起反映 A 的空间位置。画图时需要将三个投影面展开到一个平面内，规定 V 不动，H 绕 X 轴向下旋转 90°(原投影体系的展开方法不变)，V_1 绕 X_1 轴向外旋转 90°，省略投影面边框，投影如图 2-31(b) 所示。同理可以变化 H 面，组成新投影体系 V/H_1，如图 2-31(c)、(d) 所示。

因为原投影面体系 V/H 的建立条件是 V、H 相互垂直，在新投影体系中 V_1/H_1 也垂直，所以原投影体系中的投影规律在新投影体系仍然适用，有如下两条，如图 2-31 所示。

(1) 点的新投影与不变投影的连线垂直于新坐标轴。

(2) 新投影到新坐标轴的距离等于被变换投影到原坐标轴的距离。

【例 2-29】 点 A 的正面投影、水平投影、X_1 轴，见图 2-31(b)，求变换后的新投影 a_1'。

(1) 过不变投影 a 作 X_1 的垂线。

(2) 在垂线上量取 $a_1'a_{x1}=a'a_x$，得新投影 a_1'。

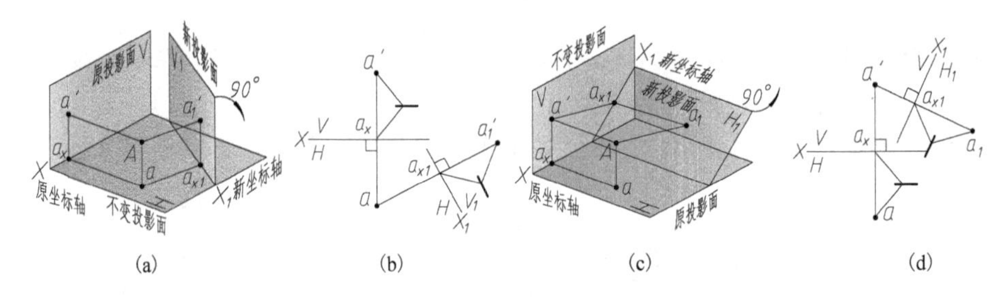

(a) (b) (c) (d)

图 2-31 点的投影变换

2. 变换两次投影面

求解某些问题时需要变换两次投影面，例如，为了求一般位置平面的实形，第一次变为投影面垂直面，第二次变为平行面。第二次变换的新投影面要与第一次变换的新投影面垂直，如图 2-32(a) 所示。

点 A 第一次换面用 V_1 代替 V，X_1 代替 X；第二次换面用 H_2 代替 H，X_2 代替 X_1，形成新的投影体系 V_1/H_2，作图方法如图 2-32(b) 所示。

(1) 在 V_1 中，过第一次变换的新投影 a_1' 作 X_2 的垂线。

(2) 在垂线上量取 $a_2a_{x2}=aa_{x1}$，得新投影 a_2。

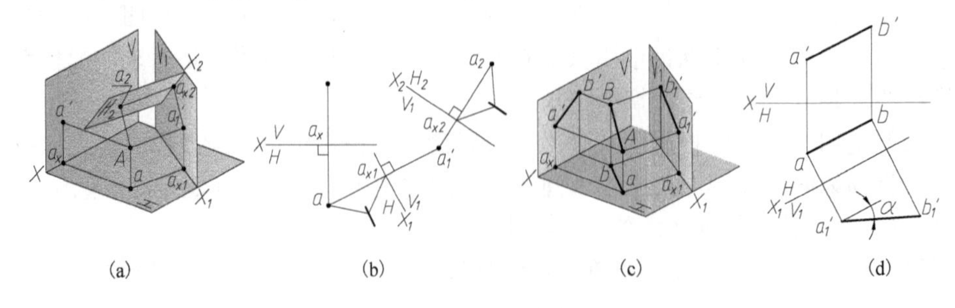

(a) (b) (c) (d)

图 2-32 投影变换

提示　点的第一次、第二次投影变换都是隔一个投影面测量同名点到坐标轴的距离。投影变换的命名原则是，第 n 次变换，坐标轴称为 X_n；第 n 次变换的是 V 面，新投影面称为 V_n，点 A 的投影为 a_n'；第 n 次变换的是 H 面，新投影面名称为 H_n，点 A 的投影为 a_n。

2.8.2　换面法的四个基本问题

1. 把一般位置直线变换成投影面平行线

这要求新投影面与待变换直线平行，即直线的不变投影与 X_1 轴平行，如图 2-32(c)、(d)所示。

根据直线与平面夹角的定义，AB 与 H 面的夹角是 AB 与 ab 的夹角，等于 $a_1'b_1'$ 与 X_1 轴的夹角。因为 $a_1'b_1'//AB$，$X_1//ab$。

直线与 H 面的夹角称为 α，与 V 面的夹角称为 β。

求 AB 实长及 α 角的方法是，用 V_1 代替 V，使 $X_1//ab$，求 A、B 变换后的投影 a_1'、b_1'，得到 AB 实长和夹角 α，如图 2-32(d)所示。

求 AB 实长及夹角 β 的方法是用 H_1 代替 H。一般位置的平面需要一次换面，把平面变为垂直面求其与投影面的夹角，详见例 2-30。当直线平行于投影面或平面垂直于投影面时，其投影反映其与投影面的夹角，见表 2-5。

表 2-5　平行线、垂直面的倾角

	正平线	水平线	侧平线
空间图			
投影图			
	正垂面	**铅垂面**	**侧垂面**
空间图			
投影图			

2. 把投影面平行线变换成垂直线

这要求新投影面与原直线垂直，直线的不变投影与 X_1 轴垂直，按前述点的投影变换规律，求直线端点变换后的投影，连接得直线投影，如图 2-33(a)、(b)所示。

要把一般位置的直线变换成投影面垂直线，需要做两次变换，如图 2-33(c)、(d)所示。第一次变为投影面平行线，第二次把平行线变为垂直线。这是因为要把直线变换为垂直线，新投影面必须与该直线垂直，还要与不变投影面(如图 2-33 中的 V_1 面)垂直，符合这两条的直线一定平行于不变投影面，所以只有投影面平行线才能一次变换为垂直线。

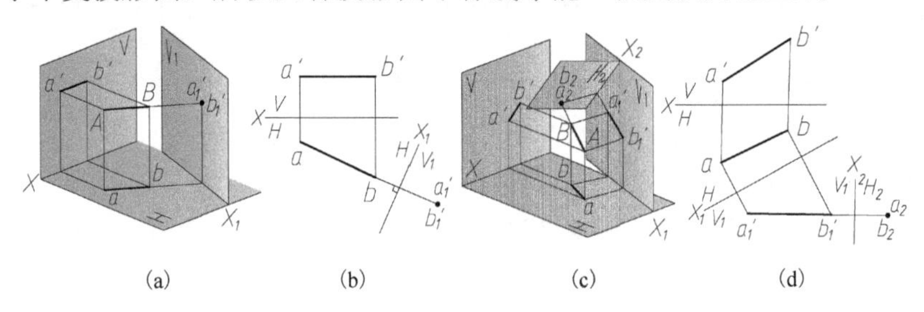

图 2-33　投影变换的四个问题

3. 把一般位置平面变换成投影面垂直面

图 2-34(a)、(b)把一般位置的△ABC 变换成投影面垂直面，新投影面 H_1 既要垂直于△ABC 又要垂直于 V，需要在△ABC 内取正平线 AD，使 $H_1 \perp AD$。根据二面角的定义，当平面在 H_1 上的投影是直线时，投影与 X 轴的夹角等于该面与 V 投影面的夹角 β。这是因为 $H_1 \perp$ △ABC 且 $\perp V$，X_1 是 H_1 与 V 的交线，a_1c_1 是 H_1 与△ABC 的交线。

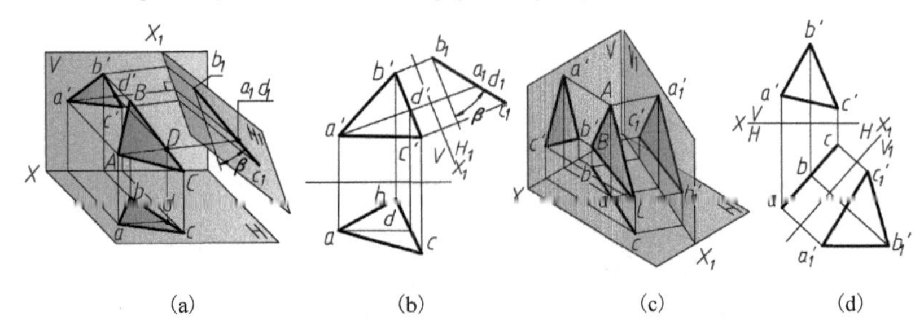

图 2-34　平面变换

若求平面与 H 的夹角 α，需要在平面内取水平线，使 V_1 的坐标轴 X_1 与水平线的水平投影垂直，在 V_1 上将平面变为垂直面。

【例 2-30】　已知△ABC 的正面和水平投影，见图 2-34(b)，求其与 V 的夹角 β。

需要在 H_1 上将平面变为垂直面，作图方法如图 2-34(b)所示。

(1) 在△ABC 上取正平线。过 a 作 $ad//X$，交 bc 于 d，D 在 BC 上，“长对正”求 d' 。

(2) 作 $X_1 \perp a'd'$，建立变换投影面 H_1。

(3) 求出△ABC 变换后的投影△$a_1b_1c_1$，得到 β。

4. 把投影面垂直面变换成投影面平行面

图 2-34(c)、(d)把铅垂△ABC 变换成投影面平行面，新投影面 V_1 要与 H 垂直，且与△ABC 平行，即 $X_1//abc$。按点的投影变换规律，求出 a'_1 b'_1 c'_1 ，如图 2-34(d)所示，该投影反映实形。

2.8.3　换面法的应用

换面法可以用来求解直线、平面、立体的交点、交线，平面实形、直线实长、倾角、距离等问题。

【例2-31】　求图2-35(a)所示直线与平面的交点，并判断可见性。

求解方法：用换面法把一般位置的平面变换成投影面垂直面，用2.5.4节介绍的方法完成作图。求直线与平面的交点，可以变换投影 V_1 或 H_1，下面变换投影 V_1。

(1)在△*ABC* 上取水平线 *AD*，求出水平投影 *ad*，作 $X_1 \perp ad$，建立变换投影面 V_1；求出△*ABC* 和 *AD* 在 V_1 的投影，如图2-35(b)所示。

(2)求交点，参见图2-35(c)。$b_1'c_1'$ 与 $e_1'f_1'$ 的交点 k_1' 是待求交点 *K* 在 V_1 面上的投影。过 k_1' 作 X_1 的垂线与 *ef* 相交得交点的水平投影 *k*，过 *k* 作 *X* 的垂线与 *e'f'* 相交得交点的正面投影 *k'*。

(3)用重影点法判断可见性，如图2-35(c)所示。

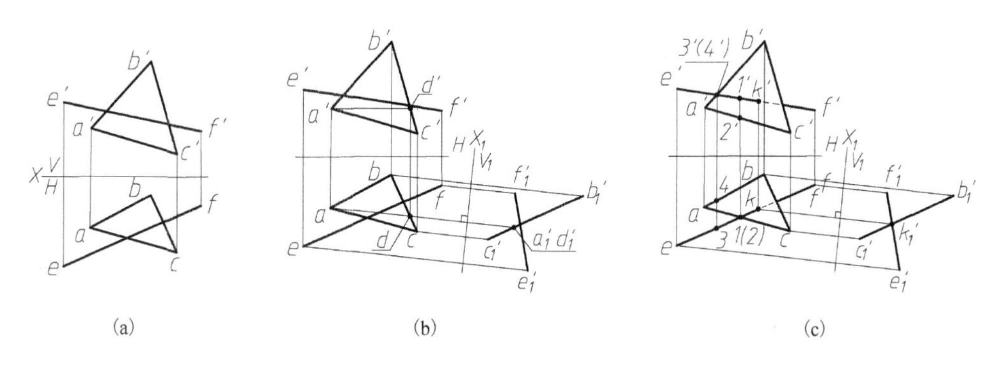

图2-35　求交点

【例2-32】　四棱锥被平面截切，如图2-36(a)、(b)所示，求交线围成四边形1234的实形。

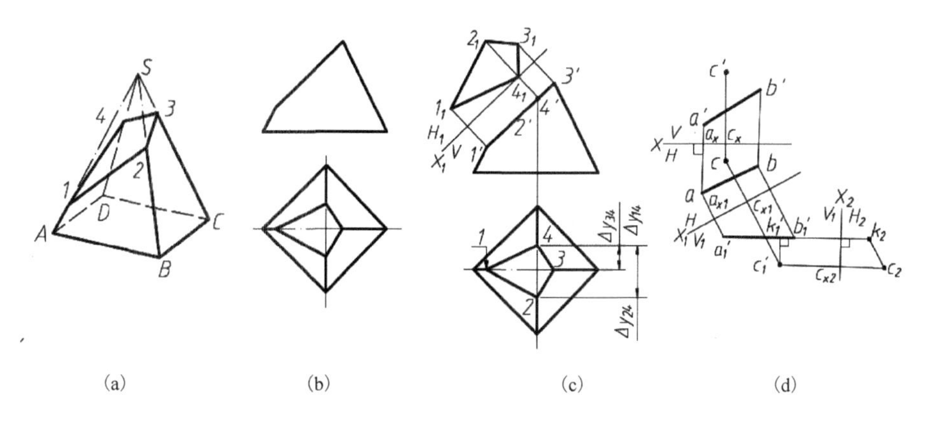

图2-36　平面截切四棱锥

平面1234是正垂面，通过一次变换变为平行面即求得实形。当投影图没有画出坐标轴时，可以将离坐标轴最近点的坐标值看作零，画在 X_1 轴上，利用坐标差作图，如图2-36(c)所示。

(1)使 $X_1//1'2'3'4'$，建立变换投影面 V_1。

(2)将点4的 *y* 坐标值看作零，利用坐标差作图，如图2-36(c)所示。

【例 2-33】 已知点 C 和直线 AB 的正面投影和水平投影，见图 2-36(d)，求 C 到 AB 的距离。

求点 C 与直线 AB 的距离，需要从 C 向 AB 作垂线交 AB 于 K 点，CK 的实长是待求距离。当 AB 垂直于投影面时，CK 平行于该面，在该面上的投影反映实长。需要作两次投影变换，把 AB 变为投影面垂线。

(1) 作 $X_1//ab$，建立 V_1 面。过 a 作 X_1 的垂线，在垂线上量取 $a_1' a_{x1}=a'a_x$，得新投影 a_1'。同样方法求得新投影 b_1'、c_1'。

(2) 过 c_1' 作 $a_1' b_1'$ 的垂线得垂足 k_1'。因为 $AB//V_1$，所以两直线空间垂直则投影垂直。

(3) 作 $X_2 \perp a_1' b_1'$，建立 H_2 面。过 c_1' 作 X_2 的垂线，在垂线上量取 $c_{x2}c_2=cc_{x1}$，得新投影 c_2，同样方法求得新投影 k_2。k_2c_2 的长度是所求距离。

思考题、预习题

2-1 判断下列各命题，正确的在（ ）内打“√”，不正确的在（ ）内打“×”

(1) 把中心投影法的投射中心移至无穷远处，变为平行投影。（ ）

(2) 点的正投影是过点作投影面的垂线所得交点。（ ）

(3) 在投影面的垂线上的点的投影重合，将它们称为重影点。（ ）

(4) 点在无轴投影图中的投影与坐标无关。（ ）

(5) 如果两条直线的投影平行，则这两条直线平行。（ ）

(6) 如果两条直线的投影相交，且交点符合点的投影规律，则这两条直线相交。（ ）

(7) 直线的三个投影相交，则两直线相交。（ ）

(8) 已知点和直线的两个投影，判断点是否在直线上需要求第三个投影。（ ）

(9) 点所在平面的投影可见，点的投影可见；点所在平面的投影是直线，认为点的投影可见。（ ）

(10) 直线与平面相交的可见性，是指直线与平面投影的重叠部分，交点一侧的直线被遮挡，投影画为虚线。（ ）

(11) 直线与平面平行，则它们的投影平行。（ ）

(12) 直线与铅垂面平行，则它们的水平投影平行。（ ）

(13) 转向轮廓线的投影是“与回转面相切的投影线与投影面的交点的集合”。（ ）

(14) 圆柱体由圆柱面围成。（ ）

(15) 本章例题判断回转体可见性的依据是回转体中间部位最大。（ ）

(16) 回转体的投影用转向轮廓线的投影表示。（ ）

(17) 当辅助纬圆的投影是直线时，其长度的一半等于纬圆的半径。（ ）

(18) 球面的三个轮廓圆，分别对应球面中间平行于投影面的最大纬圆。（ ）

(19) 球面可以看成圆绕直径线旋转 360° 形成的回转面。（ ）

(20) 圆环面是以圆为母线，绕圆外一直线旋转一周形成的回转面。（ ）

(21) 求圆锥轮廓线上的点，有时也需要作辅助纬圆。（ ）

(22) 一次换面可以把一般位置的直线变为投影面垂直线。（ ）

(23) 一次换面可以把一般位置的平面变为投影面平行面。（ ）

(24) 用投影变换法求一般位置平面的 β 角，需要在平面内取水平线。（　）

(25) 求一般位置平面的 α 角，需要变换 H 面。（　）

(26) 在投影变换中，求点的变换投影需要隔一个投影面测量同名点到坐标轴的距离。（　）

2-2 不定项选择题(在正确选项的编号上画“√”)

(1) 点最少需要在____个投影面上的投影才能确定其空间位置。

A．1　　B．2　　C．3

(2) 重影点的____个坐标值分别相等。

A．1　　B．2　　C．3

(3) 投影面平行线有两个投影垂直于____个坐标轴。

A．1　　B．2　　C．3

(4) 投影面垂直线有两个投影垂直于____个坐标轴。

A．1　　B．2　　C．3

(5) 平面倾斜于投影面时其投影：

A．边数不变　　B．平行边的投影还平行

C．垂直边的投影还垂直　　D．边的投影比实际长度短

(6) 判断重影点可见性的依据是：

A．正面重影点，后面的不可见　　B．水平重影点，上面的不可见

C．侧面重影点，左面的不可见

(7) 直线与平面相交，用重影点判断可见性依据的是在交点同侧的：

A．直线与重影点的可见性相同　　B．平面与重影点的可见性相同

C．直线、平面与重影点的可见性都相同

(8) 平面与平面相交，用重影点判断可见性是由于在交线同侧的：

A．直线与重影点的可见性相同　　B．平面与重影点的可见性相同

C．直线、平面与重影点的可见性都相同

(9) 交叉的两条直线可能有____个投影相交。

A．1　　B．2　　C．3

(10) 交叉的两条直线可能有____个投影平行。

A．1　　B．2　　C．3

(11) 直线与铅垂面平行，则它们的____平行。

A．正面投影　　B．水平投影　　C．侧面投影

(12) 直线与正垂面垂直，则它们的____垂直。

A．正面投影　　B．水平投影　　C．侧面投影

(13) 用投影变换法求一般位置直线的 α 角，需要变换____面。

A．水平　　B．正平　　C．侧平　　D．铅垂

(14) 用投影变换法求一般位置平面的 α 角，在平面内取____线。

A．水平　　B．正平　　C．侧平　　D．铅垂

(15) 用投影变换法求一般位置平面的实形，需要____次换面。

A. 1　　B. 2　　C. 3　　D. 1 或 2

2-3 归纳与提高题

(1) 简要证明点的投影规律：长对正、高平齐、宽相等。

(2) 简要证明投影面平行线、垂直线、平行面、垂直面的投影特点。

(3) 为什么平面倾斜于投影面时投影是类似形状？“类似”的项目有哪些？

(4) 平面平行于投影面时投影为什么反映实形？

(5) 总结根据直线的两个投影判断其与投影面的相对位置的方法。

(6) 总结根据平面的两个投影判断其与投影面的相对位置的方法。

(7) 总结“直观法”判断可见性的适用范围。

(8) 何种直线当一个投影平行时两直线平行？何种直线当两个投影分别平行时两直线平行？何种直线当三个投影平行时两直线平行？

(9) 判断两直线相对位置的要点。

(10) 总结点变换投影后的命名规律。

(11) 如何确定立体表面点的可见性？

(12) 如何确定辅助纬圆的直径和半径？

(13) 如何根据线、面的投影规律画平面基本体的投影？

(14) 总结、归纳求棱柱、棱锥表面或棱线上点的投影方法。

(15) 总结、归纳求圆柱、圆锥、表面或轮廓线上点的投影方法。

2-4 第 3 章预习题

(1) 为什么进行形体分析？

(2) 三视图与投影图的关系。

(3) 了解画三视图的步骤。

(4) 求平面立体截交线的方法和步骤。

(5) 截交线的形状和作图难点。

(6) 相贯线的形状和作图难点。

(7) 直柱体在画图、看图、标注尺寸中的作用。

(8) 简述形体分析法看图要点。

(9) 简述线面分析法看图要点。

(10) 如何标注直柱体的尺寸？

(11) 如何判断直柱体的形状？

(12) 何为尺寸基准？

(13) 如何标注平面图形的尺寸？

(14) 如何标注基本体的尺寸？

(15) 何为定位尺寸，一个基本体有几个定位尺寸？

(16) 组合体尺寸的标注顺序。

第3章　组　合　体

组合体是基本体通过叠加、挖切形成的较复杂立体。本章将介绍组合体的构成、画图、看图和标注尺寸等问题。

3.1　组合体的构成

形体分析法就是为便于画图、看图和标注尺寸，人为地将组合体看成是基本体通过叠加、挖切形成的，如图 3-1 所示。以基本体为单元进行画图和看图，可以避繁就简，提高效率，减少失误。

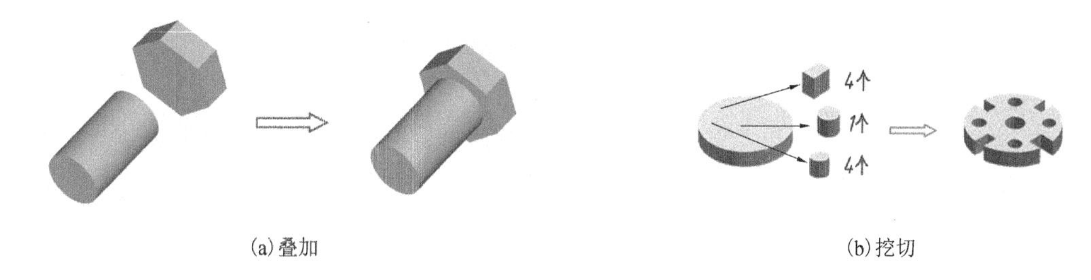

(a)叠加　　(b)挖切

图 3-1　基本体构成组合体

组合体一般较为复杂，大多同时包括叠加、挖切两种组合形式。例如，图 3-2(a)所示组合体，可以看成基本体 1、2、3、4 叠加，再挖去圆柱孔 5 形成的，如图 3-2(b)所示。

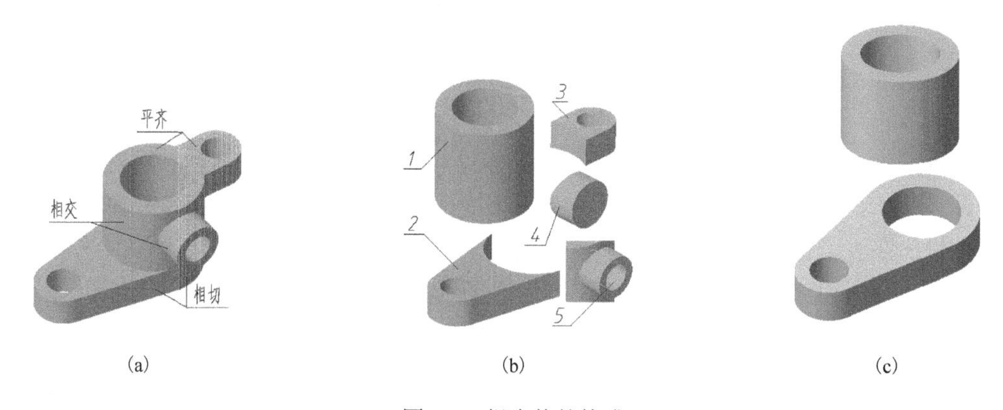

(a)　　(b)　　(c)

图 3-2　组合体的构成

同一个组合体可以有不同的分解方法。例如，构成图 3-2(a)所示组合体的基本体 1、2，还可以分解为图 3-2(c)所示的两个基本体。

组合体分解为何种基本体，以便于画图、看图和标注为准则。显然上述两种分解方法对这三个方面影响不大。但形体分析要以柱体为单元进行分解。例如，图 3-3(a)所示组合体，看成是长方体挖去图 3-3(b)所示 3 个基本体，不如看成是图 3-3(c)所示柱体挖去基本体 1 更有利于画图和看图。

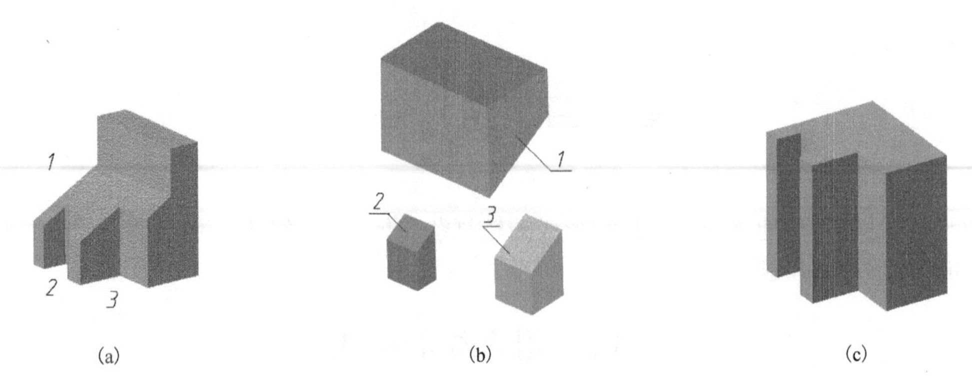

图 3-3　组合体形体分析

如图 3-2(a)所示，叠加形成的组合体，有平齐、相交、相切三种相接方式，如果两个平面平齐，将融为一个面，中间无分界线；两个面相切无交线，两个面相交有交线。

3.2　柱体的投影

柱体是棱线相互平行的立体，其形状=端面形状+厚度，如图 3-4 所示。画有 45° 斜线的面是端面。

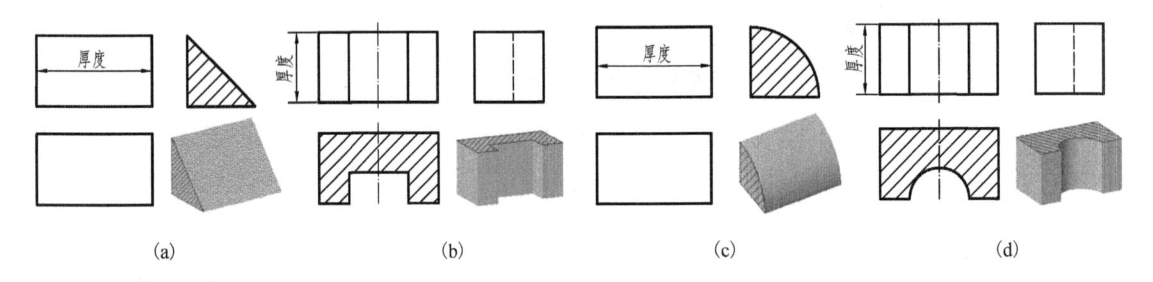

图 3-4　柱体的投影

画柱体投影时，都可以像 2.6 节介绍的六棱柱那样，将其分解为端面和棱线，进行分析和作图。当柱体的端面平行于投影面时，有一个投影是端面实形，另外两个投影都是垂直坐标轴的直线。画完端面投影以后，再画棱线投影。棱线投影可见的画为粗实线，不可见的画为虚线，虚线与粗实线重合时不画虚线。例如，图 3-4(b)所示的八棱柱，正面投影有 4 条棱线与其他棱线重合，侧面投影有 5 条棱线与其他棱线重合。

提示　在第 5 章介绍机件的表达方法中，会讲到每一柱体都用两个视图表达形状，一个视图表达端面实形，另一个视图表达厚度。当端面与投影面倾斜时，用斜视图表达端面实形。这就证明上述画柱体投影的方法具有普遍适用性。

3.3　三　视　图

在工程图中，将物体的投影图称为视图。正面、水平、侧面投影，分别称为主视图、俯视图、左视图，如图 3-5(a)所示。

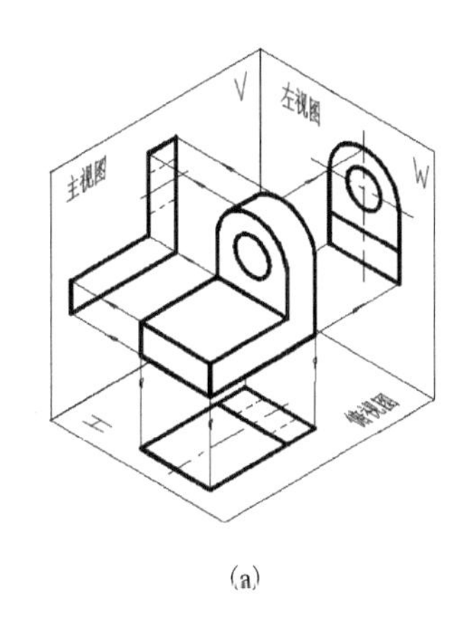

(a)

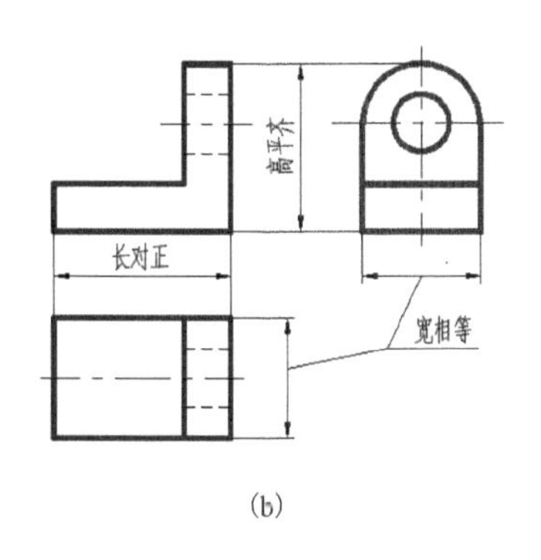

(b)

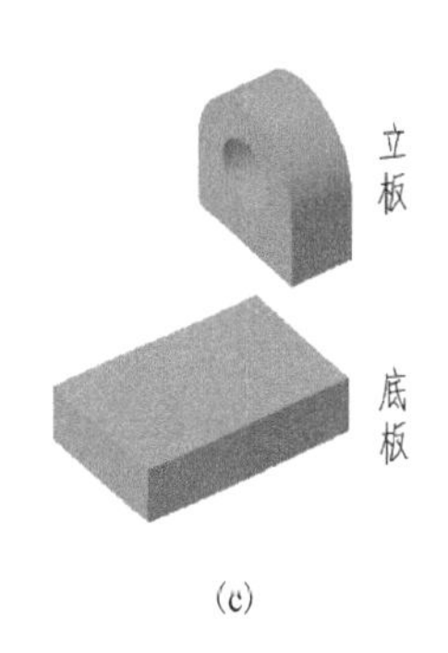

(c)

图 3-5 三视图

可以这样理解视图，用视线替代投影线，沿投影方向正对立体看，截面形状不变，厚度变为零，就是视图。其实经过一段时间的练习，就可以用这种方法看出立体的投影，再根据线、面的投影规律修正个别复杂部位的形状。

三视图也要按 2.2.1 节介绍的方法展开：主视图不动，俯视图向下旋转 90°，左视图向右旋转 90°，如图 3-5(b)所示。三视图就是投影图，只是换了名称，当然遵守“三等”规律，即“长对正、高平齐、宽相等”。

3.4 组合体三视图的画法

画组合体的三视图，首先要对其进行形体分析，分解为若干基本体(主要是端面与棱线垂直的直柱体)，以基本体为单元画图，且每一基本体的三个视图要一起画。

【例 3-1】 画图 3-5(a)所示组合体的三视图。

1)形体分析

按 3.1 节介绍的原则，将组合体分为底板和立板两个直柱体，如图 3-5(c)所示。

2)确定组合体与投影面的相对位置

选择反映特征最多的方向作为主视图的投影方向，使主要端面与投影面平行，且将小端置于前方(主视图虚线少)、上方(俯视图虚线少，并使其处于稳定方位)、左侧(左视图虚线少)，如图 3-5(a)所示。

3)确定比例和图幅

根据组合体的复杂程度，选择合适的作图比例，使图线疏密得当。当图线间隔太小，形状表达不清，或影响标注尺寸时，改用较大的比例；当图线间隔太大，浪费图纸，影响美观时，改用较小的比例。但为了减少计算工作量，尽量采用 1∶1 的比例。

根据组合体的尺寸和比例确定图纸的幅面，采用相近大小的标准图纸。

比例和图纸的大小要符合国家标准的规定，见 1.1 节。

4)布置视图

布置视图，即确定各视图的放置位置，使它们匀称地分布在图纸的图框内。视图之间还要预留标注尺寸的空间。每一视图都要在水平和铅垂方向各画一条定位线，如图 3-6(a)所示。

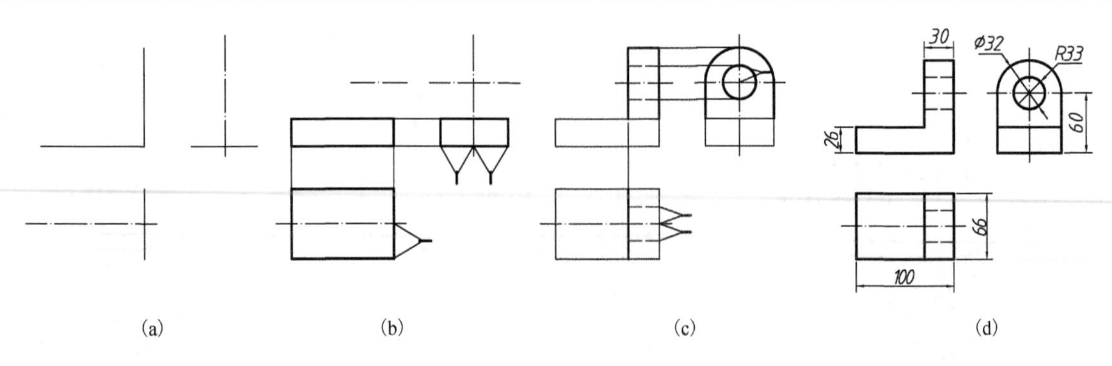

图 3-6　画组合体三视图

> 提示　优先选择对称中心线、回转体的轴线为定位线，不够时再选择主要端面的投影线为定位线。

5) 画底稿

以基本体为单元，依次画它们的三视图，每一基本体的三视图要一起画。这样可以①化难为易，提高作图效率。②可以通过一个长度尺寸，一次画出主、俯视图中的长对正的线；一个高度尺寸，一起画出主、左视图中的高平齐的线；一个宽度尺寸，画出俯、左视图中宽相等的线。为了便于修改，要先画底稿，先将可见轮廓线画为细实线，画完底稿检查无误以后，再加深为粗实线。

> 提示　本书为了区分要画的线和已经画出的线，在例图中将要画的可见轮廓线画成了粗实线。

画底板，如图 3-6(b)所示。根据尺寸 100、26(图 3-6(d))画主视图，同时画左视图中两条“高平齐”的水平线。根据“长对正”和尺寸 66 画俯视图，同时画左视图中两条“宽相等”的铅垂线。同样方法画立板的三视图，如图 3-6(c)所示。

> 提示　各基本体最好从反映端面实形的视图画起。例如，画立板时先画左视图。但长方体的哪个面都可以视为端面，从哪个视图开始画都可以。

6) 检查、加深

画完底稿后要作全面检查，检查无误后再加深。加深的顺序是：先曲线，后直线；先垂直线(从左向右依次加深)，后水平线(从上向下依次加深)，因为用丁字尺和三角板画直线时，容易抹脏已加深的图线。主、俯视图“长对正”的线，主、左视图“高平齐”的线，要一次画出。

> 提示　对相切圆弧，加深前擦去辅助线，保留圆心、切点的痕迹。先加深圆弧，再加深直线，以保证直线与圆弧相切。

检查图形时，要特别注意基本体结合部位的投影，大致分为如下三种情况。

(1) 两表面共面，无分隔线，如图 3-7(a)所示。

(2) 相切面光滑过渡，无分界线，如图 3-7(b)所示。

平面 P 是水平面，水平投影是实形，正面和侧面投影都是水平线(垂直于 Z 轴)。画 P 面投影的方法是，在俯视图中，过圆心作切线的垂线，垂足是切点的水平投影。“长对正、宽相等”求切点的正面和侧面投影。切点的正面投影是 P 正面投影的右端点；切点的侧面投影是 P 侧面投影的前、后端点。

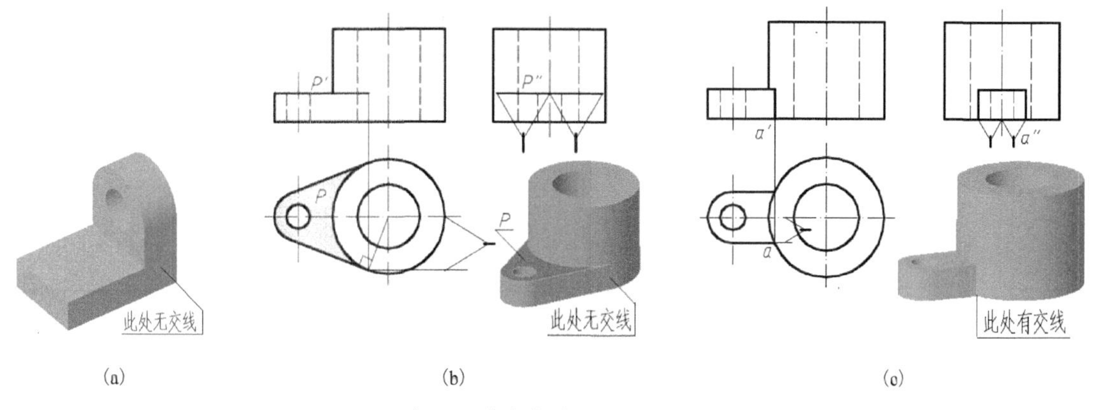

图 3-7 基本体结合部位的投影

(3) 两个面相交，有交线，如图 3-7(c)所示。

“长对正”求正面投影，“宽相等”求侧面投影。立体表面交线的画法，详见下面 3.5～3.7 节。

3.5 平面与立体相交

用平面截切基本体可以形成复杂立体，如图 3-8 所示。截切立体的平面称为截平面。截平面与立体表面的交线称为截交线。本节介绍截交线的画法。

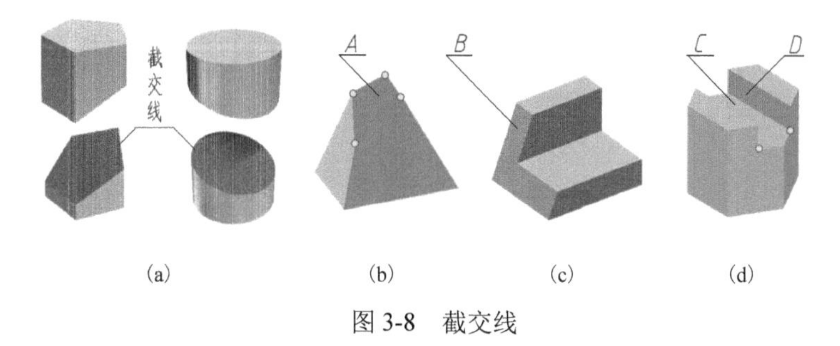

图 3-8 截交线

平面立体的截交线是封闭的平面多边形，如图 3-8 所示，具有如下投影特点。

(1) 垂直投影面时，投影是直线。

(2) 平行投影面时，投影是实形。

(3) 倾斜投影面时，投影是类似形状：边数不变，平行边的投影还平行。

(4) 截交线的边数等于与截平面相交的立体表面数(包括其他截平面)。

图 3-8 所示的截平面 *A*、*B*、*C*、*D* 分别与 4、6、6、4 个面相交，截交线的边数分别是 4、6、6、4。

(5) 截交线的端点在棱线上或立体表面上。

图 3-8(b) 标出的 4 个点在棱线上；图 3-8(d) 标出的 2 个点在立体表面上。

(6) 求截交线端点的方法是，在棱线上或立体表面上取点。

> **提示** 画截交线的实质是，已知点在直线上或平面上，已知点的一个投影，求另外两个投影。

影响截交线形状的因素有：被截立体的形状；截平面与立体的相对位置。

截平面、被截立体与投影面的相对位置，影响截交线的投影。

【例 3-2】 完成图 3-9(a)所示截头四棱锥的三视图。

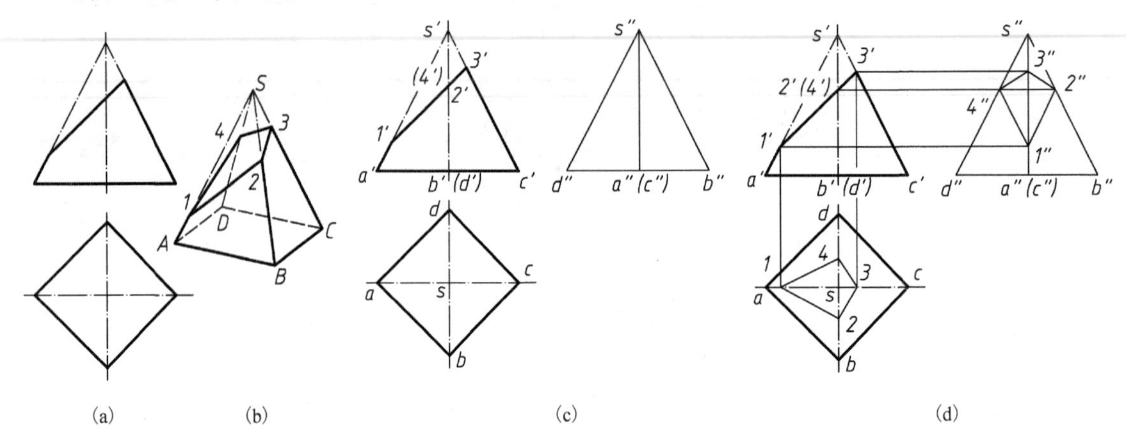

图 3-9　画截头四棱锥的三视图

(1)空间分析。

分析截平面与被截立体的相对位置，确定截交线的边数、端点在棱线上还是立体表面上。该截平面与棱锥的 4 个表面相交，是四边形，端点都在棱线上，如图 3-9(b)所示。

> **提示**　截平面只要跟棱线相交，该棱线上就有一个端点。在实际作图中虽然没有立体图，但只要按第 2 章介绍的方法，画出基本体的投影，再标注出棱线，就可以用本例介绍的方法和步骤，画出截交线的投影。

(2)投影分析。

确定截交线投影的形状特征(实形性、积聚性、类似性)。本例截交线是正垂面。正面投影已知，是倾斜线，另外两个投影是类似形状，即四边形。可以利用在棱线上求点，找出截交线 4 个顶点的投影，用直线连接顶点形成四边形。

(3)画原立体的投影。

已知四棱锥的正面和水平投影，根据“高平齐、宽相等”画其侧面投影，如图 3-9(c)所示。

(4)画截交线的投影，如图 3-9(d)所示。

标注棱线和截交线的已知投影 1′、2′、3′、4′，如图 3-9(c)所示。

> **提示**　为了避免重复查找棱线的投影，建议初学者把棱线标注出来。

作“高平齐”的辅助线与棱线的侧面投影相交，求出 1″、2″、3″、4″。“长对正”求水平投影 1、2，“宽相等”求出水平投影 3、4。连接各点投影，得到截交线的投影。

(5)擦去棱线的被切掉部分 1*S*、2*S*、3*S*、4*S*(图 3-9(b)、(d))的投影，判断可见性，完成作图，如图 3-10(a)所示。

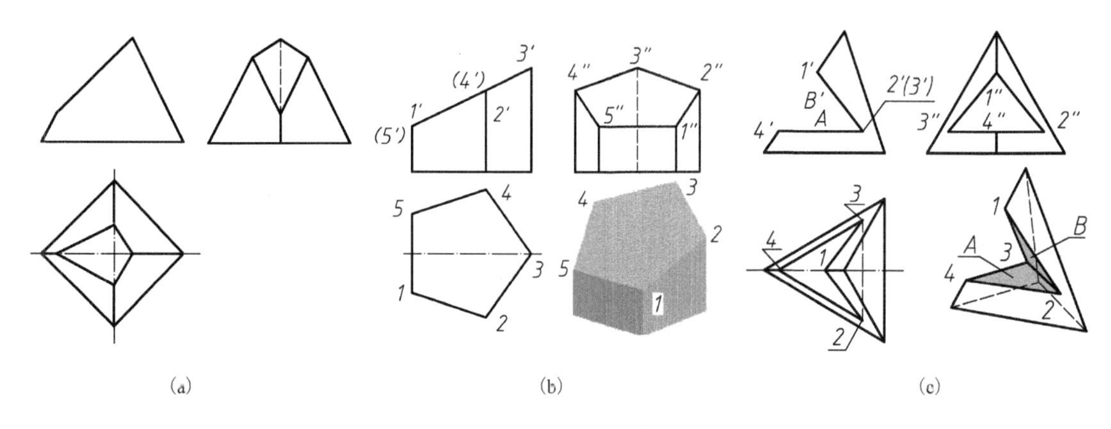

图 3-10　画截交线

提示　在侧面投影中棱线 1*A*、3*C*(图 3-9(d))的投影重合，1*A* 的投影为粗实线，3*C* 的投影为虚线，虚线与粗实线重合的部分画为粗实线。不要遗漏不重合的虚线。

对于图 3-10(b)所示组合体，截平面与五个侧棱面相交，截交线是五边形，端点在棱线上，正面投影 1′、2′、3′、4′、5′已知；由于该柱体的水平投影具有积聚性，截交线的水平投影也已知。分别过点 1′、2′、3′、4′、5′作“高平齐”的线与侧面的对应棱线相交，得到各端点的侧面投影 1″、2″、3″、4″、5″。注意不要遗漏棱线 3 的侧面投影。

对于图 3-10(c)所示三棱锥，有 *A*、*B* 两个截平面，分别与两个侧棱面相交，*A* 与 *B* 相交，截交线是两个三角形。正面投影已知，其他两个投影待求。1、4 点在棱线上，根据“长对正、高平齐”在对应棱线上取点求投影；3、4 点在立体表面上，可以用在平面上取点的方法求未知投影。但由于 *A* 是水平面，平行于底面，交线 24、34 分别与底面的对应棱线平行。可以在求出 4 点的水平投影以后，作平行线，根据“长对正”求 2、3 点的水平投影。

3.6　回转体表面的截交线

本节介绍图 3-11 所示圆柱、圆锥、球、组合体表面截交线的画法。

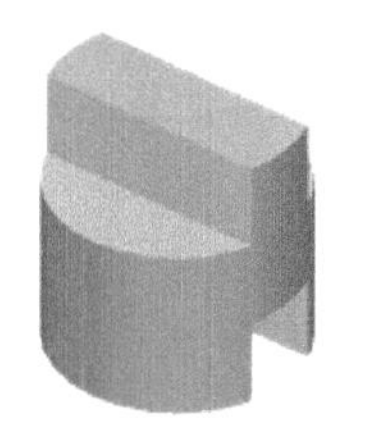
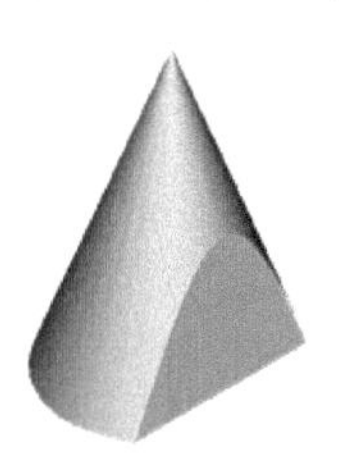
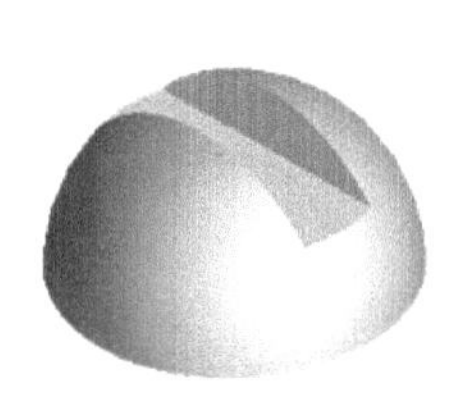
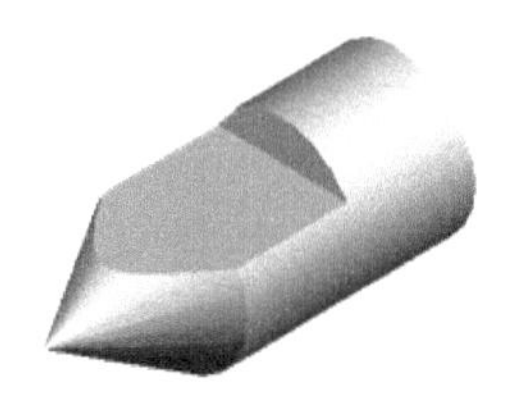

图 3-11　回转体表面的截交线

回转体表面的截交线具有如下性质。

(1)截交线是截平面与回转体表面的共有线。

(2)截交线的形状取决于回转体表面的形状及截平面与回转体的相对位置。

(3)截交线都是封闭的平面图形(由直线、曲线围成)。

3.6.1　圆柱表面的截交线

根据截平面与圆柱轴线的相对位置，截交线有三种形状，见表 3-1。

表 3-1　圆柱表面的截交线

截平面与圆柱轴线的相对位置	垂直	平行	倾斜
截交线形状	圆	直线	椭圆
立体图			
投影图			

> **提示**　本节介绍的圆柱、圆锥、球表面截交线的形状，用解析几何的方法不难证明。读者只需要认可，并要结合立体图，记住它们的形状。

【例 3-3】　画图 3-12(a) 所示圆柱的截交线。

(1) 空间分析，如图 3-12(b) 所示。

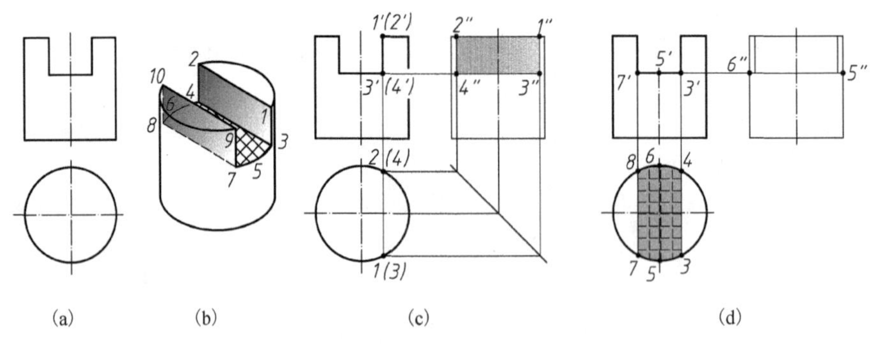

(a)　(b)　(c)　(d)

图 3-12　圆柱的截交线

分析回转体的形状、截平面与回转体轴线的相对位置，确定截交线的形状。

交线 13、24、79、810 是平行于轴线的截平面与圆柱面的交线，是直线；交线 357、468 是垂直于轴线的截平面与圆柱面的交线，是圆弧。其他交线是平面与平面的交线，是直线。

(2)投影分析。

分析截平面与投影面的相对位置，确定截交线的投影特点。本例截平面是投影面平行面，正面投影已知，另外两个投影分别具有实形性、积聚性。

(3)画圆柱的侧面投影，参见图 3-12(c)。

(4)画出截交线，如图 3-12(c)、(d)所示。

> 提示　同一立体被多个平面截切，要逐个截平面进行分析和作图。

① 平面 1234 是侧平面，水平投影垂直于 X 轴，端点在圆(圆柱表面的水平投影)上，“长对正”求出。侧平面投影反映实形，是矩形，“高平齐”、“宽相等”求出，如图 3-12(c)所示。

② 同样方法，画侧平面 78910 的水平投影。其侧面投影与 1234 的重合。

③ 平面 3478 是水平面，水平投影反映实形。端点 3、4、7、8 的水平投影在圆上，“长对正”求出。侧平面是垂直于 Z 轴的直线，最前点 5、最后点 6 在侧面轮廓线上，“高平齐”求出，如图 3-12(d)所示。

> 提示　当圆柱面的投影积聚为圆时，柱面上的曲线，不管是什么形状，投影都在该圆上。

(5)完善轮廓线，判断可见性，调整中心线的长度，如图 3-13(a)所示。

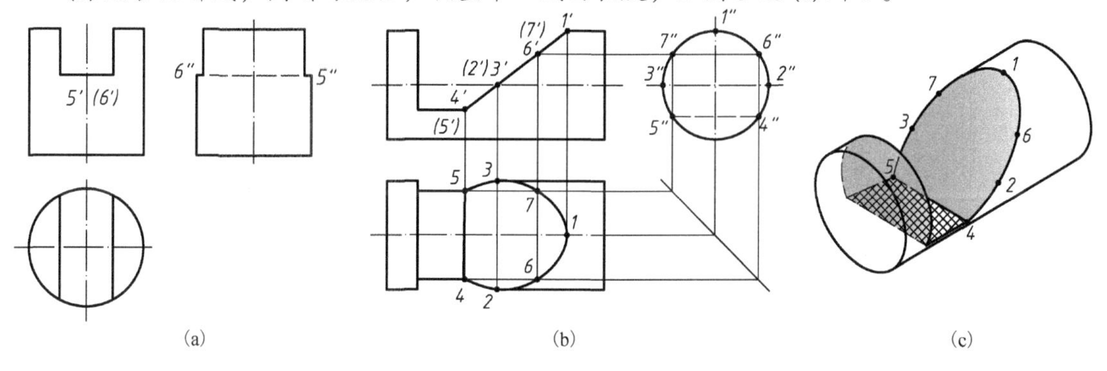

图 3-13　圆柱截交线

从图 3-13(a)的主视图可以看出，5、6 点之上侧面轮廓线及附近圆柱体被切掉。在侧面投影中，擦去对应投影。

水平面 3478 的侧面投影，两端圆弧 357、468(参见图 3-12(b)、(c))的投影可见，中间部分的投影不可见，画为虚线，如图 3-13(a)所示。

另外，当截平面倾斜于圆柱轴线时，截交线是椭圆或椭圆弧。截平面与圆柱面相交一周是椭圆(表 3-1)，不到一周是椭圆弧，如图 3-13(c)所示。画椭圆、椭圆弧的方法：求出轮廓线上的点、端点、若干一般位置点的投影，用曲线光滑连接。如图 3-13(b)所示正垂面产生的截交线是椭圆弧，正面投影是直线，侧面投影是圆弧。可以先在该圆弧上标出上述三类点的投影，包括轮廓线上的点 1″、2″、3″，端点 4″、5″，再在 1″2″、1″3″之间各找出一个一般位置点 6″、7″，“高平齐”找出各点的正面投影，“长对正、宽相等”找出各点的水平投影，用曲线光滑连接。

> 提示　在相邻两条轮廓线之间至少求一个一般位置点的投影。在图 3-13(b)中，6 点与 4 点，7 点与 5 点的宽度分别相等，以减少辅助线的数量。这是画截交线、相贯线(3.7 节)的习惯做法。

3.6.2 圆锥表面的截交线

根据截平面与锥面轴线的相对位置，截交线有五种形状，见表 3-2。

表 3-2 圆锥表面的截交线

截平面与圆锥轴线相对位置	不过锥顶				过锥顶
	截平面与锥面相交一周		截平面与锥面相交小于一周		
	垂直轴线	不垂直轴线			
截交线形状	圆	椭圆	平面曲线(双曲线或抛物线)		直线
立体图					
投影图					

提示　双曲线和抛物线的作图方法相同，在这里只需要知道是平面曲线即可。

【例 3-4】 补全图 3-14(a)所示截切圆锥的正面投影。

(1)空间及投影分析。

圆锥被正平面截切，交线是平面曲线。水平投影已知，正面投影反映实形。

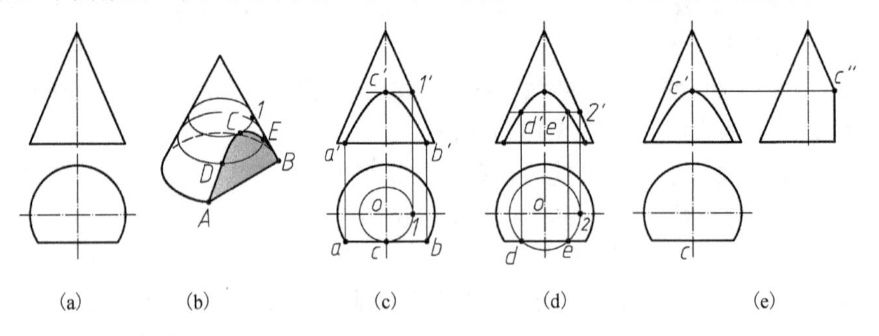

图 3-14 圆锥的截交线

(2)画截交线。

① 求特殊位置点的投影。

特殊位置点包括端点 A、B 和最高点 C，如图 3-14(b)所示。

A、B 在底面上，长对正找出正面投影。

C 点是最高点，也是侧面轮廓线上的点，参见图 3-14(b)、(c)。水平投影 c 在 ab 与侧面轮廓线的交点上。用辅助纬圆法求正面投影 c'：在水平投影中，以 o 为圆心，oc 为半径画圆，交正面轮廓线于 1 点，得辅助纬圆的水平投影。利用“长对正”，求出 1′。过 1′画水平线得辅助纬圆的正面投影，与中心线相交得出 c'。

> **提示** 建议读者复习一下在圆锥面上取点的方法。

② 求一般位置点的投影。

用辅助纬圆法，在 AC、BC 之间各求一个一般位置点 D、E，如图 3-14(b)、(d)所示。

在水平投影中，以 o 为圆心，画适当半径的圆，使其与截平面的水平投影交于 d、e 两点，用辅助纬圆法求正面投影 d'、e'，如图 3-14(d)所示。

> **提示** 要提高作图精度，需要多求几个一般位置点的投影。在两个特殊位置点之间取一个一般位置点，表示绘图者已经掌握了作图方法。

(3) 完善轮廓线，判断可见性，调整中心线的长度，完成作图，如图 3-14(d)所示。

如果需要画侧面投影，求 c'的方法见图 3-14(e)。

另外，图 3-15 所示圆台被三个投影面平行面截切。①截交线 AJC、BKD 是侧平面与圆锥面的交线，是平面曲线；AB、CD 是两平面的交线，是直线。平面 $ABCD$ 正面投影已知，水平投影是垂直于 X 轴的直线，端点 a、b 在圆锥的底面圆上。侧面投影反映实形，先标注 C、D、K、J 点的正面投影，用辅助纬圆法求它们的水平投影，“高平齐、宽相等”求侧面投影，如图 3-15(a)所示。②与 $ABCD$ 对称的截交线，侧面投影与其重合，水平投影也是垂直于 X 轴的直线，端点在圆锥的底面圆上。③水平截面 $CDEF$ 与圆台的轴线垂直，交线 CGE、DHF 是圆弧，CD、EF 直线。水平投影反映实形，上面求 C、D 点的水平投影时已经画出 $CDEF$ 面的水平投影。侧面投影是垂直于 Z 轴的直线，两个端点在圆锥的侧面轮廓线上。圆弧 CGE、DHF 的投影可见，该面其余部分投影不可见，如图 3-15(c)所示。

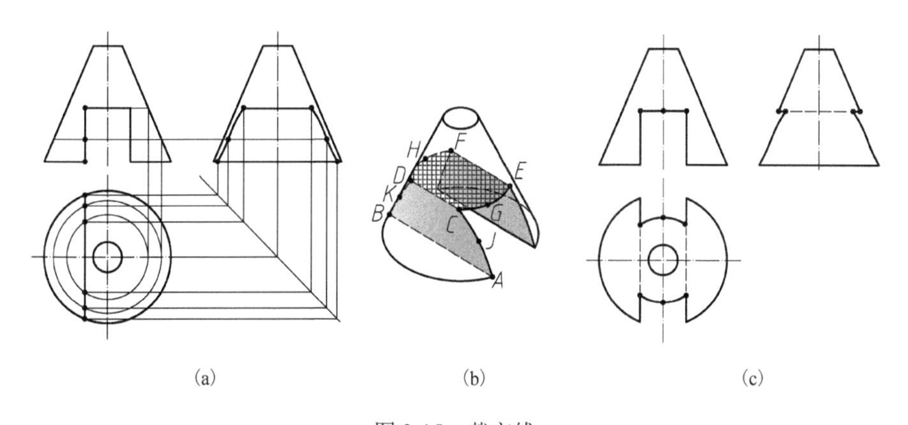

图 3-15 截交线

3.6.3 球表面的截交线

球表面的截交线是圆或圆弧，投影可能是直线、圆、椭圆、圆弧、椭圆弧，见表 3-3。

表 3-3 球表面的截交线

截交线形状	截切范围			
	截平面与球面相交一周		截平面与球面相交少于一周	
	圆		圆弧	
立体图				
截平面位置	平行投影面	不平行投影面	平行投影面	不平行投影面
截交线投影	圆	椭圆	圆弧	椭圆弧
	截交线在与其垂直的投影面上的投影是直线。			

【例 3-5】 画图 3-16(a)所示半球表面的截交线。

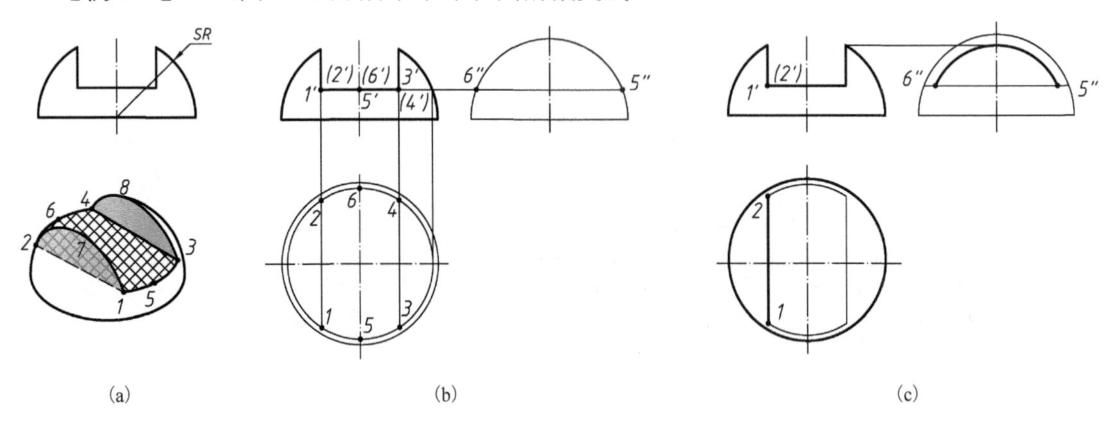

图 3-16 球的截交线

已知条件中无立体图。立体图通过空间分析得到。

(1)空间及投影分析，如图 3-16(a)所示。

截平面与球面的交线是圆弧，两平面之间的交线是直线。水平面 1234 的水平投影是实形，另两个投影是直线。侧平面 127、348 的侧面投影是实形，另两个投影是直线。

(2)画半球的水平和侧面投影，参见图 3-16(b)。

(3)画截交线。

① 画水平面 1234 的投影，如图 3-16(b)所示。

找出正面投影，延长与轮廓线相交得到圆弧所在圆的半径(=中心线到轮廓线的距离)，画出该圆的水平投影。由“长对正”求出 1、2、3、4 的水平投影。

侧平面投影是垂直于 Z 轴的直线，“高平齐”求出。端点 5、6 在轮廓线上。

② 画侧平面 127 的投影，如图 3-16(c)所示。

水平投影与 12 的重合，上面已经求出；侧面投影根据“高平齐”作辅助线确定圆弧所在圆的半径，画圆弧，与 5"6"相交。

同样方法求 348 的水平投影，侧面投影与 127 的重合。

(4)完善轮廓线，判断可见性，调整中心线的长度，如图 3-17(a)所示。

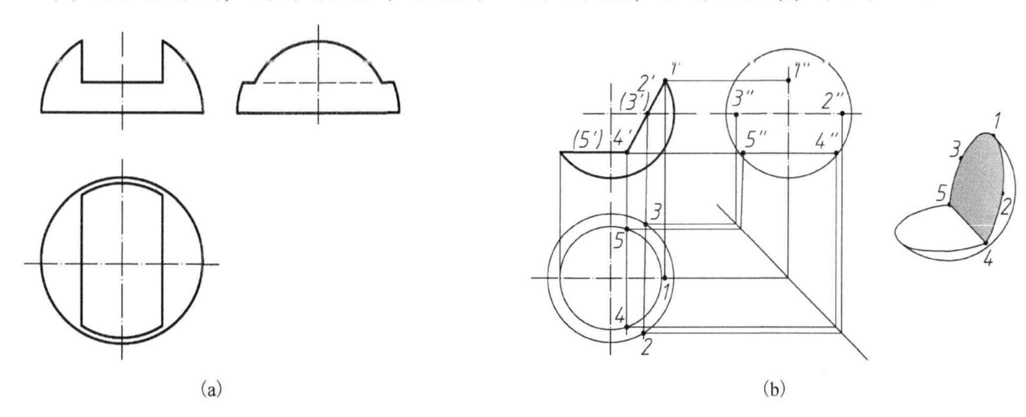

(a) (b)

图 3-17 截交线

从图 3-16(b)可以看出，5、6 点之上的侧面轮廓线被切掉。在侧面投影中，擦去对应圆弧。水平面 1234 的侧面投影、两端圆弧 153、264 的投影可见，中间部分的投影不可见，画为虚线，其余投影均可见。

另外，图 3-17(b)所示球面被水平面和正垂面截切。正垂面截切形成的圆弧，其水平面和侧面投影是椭圆弧。画其投影，需要先求轮廓线上的点 1、2、3 的投影，再用辅助纬圆法求端点 4、5 的投影。为了求椭圆长轴上的两个端点 6、7(图 3-18(a))，在主视图上过球心作直线 68 的垂线，垂足是长轴端点 6、7 的正面投影，用辅助纬圆法求水平投影，“高平齐、宽相等”求侧面投影。再用辅助纬圆法求一般位置点 8、9 的三个投影。用上例所述方法画水平截交线的投影。

3.6.4 组合体的截交线

组合体的截交线是指截平面与组合体的多个基本体相交的情况，如图 3-18(b)所示。

画组合体的截交线，首先要进行形体分析，再按上述方法，分别画出每一基本体的截交线，再修改基本体相交处的投影。

【例 3-6】 已知图 3-18(b)所示组合体的主、左视图(图 3-19(a))，完成其俯视图。

(1)形体分析。

从图 3-19(a)的主、左视图可以看出，该立体由三段同轴回转体叠加而成。左端是圆锥，另外两个是直径不同的圆柱体。需要分别画每一基本体和截交线的水平投影。

(2)空间及投影分析，如图 3-18(b)所示。

圆锥被水平面截切，交线是平面曲线，水平投影是曲线。中间的圆柱被“与轴线平行”

的平面截切，交线是侧垂线，水平投影是两条水平线。右面的圆柱被与轴线平行、倾斜的两个平面截切，交线分别是侧垂线和椭圆弧，水平投影是两条水平线和椭圆弧，侧面投影是圆弧。

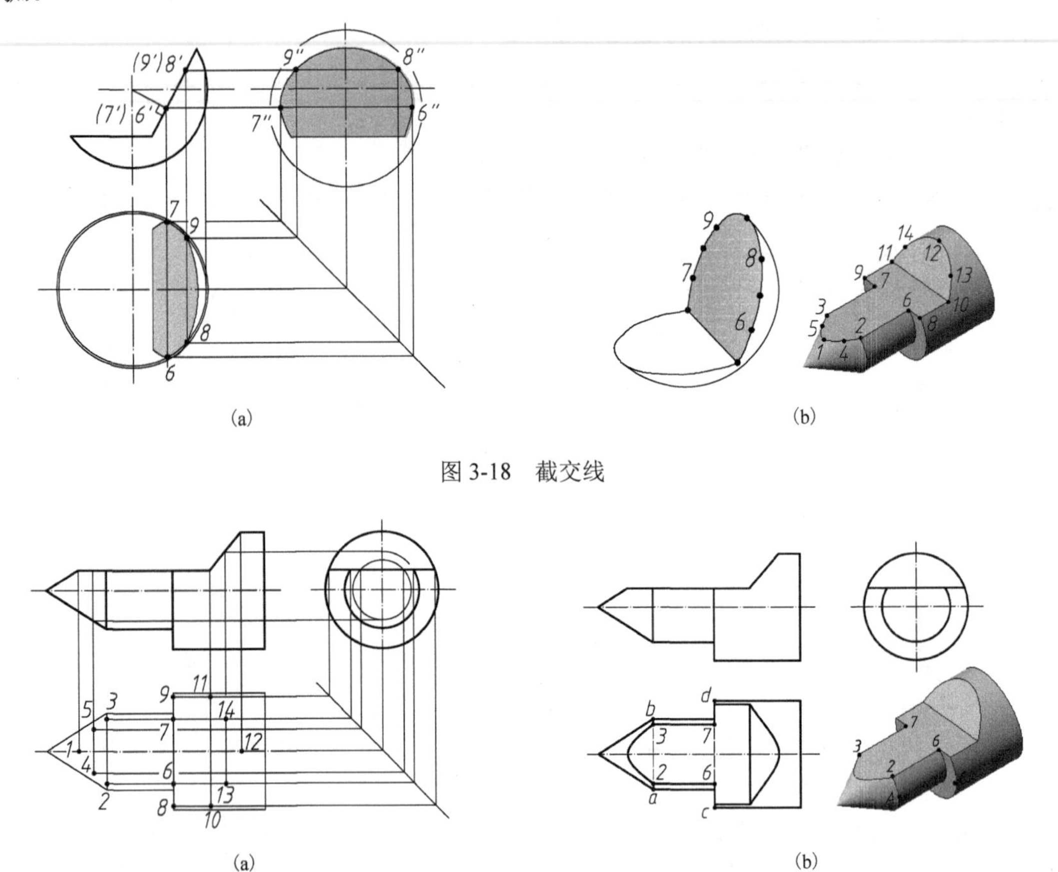

图 3-18　截交线

图 3-19　组合体的截交线

(3) 画未截切的原组合体的水平投影，参见图 3-19(a)。

(4) 分别画每一基本体的截交线的水平投影，参见 3-19(a)。

① 画圆锥表面的截交线。求特殊位置点的投影："长对正" 求点 1，找出 2″、3″，"长对正、宽相等" 求点 2、3；用辅助纬圆法求一般位置点 4、5 详见例 3-4。

② "宽相等" 画中间圆柱表面的截交线。

③ 画右面圆柱表面的截交线。

"长对正" 求点 "12"，"长对正、宽相等" 求点 8、9、10、11；用辅助纬圆法求点 13、14。

(5) 修正基本体相接处的投影，完善轮廓线，判断可见性，调整中心线的长度，如图 3-19(b) 所示。

圆柱与圆锥的交线，是大于半圆的圆弧。在水平轮廓线之上的两段圆弧 2*A*、3*B*(参见图 3-19(b)，立体图上没有标注 *B*、*D* 两点) 的水平投影 2*a*、3*b* 可见；下面的半圆水平投影 *ab* 不可见。当粗实线与虚线重合时画为粗实线，因而 2*a*、3*b* 画为粗实线，23 画为虚线。

直线 *cd* 是圆环面的水平投影。6*c*、7*d* 是环形圆平面在圆柱廓线之上部分的投影，可见，画为粗实线。不可见部分的投影将没有与粗实线重合的 67 段画为虚线。

3.7 相 贯 线

相贯线是两回转体表面的交线，参见图3-20，具有如下性质。

(1)一般情况下，相贯线为封闭的空间曲线。

(2)空间曲线的投影是曲线，不可能是直线或点。

(3)相贯线是两立体表面共有点的集合。

画相贯线的基本方法是在立体表面取点，如图3-20所示。先找轮廓线上的点，再找若干一般位置点，判断可见性，用曲线光滑连接。

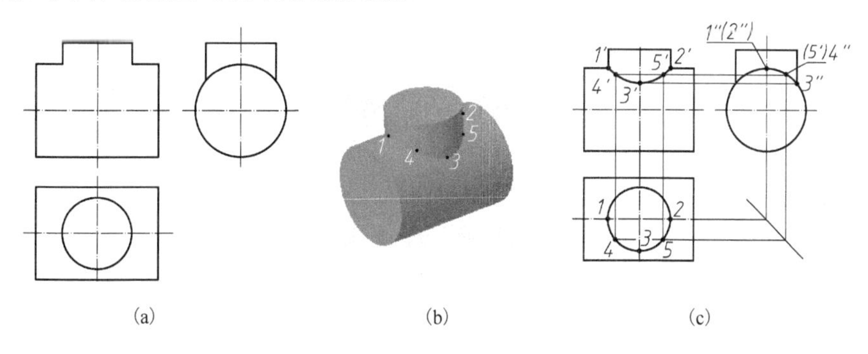

图3-20 相贯线

3.7.1 两圆柱相贯

当圆柱轴线垂直于投影面时，由于圆柱面的投影积聚为圆，其表面的相贯线，不管空间是什么形状，在该投影面上的投影在圆上。在圆上找出相贯线的已知投影后，再求其他投影，这种方法称为利用积聚性作图。前面求圆柱截交线时已经用过这一方法。

【例3-7】 画图3-20(a)所示圆柱的相贯线。

(1)空间及投影分析，如图3-20(b)所示。

利用圆柱投影的积聚性，找出相贯线的已知投影。相贯线在小圆柱表面上，水平投影是圆；在大圆柱表面上，侧面投影是圆弧。

正面投影是曲线，通过在圆柱表面取点作图。相贯线前后对称(立体对称则相贯线对称)，正面投影前半部分与后半部分重合，只需要求前半部分的投影。

(2)画相贯线，如图3-20(c)所示。

① 求轮廓线上点的投影。1、2点是两圆柱正面轮廓线的交点，可以直接求。3点是铅垂圆柱侧面轮廓线与水平圆柱面的交点，先找出侧面投影，“高平齐”求正面投影。

② 求一般位置点的投影。先在水平投影上(相贯线的投影不重叠，便于找点)标出4、5的投影，“宽相等”求侧面投影，“长对正、高平齐”求正面投影。

③ 用曲线光滑连接各点，得到相贯线的投影。

由于各投影的连接顺序相同，本例参考水平投影，顺次连接1、4、3、5、2点。

(3)完善轮廓线，判断可见性，调整中心线的长度，如图3-20(c)所示。

图3-21依次是两外圆柱面、两内外圆柱面、两内圆柱面的相贯线。从该图可以看出，两相交圆柱面，“内、外”不影响相贯线的形状和画法。但要注意将不可见的相贯线、轮廓线画为虚线。

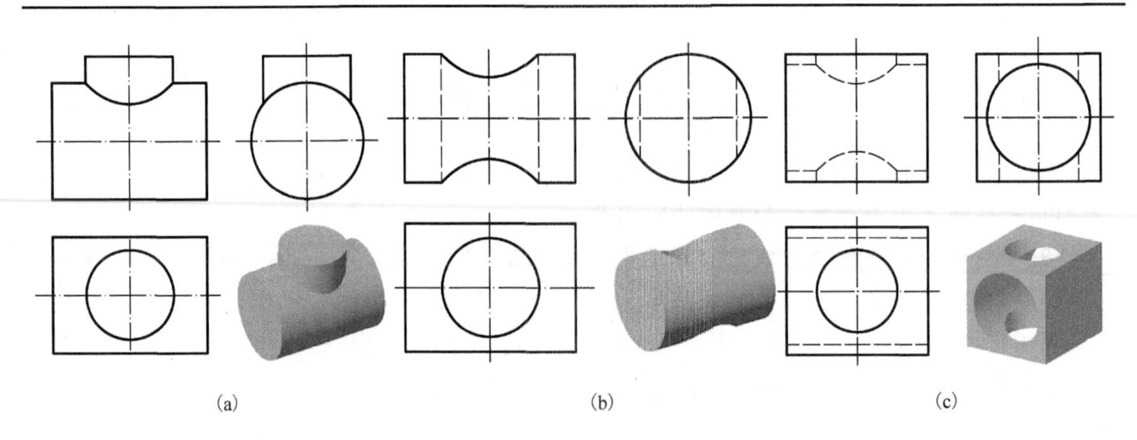

图 3-21　内外圆柱相贯线

图 3-22 展示了当两圆柱轴线垂直相交时，圆柱直径对相贯线的影响。

(1) 相贯线绕小圆柱表面一周，凸向大圆柱的轴线。

(2) 小圆柱的半径越大，相贯线越靠近大圆柱的轴线。

(3) 当两圆柱直径相等、轴线垂直相交时，相贯线变为两个椭圆。

(4) 当垂直圆柱直径小时，形成上下两条相贯线；当水平圆柱直径小时，形成左右两条相贯线。

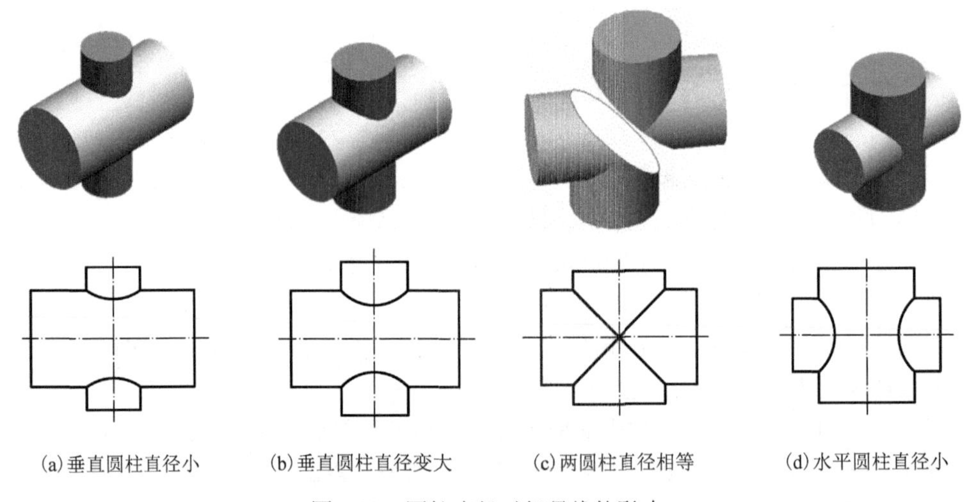

(a) 垂直圆柱直径小　(b) 垂直圆柱直径变大　(c) 两圆柱直径相等　(d) 水平圆柱直径小

图 3-22　圆柱直径对相贯线的影响

两圆柱轴线十字形相交，称为全贯。另外还有丁字形相交和 L 形相交两种情况，相贯线分别是两个半椭圆、一个椭圆，如图 3-23 所示。

图 3-24 (a) 所示立体，有内外多条相贯线，需要逐条绘制。由于圆柱面的水平和侧面投影具有积聚性，只需要求相贯线的正面投影。

① *A* 处相贯线。形成相贯线的两圆柱，轴线垂直相交，直径相等，相贯线是两个“半椭圆”，投影是直线，端点分别在轮廓线、轴线的交点上，如图 3-24 (a) 所示。

② *B* 处相贯线，是内外圆柱表面的交线，是空间曲线，需要用例 3-7 介绍的方法取点作图，如图 3-24 (a) 所示。

③ 两内圆柱面的轴线垂直相交，直径相等，相贯线是两个椭圆，投影是直线，端点在轮廓线的交点上，如图 3-24 (b) 所示。

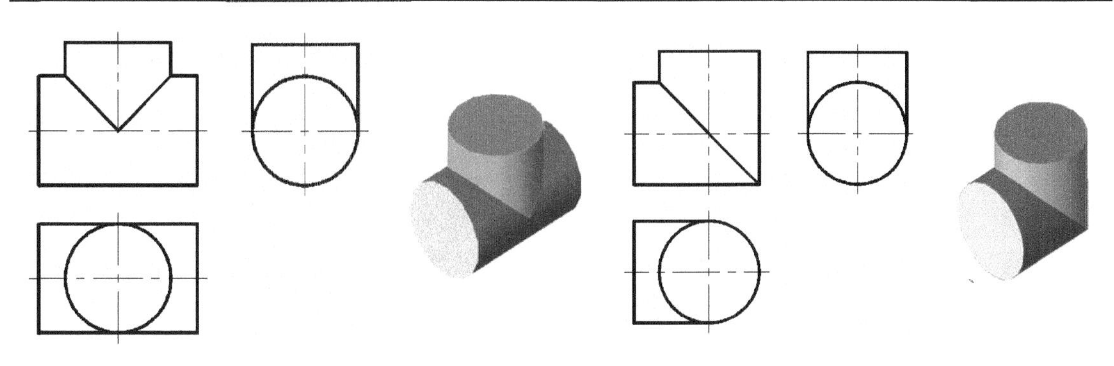

图 3-23 轴线正交、等径两圆柱非全贯

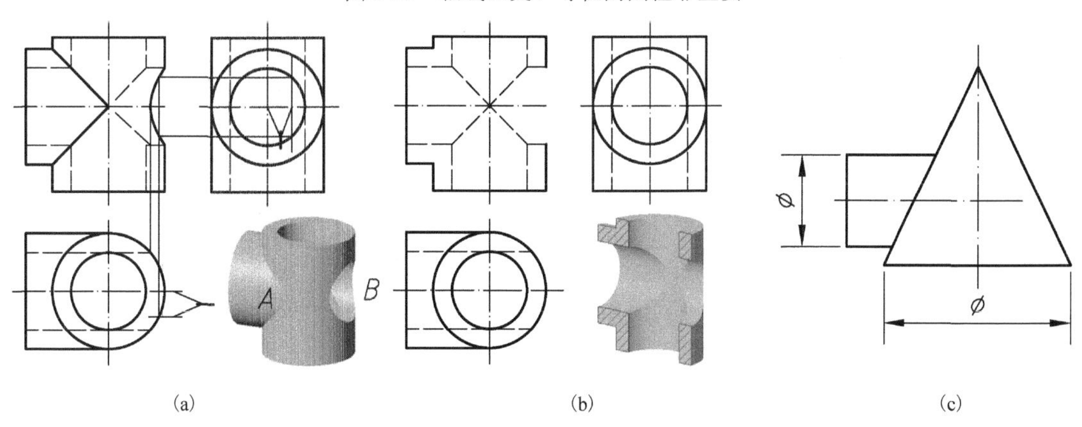

图 3-24 圆柱相贯线

3.7.2 圆柱与圆锥相贯

圆柱与圆锥的相贯线是空间曲线，投影可能是圆或曲线。

【例 3-8】 完成图 3-24(c)所示立体的三视图。

提示 ϕ表示直径，标注ϕ的基本体是回转体。

(1)投影分析，如图 3-25(a)所示。

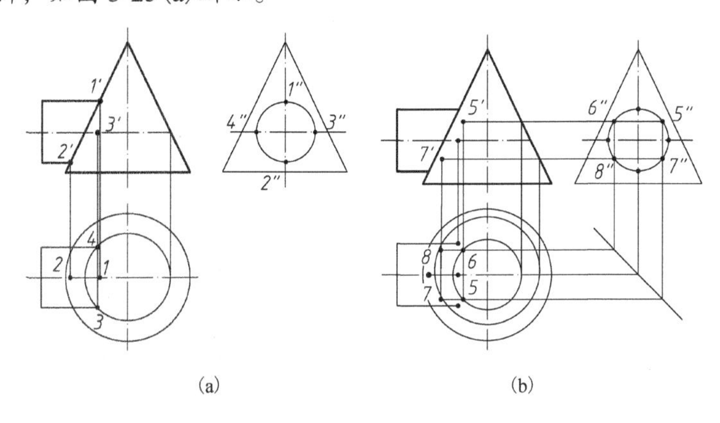

图 3-25 画圆柱与圆锥的相贯线

圆柱的侧面投影积聚为圆，相贯线的投影就是该圆；相贯线前后对称，正面投影前半部分与后半部分重合，只需要求前半部分的投影；相贯线的水平投影是一条曲线。

(2) 根据投影规律，画圆柱、圆锥的水平和侧面投影，如图 3-25(a) 所示。

(3) 画相贯线。

① 求轮廓线上的点，如图 3-25(a) 所示。

先在侧面投影上标注轮廓线上的 4 个点的投影。1′、2′点是正面轮廓线的交点，直接标出正面投影，“长对正”求水平投影。

求 3、4 点的水平投影：“长对正”确定纬圆半径，在水平面上画纬圆与圆柱轮廓线相交得两点投影。“长对正、高平齐”得正面投影。

② 求一般位置点，如图 3-25(b) 所示。

先在侧面标注 4 个一般位置的点(大约在 1/4 圆弧的中间位置)。为了简化作图，使 5″与 7″、6″与 8″点的宽度分别相等。依次作“高平齐、长对正”的辅助线，确定纬圆半径，在水平面画辅助纬圆，作“宽相等”的线与纬圆相交得 4 个点的水平投影，“长对正”得正面投影。

③ 用曲线光滑连接各点得相贯线的投影，如图 3-26(a) 所示。

画曲线时，需要注意如下三点。

相贯线是光滑的，无尖角。画曲线时要注意曲线拐角处的弯曲方向，不能形成尖角。

考虑到作图误差，画曲线时不一定严格通过各点。使曲线到各点的距离之和最小即可。

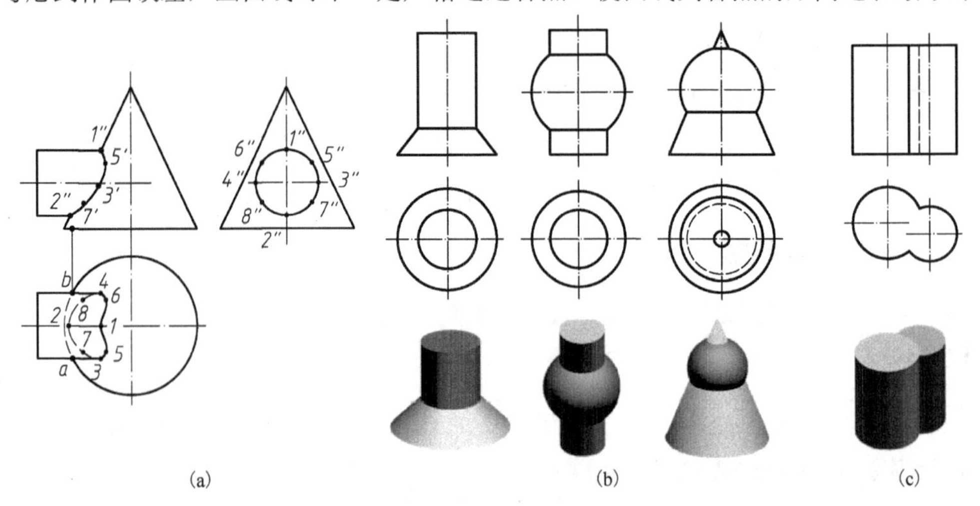

图 3-26　圆柱与圆锥的相贯线

各视图连接顺序相同。本例参照左视图，顺次连接各点。主视图连接顺序为 1→5→3→7→2；俯视图连接顺序为 4→6→1→5→3→7→2→8→4。

(4) 判断可见性，完善轮廓线，调整中心线的长度，如图 3-26(a) 所示。

判断可见性包括相贯线的可见性和轮廓线的可见性。形成相贯线的一个立体不可见，相贯线不可见。想象出该立体的形状以后，可知相贯线在主视图中，前半部分可见，后半部分不可见，参照左视图可知，在主视图中 1′5′3′7′2′可见；在俯视图位于圆柱上半部分的可见，下半部分的不可见。参照左视图可知，46153 可见，37284 不可见。在俯视图中，圆锥底面圆在小圆柱下面的不可见，圆弧 *ab* 画为虚线。

3.7.3　特殊相贯线

(1) 当两回转体共轴线时，相贯线是圆。相贯线垂直投影面时，投影是直线；平行投影面时，投影是圆(实形)，如图 3-26(b)所示。

(2)当两圆柱轴线平行时，交线是直线，如图 3-26(c)所示。

(3)当两圆锥共顶点时，交线是直线，如图 3-27(a)所示。

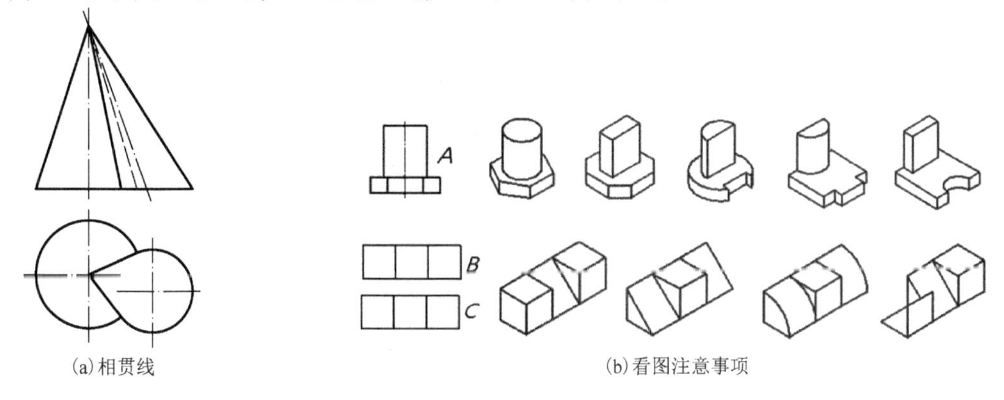

(a)相贯线 (b)看图注意事项

图 3-27 组合体

3.8 看组合体视图

看组合体视图简称看图，就是根据组合体的投影图想象出它的立体形状。第 2 章介绍的根据投影规律，判断直线、平面之间的相对位置，它们与投影面的相对位置等就是看图的理论基础。例如，如果通过投影图能够确定立体的六个表面都是投影面平行面，该立体就是长方体。

看图要将所有已知视图结合起来分析，不能只对着一个图看。例如，根据图 3-27(b)所示主视图 *A*，可以想出 5 种以上立体；根据主视图 *B* 和俯视图 *C*，可以想出 4 种以上立体。

看图有如下两个关键点。

(1)把所有相关视图联系起来，想立体的形状。

(2)分部分看。要按下面介绍的方法，想出每一部分的形状，再推断总体形状。不能试图一步想出整个立体的形状。

3.8.1 形体分析法看图基础

形体分析法看图，就是把组合体看作由若干基本体组成，先想出每一个基本体的形状，最后再推断出组合体的总体形状。形体分析法有如下两个关键点。

(1)分解为何种基本体。

如前所述，主要将组合体分解为若干柱体(主要是直柱体)，极少量的锥、球、环。对挖切形成的组合体，不能都看成是长方体通过多次挖切形成的，要选择一个恰当的初始立体，以减少挖切次数，参见图 3-3。

(2)如何想出基本体的形状。

一般情况下，根据两个视图即可看出基本体的形状。如图 3-27(b)所示立体，已知主、俯视图，仍然有多解，是由于视图选用不当。只要给出主视图和左视图，就能唯一确定立体的形状。

下面介绍根据两个视图想象基本体形状的方法。

1. 推断锥体形状

锥体包括棱线和圆锥。如果基本体有一个投影是三角形，另一个投影是①圆，是圆锥；②三角形，是三棱锥；③四边形，是四棱锥，如图 3-28(a)、(b)、(c)所示。常见的锥体就是这三种。

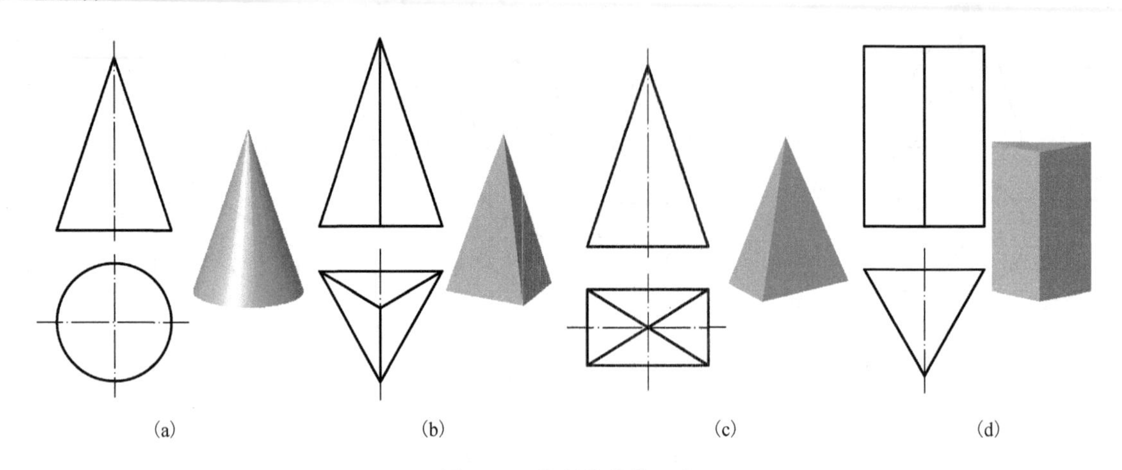

图 3-28　推断锥体的形状

基本体的一个投影是三角形，可以初步断定是锥体，但三棱柱是一个例外。三棱柱和四棱锥都有一个投影是三角形，一个投影是矩形线框，但前者棱线平行，后者棱线相交，平行的是柱体，相交的是锥体，参见图 3-28(c)、(d)。

2. 推断球体形状

如果基本体的三个投影是等直径的圆，一定是球体。两个投影是等直径的圆，还可能是图 3-29(b)所示的立体。但要表达该立体的形状，应当画出俯视图。在工程图中可以通过尺寸区分这种立体。由于球的直径数字前面有 $S\phi$，只需要一个视图，再标注直径尺寸 $S\phi$，就可以表明该立体是球体。

3. 推断柱体形状

柱体是侧棱线平行的立体。最常见的是直柱体，如图 3-4 所示。

直柱体是端面与棱线垂直的柱体，形状=端面形状+厚度。推断柱体的形状需要确定以下四个要素。

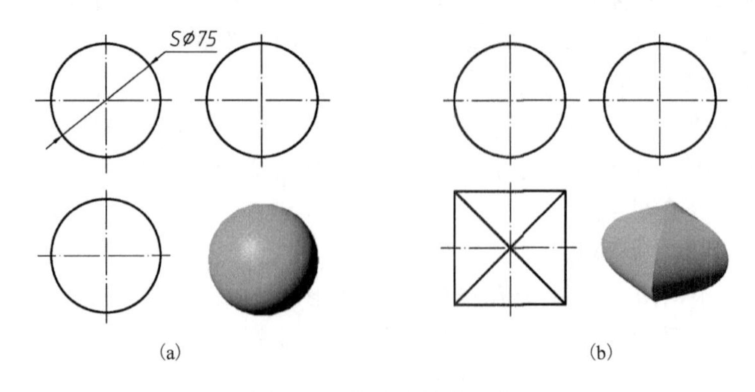

图 3-29　推断球体的形状

(1)是否为直柱体。

直柱体需要满足两个条件：①棱线平行；②端面与棱线垂直。一般情况下，只有一个投影是矩形线框，就是直柱体，当然不能排除万一例外。矩形线框是指矩形或矩形内有与边平行的直线。例如图3-4的四个柱体的主视图。四棱锥有一个投影是矩形，但矩形内的直线与边不平行。

在工程图中，对于非直柱体，一定会有一个反映其形状特征的视图表达其形状，例如，锥体要有一个投影是三角形线框的视图。将所有视图结合起来看，就能想出其形状。

(2)直柱体的端面实形。

形状不是矩形的表面，是柱体的端面，如图3-4画有45°斜线的面。长方体是特例，每个表面都是矩形，都可以看成端面。当端面平行于投影面时，其投影反映实形。

提示　在实际工程图中，都会有一个图表达柱体的端面实形。如果端面倾斜于基本投影面，用斜视图表达，详见第5章。

(3)直柱体的厚度。

厚度是两端面之间的距离，或棱线的长度。当端面垂直投影面时，端面投影是直线，两直线之间的距离是厚度。棱线平行投影面时，投影长度是厚度。

(4)斜柱体。

斜柱体需要确定端面与棱线之间的夹角，其他的与直柱体的相同。

4. 叠加形成组合体的看图方法

下面以分析图3-30(a)所示三视图的立体形状为例，介绍叠加形成组合体的看图方法。

(1)根据主视图，将组合体试分为几个基本体，如图3-30(a)所示。

由于主视图反映组合体的形状特征最多，因而在主视图上将组合体试分为4个基本体。一个线框代表一个基本体。如果按照试分方案，能够想出每一基本体的形状，且没有遗漏的图线，说明试分正确。否则在此基础上，再将不合理的部分重新划分基本体，想出它们的形状，直至能够想出每一基本体的形状，又没有遗漏的图线。还有“想出的基本体”，它们的结合部位产生的交线，也要与已知视图中的相同。

(2)找出每一基本体的其他投影，想出它们的形状。

例如，根据“长对正、高平齐”，找出基本体1的另外两个投影，如图3-30(b)所示。由于正面投影是矩形线框，该基本体是直柱体；水平投影不是矩形，是端面的投影；由于上下端面都是水平面，水平投影反映端面实形，正面投影反映厚度。其形状=端面形状+厚度，如图3-30(b)所示。

用同样方法可以看出基本体3、2、4的形状，如图3-30(c)、(d)所示。

提示　本例左视图仅能表达4个基本体的厚度，与主、俯视图之一的相应部分表达重复，可以省略不画。

(3)根据视图，分析各基本体的相对位置、基本体结合部位的形状。

投影图的特长就是能够清楚地表达各组成部分的相对位置，分析起来没有难度。从图3-30(a)的主视图可以看出，基本体1、3左右对称，上下贴合，从俯、左视图都可以看出两者后端面平齐；从主视图可以看出，基本体2与1、3分别上下、左右贴合，从俯、左视图都可以看出三者后端面平齐。基本体4与2对称。组合体形状如图3-30(e)所示。

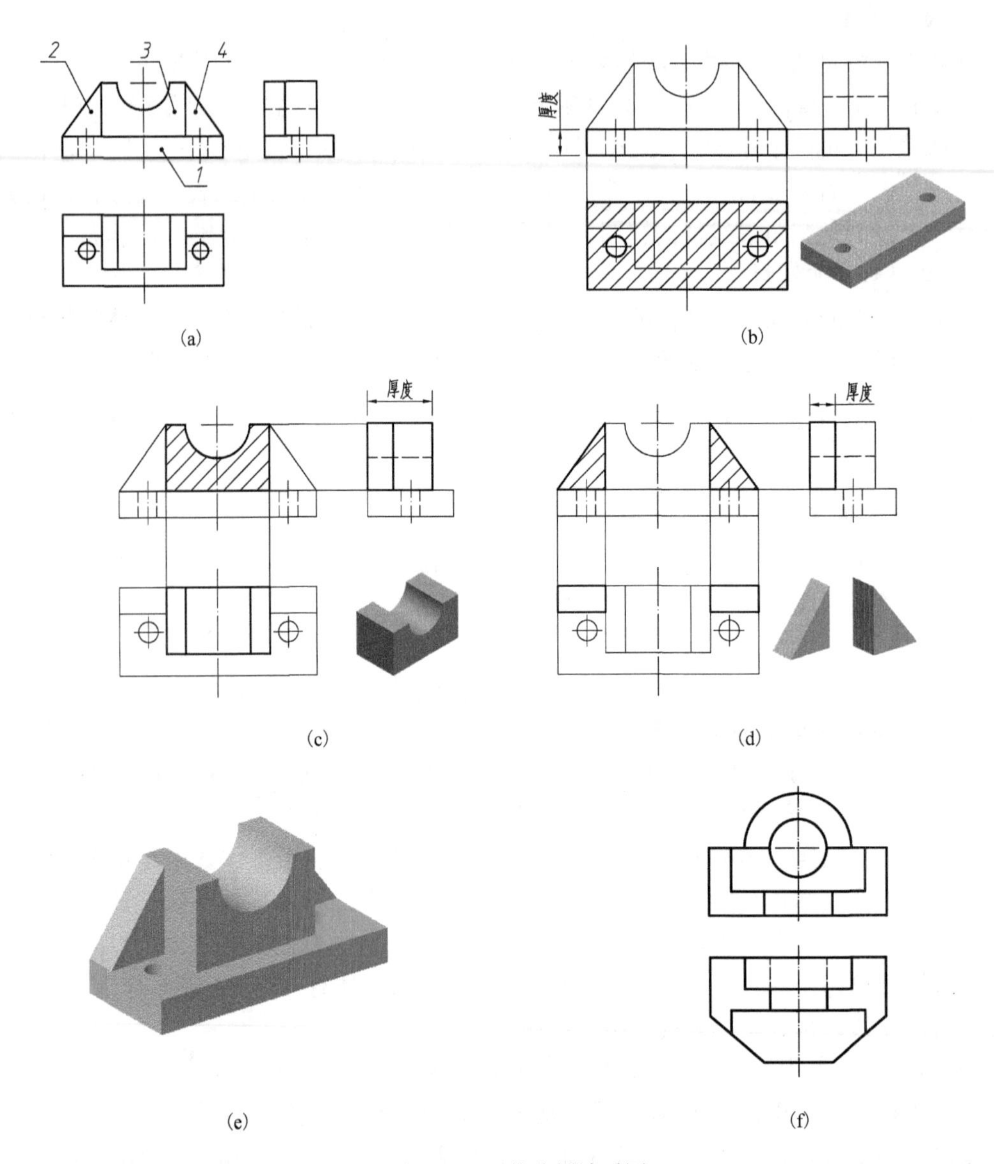

图 3-30　形体分析法看图

分析基本体结合部位的形状，包括截交线、相贯线的形状，相切、共面处无分界线等，详见本章前面的相关例题。

5. 挖切形成组合体的看图方法

对于图 3-30(f)所示通过挖切形成的组合体，需要按组合体的形成过程，逐步分解为基本体，想出每一基本体的形状和相对位置，进而推断组合体的形状。

【例 3-9】 根据图 3-30(f)所示组合体的主、俯视图，补画左视图。

补画视图是练习看图的一种常见题型。需要先看懂立体形状，再按形体分析法，以基本体为单元画出待求视图。挖切形成的组合体，按挖切顺序，逐步补画视图。本例从已知图形可以看出，组合体由上下两部分叠加而成。下部分由长方体逐步挖切而成。

(1) 下部立体，以长方体为原始立体，根据“长对正、宽相等”画左视图，如图 3-31(a) 所示。

提示 经过多次形成的组合体，挖切前的初始基本体，可以选择长方体、圆柱、圆锥、球等简单基本体。有时一定要找一个挖切步骤最少的初始基本体，反而增加了看图难度。

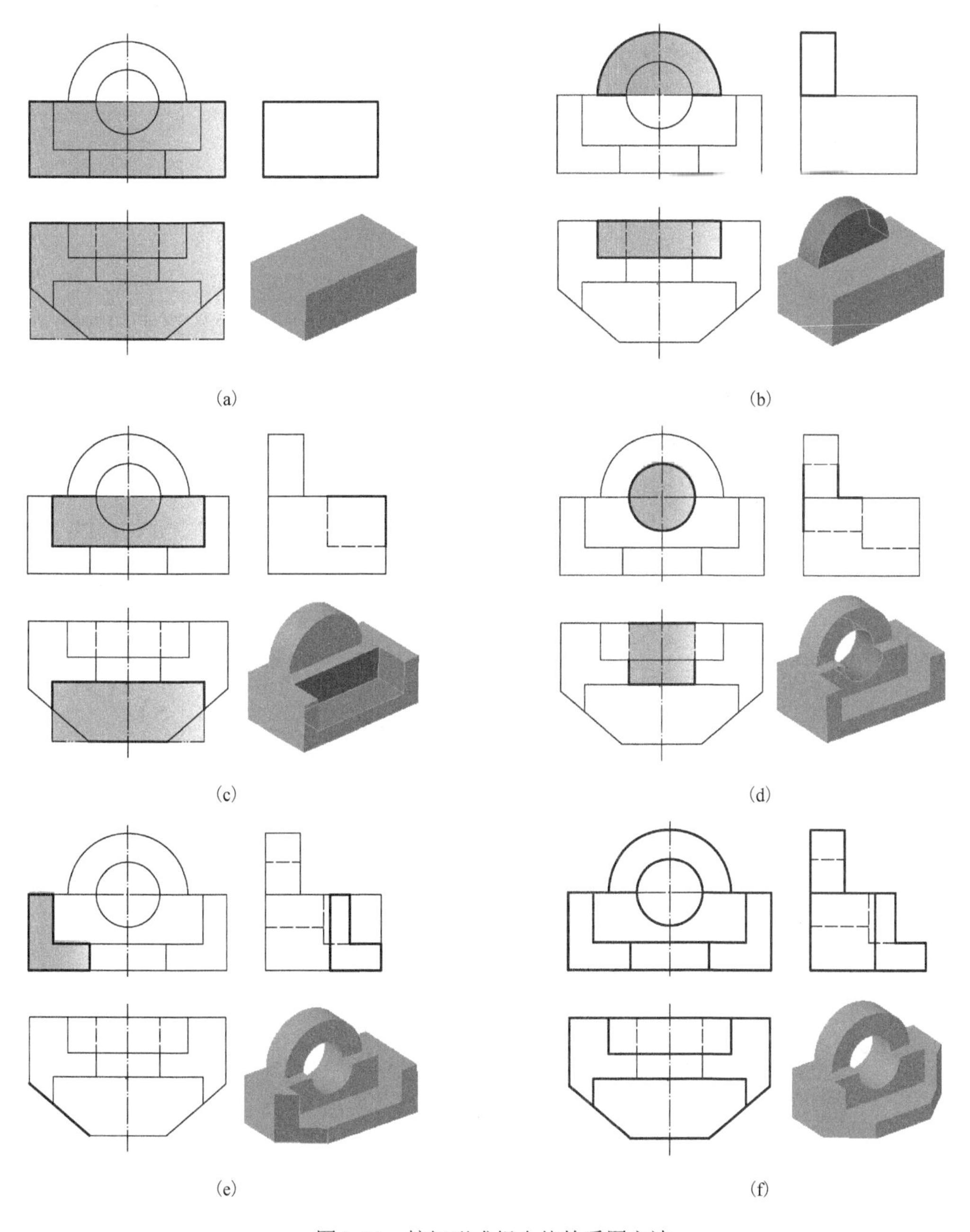

图 3-31 挖切形成组合体的看图方法

(2) 找出上部分的对应投影，如图 3-31(b) 所示。

由于水平投影是矩形，是直柱体。正面投影是端面，水平投影反映厚度，根据投影规律补画左视图。用相同方法分析其他基本体的形状。

提示　这一步也可以作为第一步。

(3)挖去长方体，根据投影规律补画左视图，如图 3-31(c)所示。

(4)挖去圆柱孔，补画左视图，如图 3-31(d)所示。

(5)用铅垂面，切去一个角，形成截交线。根据铅垂面的投影特点，侧面投影与正面投影是类似形状(边数相同，平行的边相同)，根据正面投影知其形状为 L 形，根据投影规律，找出 6 个点，连接得侧面投影，如图 3-31(e)所示。

(6)右面的斜角与左面的对称，它们的侧面投影重合。

擦去切掉的轮廓线，检查，描深图线，如图 3-31(f)所示。

3.8.2 线面分析法看图

线面分析法，是根据线面的投影特点，推断立体表面形状和相对位置，进而想出立体形状。如果仅仅给出这个定义，对看图没有多大帮助，需要总结一些具体的原则和方法。

1. 根据可见性看图

(1)根据可见性推断立体形状的变化趋势。

对于图 3-32(a)所示组合体，根据形体分析法，将主视图划分为三个线框。但由于三个线框的长度相等，仅根据“长对正”找不出它们的水平投影。

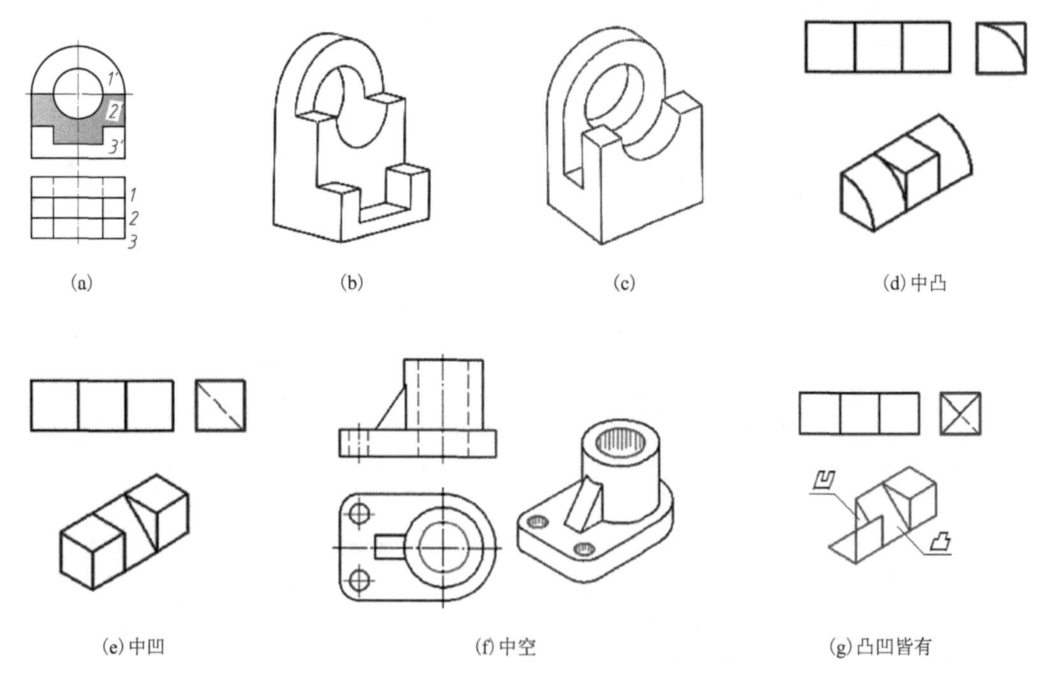

图 3-32　根据可见性看图

由于主视图中间部位没有虚线(不可见轮廓线)，立体形状前小后大；反之中间部位有虚线，如图 3-32(c)所示立体。同理，由于俯视图中间部位无虚线，立体为上小下大。由此推定立体前端为阶梯状，据此找出三个线框的水平投影，如图 3-32(a)所示。

由于主、俯视图中间部位无 X 方向的直虚线、椭圆形虚线(圆柱截交线投影)，可以判断立体下、后端面分别为水平面和正平面，不可能为侧垂面、一般位置的平面或阶梯状，故立体主体为阶梯形，如图 3-32(b)所示。主视图反映各基本体(都是直柱体)的端面实形，俯视图反映厚度，依次想出各基本体的形状，进而确定组合体的形状。

(2)根据可见性推断立体是中凹的还是中凸的。

组合体中间部位的轮廓线可见，是中凸的，如图 3-32(d)所示；不可见是中凹的，如图 3-32(e)所示；或是空心的孔，如图 3-32(f)所示。复杂一点的组合体，往往凸凹皆有，如图 3-32(g)所示。

2. 根据交线看图

根据交线看图的方法：先假设基本体的形状，再分析交线(相贯线或截交线)，直至假设的基本体的交线与原题的相同。

对于图 3-33(a)所示图形，当图中标注的三个尺寸相等时，如果相贯线是曲线，下基本体是半圆柱，如图 3-33(b)所示；如果相贯线是直线，下基本体是长方体，如图 3-33(c)所示。

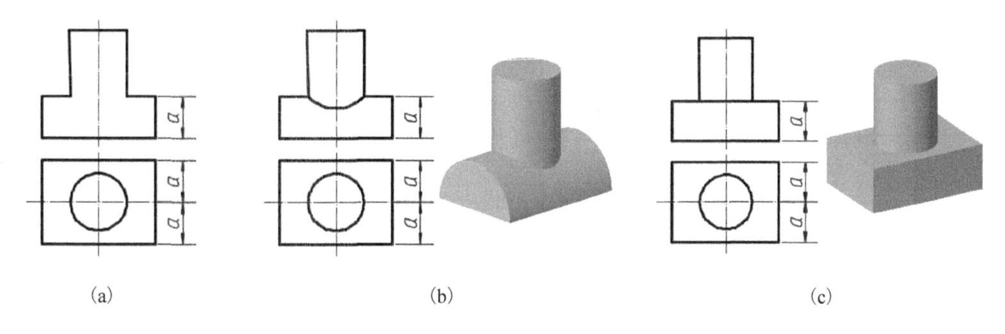

(a) (b) (c)

图 3-33 根据相贯线看图

3. 根据线面的投影特点看图

以线、面为单元，分析线、面的形状和相对位置，据此推断立体形状。在实际应用中，主要以面为单元看图，用线判断复杂表面的形状、与投影面的相对位置。

对复杂立体，先用形体分析法看懂主要形状，再以“面”为单元，分析局部复杂部位的形状。下面以推断图 3-34(a)所示组合体的形状为例，介绍此方法。

1)假设挖切前的基本体，找出看图的关键点

从外轮廓可以看出，该组合体由一个长方体挖切形成。看图的关键点是搞清楚 A、B、C、D 四个面的形状和位置。

2)找出面 A、B、C、D 的对应投影，确定它们的形状和相对位置

(1)选择一个线框，根据“长对正、高平齐、宽相等”，确定线框所代表“面”的其他投影所在的范围。

(2)在确定的范围内找类似形状：边数相同，平行的边相同的方框。若有类似形状，它就要找其他的投影。

(3)若没有类似形状，此平面投影是直线。

按上述方法初步确定投影后，再分析相应投影是否符合面的投影规律。如果不符合，重新查找；如果符合，即可根据两个投影，判断平面与投影面的相对位置和形状。

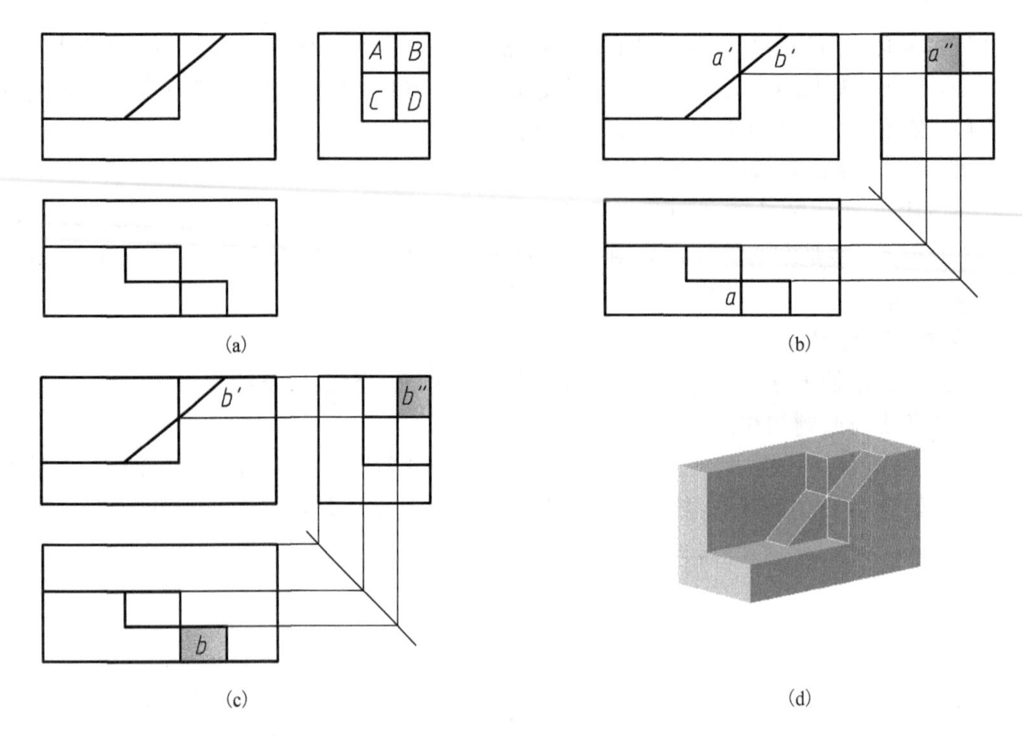

(a)　(b)　(c)　(d)

图 3-34　根据线面投影特点看图

① 找 *A* 面的投影，确定其与投影面的相对位置，如图 3-34(b)所示。

对于正面投影，在“高平齐”确定的投影范围内没有类似形状，则 *A* 面的正面投影是直线，但有两解。假若是 *b*′，在“长对正、宽相等”确定的投影范围内无水平投影，则 *A* 面的正面投影是直线 *a*′，水平投影是直线 *a*。

A 面的三个投影符合侧平面的投影规律，*A* 面是侧平面。

② 找 *B* 面的投影，确定其与投影面的相对位置，如图 3-34(c)所示。

上面已经确定了 *B* 面的正面投影直线 *b*′，“长对正、宽相等”确定其水平投影是矩形线框 *b*，*B* 面是正垂面。

③ 同样方法可以确定：*C* 面是正垂面，*D* 面是侧平面。

> **提示**　建议读者复习一下 2.4.4 节总结的，根据两个投影，判断平面与投影面的相对位置。

3) 确定组合体的形状

长方体被正垂面、侧平面挖切，正面和侧面投影反映正垂面、侧平面的位置和挖切范围，组合体的形状如图 3-34(d)所示。

3.9　组合体的尺寸标注

组合体尺寸标注的基本要求如下。

(1) 正确：符合国家标准的有关规定，尺寸数字正确无误。

(2) 齐全：标注确定组合体形状所需要的全部尺寸，无遗漏，不重复。

(3) 清晰：尺寸标注位置合理，排列整齐，疏密得当，便于阅读。

3.9.1 基本形体的尺寸注法

本节分类说明各种基本体，需要标注的尺寸。

(1) 直柱体，标注端面尺寸和厚度尺寸，如图 3-35(a)、(b)、(e)所示。

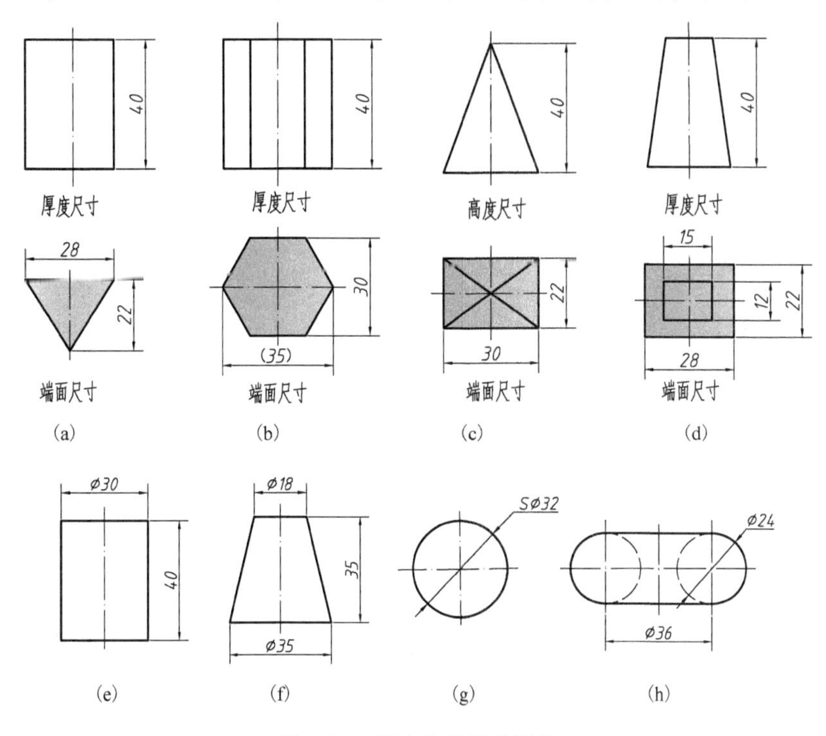

图 3-35 基本体的尺寸标注

把端面尺寸集中标注在反映端面实形的视图上，将形状和大小在一个图上表达，以便于看图。反之，如果分散到多个图上，需要将所有视图结合起来才能确定端面的形状和大小。将回转体的端面尺寸与厚度尺寸集中标注在一个非圆视图上，是因为直径尺寸中有表示圆形的字母“ϕ”，一个图就表达了形状和全部尺寸。如果是斜柱体再加注倾角尺寸。

(2) 正台形体，需要标注两个端面尺寸和厚度尺寸，如图 3-35(d)、(f)所示。斜台形体，还需要加注两个端面之间的相对位置尺寸。

(3) 锥形体，需要标注端面尺寸和锥顶与端面的相对位置尺寸。图 3-35(c)是正四棱锥，锥顶只需要标注一个高度尺寸，锥顶相对于底面前后、左右对称，不用标尺寸。

(4) 球形体，sϕ表示球面直径。一个图、一个尺寸即表达了形状和大小，如图 3-35(g)所示。

(5) 圆环，标注圆心的距离和直径尺寸。一个图、两个尺寸即表达了形状和大小，如图 3-35(h)所示。

提示 尺寸是画图、零件加工、检验的依据。本书假定读者现在还没有这方面的专业知识，把尺寸看成是画图需要的条件。但要标注便于画图的条件，不是随意条件。例如，画直角三角形时，需要标注直角边的长度，不能标注斜边尺寸和两个锐角尺寸；画正六边形需要标注内接圆直径或对边距离，不能标注边长；画圆要标注直径不能标注半径，因为在立体实物上没有中心线，无法测量半径。事实上，只要按本书介绍的方法标注尺寸，基本能满足零件加工、检验的要求。

3.9.2　交线的尺寸

交线包括截交线和相贯线。截交线的形状由原立体的形状和截平面的相对位置决定，相贯线的形状由基本体的形状及它们的相对位置决定。以前画这两种交线时，主要通过在棱线、转向轮廓线、立体表面上取点作图，没有用到交线的尺寸，因此不能标注截交线、相贯线的尺寸，如图 3-36 所示。

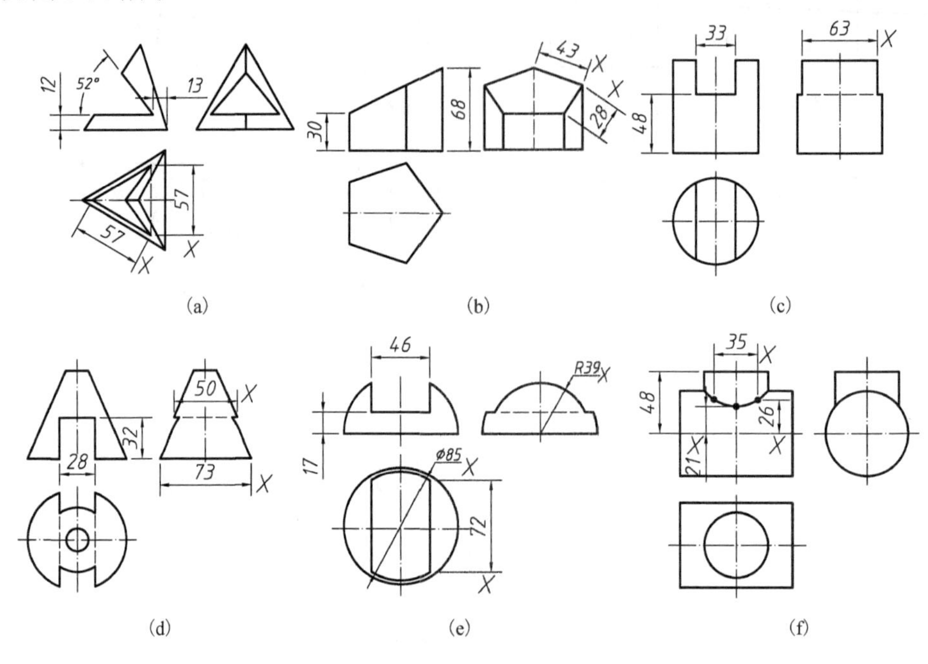

图 3-36　交线尺寸

图 3-36 所示组合体，都是本章的例图。尺寸标注了“×”的，是不应该标注的交线尺寸。图 3-36(a)～(e)是截交线例图，需要标注原立体的尺寸和截平面的相对位置尺寸。图 3-36(f)是相贯线例图，需要标注基本体的尺寸和它们之间的相对位置尺寸。本例图前后、左右对称，只需要标注上下位置尺寸 48。

3.9.3　标注基本体的端面尺寸

标注端面尺寸即平面图形的尺寸。标注平面图形的尺寸，需要处理如下六个问题。

1. 尺寸基准

尺寸基准是定位尺寸的起点。通常以图形的对称中心轴线、较大圆的中心线、外侧轮廓线作基准，如图 3-37(a)、(b)所示。平面图形有两个方向的尺寸，每个方向至少要有一个尺寸基准。图 3-37(a)还可以选择长 48 的水平线作为铅垂方向的基准。

2. 定位尺寸

定位尺寸是确定图线与尺寸基准之间相对位置的尺寸。主要有圆心、封闭线框、线段的位置尺寸等。如图 3-37(a)中的尺寸 40、4、18，图 3-37(b)的尺寸 13。

3. 定形尺寸

定形尺寸是确定图线大小或长度的尺寸。有圆的直径、圆弧的半径、直线的长度等。如图 3-37(a)、(b)中的多数尺寸。

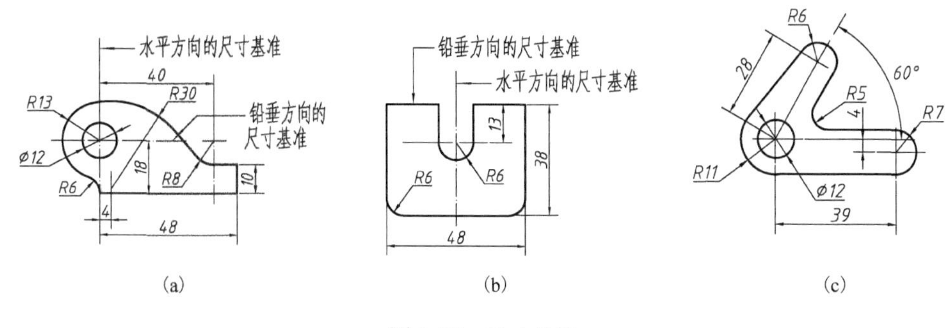

图 3-37 尺寸分析

有的尺寸既是定位尺寸，又是定形尺寸。例如，图 3-37(a)中的尺寸 48 既决定水平线的长度，又决定铅垂线的位置。图 3-37(b)中的尺寸 38 也是这种尺寸。

4. 尺寸的坐标形式

尺寸有直角坐标和极坐标两种形式。例如，图 3-37(c)中的圆弧 *R*7，圆心的定位尺寸 39、4 是直角坐标形式；圆弧 *R*6 圆心的定位尺寸 28、60° 是极坐标形式。直角坐标形式标注长、宽两个尺寸；极坐标形式标注一个距离尺寸和角度尺寸。

采用哪种尺寸形式，由图形的结构特点决定。例如，图 3-38(a)所示的三个圆均匀分布在圆上，尺寸采用极坐标形式(均匀分布，不用标注角度)。图 3-38(b)所示的三个圆，没有分布在圆上，用直角坐标形式。

5. 标注平面图形尺寸的要点

确定适当的画图顺序，按照国家标准的有关规定，标注画各条线段需要的全部条件。但图上能直接看出的条件不标注，如水平、铅垂、垂直、平行、180°、360°、等分、对称等。相切确定的条件，如圆心、切点等也不能标注尺寸。这些尺寸不但是多余的，而且如果按标注的尺寸画图或加工机件，由于存在各种误差，将无法实形相切。

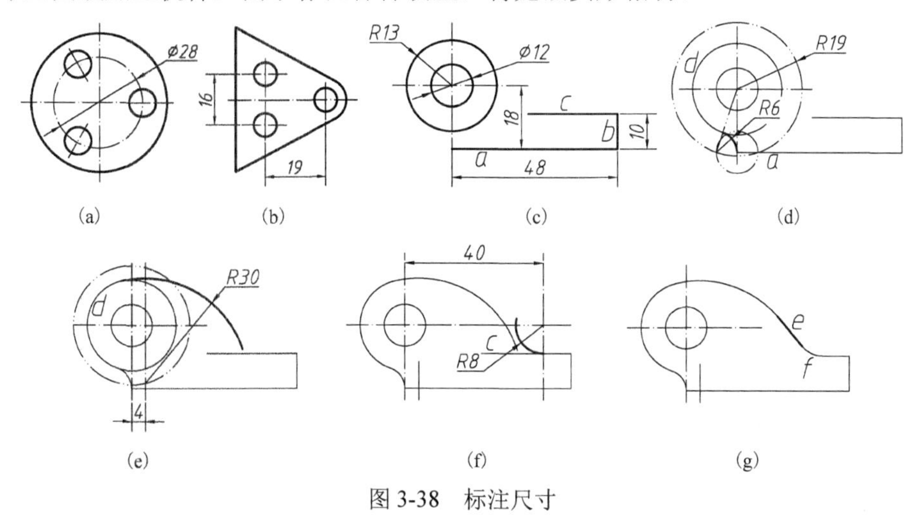

图 3-38 标注尺寸

按国家标准的有关规定，包括对尺寸组成要素的规定，字体的规定，圆要标直径、不能标半径；直径相同的圆要标注个数，圆弧不标个数等。当然也包括前面强调的，要标注便于画图的条件，不是随意条件。

6. 画图顺序

适当的画图顺序是，1.4.4 节介绍的先画已知线段，再画中间线段和连接线段。但由于还没有标注尺寸，需要自己根据图线的结构特点，确定属于哪种线段。圆一般是已知线段；直线分为：对于直线段，没有切点的是已知线段，两个切点的是连接线段；有一个切点的，方向已知的是已知线段，例如图 3-38(c)中的直线 C，方向未知的(通过相切定方向)是中间线段，例如图 3-38(b)中的两条切线。圆弧是哪种线段，不是看端点是否为切点，而是看确定圆心位置需要的相切条件，分为如下三种情况。

(1)确定圆心位置不需要相切条件确定的，为已知线段。可以先画为圆，画出与其相切的圆弧或直线后再擦去多余部分。如图 3-37(a)的圆弧 $R13$。

(2)确定圆心位置需要一个相切条件确定的，为中间线段。如图 3-37(a)的圆弧 $R30$、$R6$。

(3)确定圆心位置需要两个相切条件的，为连接线段。

提示　画图时不需要严格区分中间线段和连接线段，但标注尺寸时必须分辨清楚，因为这两种线段需要标注的尺寸个数不同。

【例 3-10】　标注图 3-37(a)所示平面图形的尺寸。

按图顺序标注尺寸，标注画各线段需要的条件。先标定位尺寸，再标定形尺寸。

(1)确定尺寸基准，如图 3-37(a)所示。

(2)画基准线(两条中心线)。不需要标尺寸。

(3)画已知线段，标注它们的尺寸，如图 3-38(c)所示。

圆弧 $R13$ 先画为圆，需要标注半径，另一圆需要标注直径。圆心是已画出中心线的交点，不需要标注尺寸。

直线 a 的左端点在中心线上，左右不需要定位尺寸，标注上下定位尺寸 18，方向水平(倾角= 0)不需要标注，标长度尺寸(定形尺寸)48。

再画直线 b，不需要定位尺寸，标注长度尺寸 10。垂直不需标注；画直线 c，不需要定位尺寸，另一端点是切点，先画得长一点，不用标注尺寸。

水平、铅垂、垂直、平行、切点不需标注。

(4)画中间线段，标注它们的尺寸。

图 3-38(d)所示圆弧 $R6$，过直线 a 的左端点，与圆 d 外切。圆心通过画 $R6$、$R19$ 两个辅助圆确定，不需要标注定位尺寸；标注定形尺寸 $R6$；两个端点，一个是切点，一个是已画出直线 a 的端点，都不用标注尺寸。

图 3-38(e)所示圆弧 $R30$，与圆 d 内切。圆心在以半径差为半径画的辅助圆上，需要画一条水平线或铅垂线才能确定，因而还需要标注一个水平或铅垂定位尺寸。图中标注水平尺寸 4；标注定形尺寸 $R30$。

图 3-38(f)所示圆弧 $R8$，与水平线 c 相切。其圆心在与 c 距离为 8 的水平线上，需要再画一条铅垂线才能确定圆心位置，因而需要标注水平尺寸 40；标注定形尺寸 $R8$。两个端点是切点，不用标注尺寸。

(5)画连接线段 e，不能标注尺寸，如图 3-38(g)所示。

标注完后的尺寸如图 3-27(a)所示。

提示　如果改变画图顺序，例如，先画图 3-38(g)的直线 e，再画图 3-38(f)的圆弧 $R8$，则需要标注直线 e 的倾角尺寸，不标注圆心的定位尺寸 40，此时直线 e 变为中间线段，画图顺序有时会影响线段类型。

3.9.4 标注组合体尺寸

标注组合体的尺寸要考虑的问题，比标注端面尺寸要多得多。在掌握平面图形尺寸标注方法的基础上，还要处理如下几个问题。

1. 尺寸基准的选择原则

组合体是空间立体，左右、前后、上下至少各有一个基准。通常选择零件的对称平面、底面、轴线、大端面作为尺寸基准。如果同一方向有几个基准，其中一个为主要基准，其余为辅助基准，如图 3-39(a)、(b)所示。当选择轴线作基准时，可以同时作为两个方向的基准。

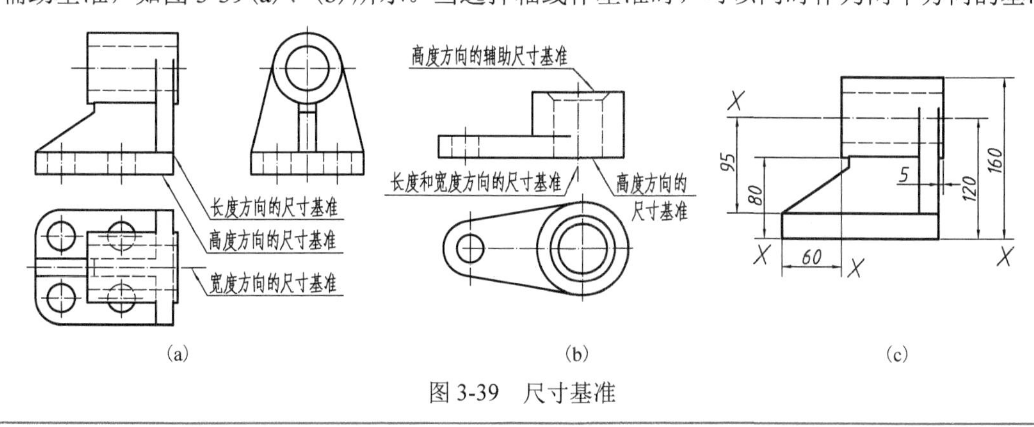

图 3-39　尺寸基准

提示　如果同一方向有多个图形元素可以选作基准，则按如下顺序依次选择：底面、对称面、轴线、大端面。即底面和对称面优先，大端面排最后。

2. 定位尺寸的实质

定位尺寸是确定各基本体之间相对位置的尺寸，是组合体的总尺寸基准与基本体自身的尺寸基准之间的距离，是基准与基准之间的距离，绝不是任意两条线、任意两点之间的距离，这虽然在理论上也有定位作用。基本体也要选择零件的对称平面、底面、轴线、大端面，作为尺寸基准。

对于图 3-39(a)所示组合体，高度方向的定位尺寸是 120，如图 3-39(c)所示。而尺寸 160、80 的一个端点没在基本体的尺寸基准上，尺寸 95 的一个端点没在组合体的基准上，都不是定位尺寸。这三个尺寸也不是画图和机械加工需要的条件。而长度方向的定位尺寸，标注 60 还是 5，即选择组合体左端面还是右端面作基准，需要考虑如下两个因素。

(1) 以加工精度高的作基准。

作为组合体，无法考虑加工精度。一般选择没有圆角的那一端。

(2) 其他条件相同的情况下，选择定位尺寸小的一端。

小尺寸便于测量，产生的各种误差相对较小。

综合上述两个方面选择组合体的右端面作基准，标注尺寸 5，而非 60。

3. 定位尺寸的个数

每一个基本体在长、宽、高三个方向都要有一个定位尺寸，即三个定位尺寸。但对称、共面、均布、贴合等图形表达清楚的不标注，使标注的尺寸和图形表达清楚上述关系，能唯一确定各基本体的位置。

图 3-40(a)、(b)、(c)所示三个组合体，左端都是半圆柱筒，右端都是圆柱筒，但两者之间的相对位置各不相同。图 3-40(a)需要标注三个定位尺寸；图 3-40(b)前后对称，减少一个定位尺寸；图 3-40(c)前后对称、上下平齐，减少两个定位尺寸，而图 3-40(d)所示圆柱筒不需要标注定位尺寸。

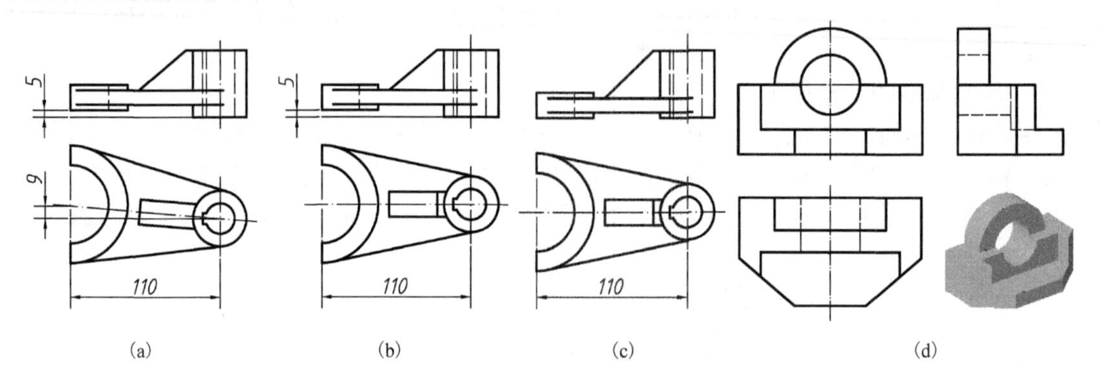

图 3-40　定位尺寸的个数

4. 总体尺寸的标注原则

总体尺寸，就是组合体的总长、总宽、总高尺寸。这要考虑如下两种情况。

(1) 总体尺寸兼有定形尺寸或定位尺寸的作用。标注了总体尺寸以后要减少一个定形或定位尺寸。

(2) 当端部是回转体时，标注轴线的定位尺寸，不标注总体尺寸。

如图 3-41(a)所示组合体，一定要标注总高尺寸 35，尺寸 10 和 15 只能标注一个。从纯几何角度看，这两个尺寸可以任选一个。如果作为一个零件，底板有两个圆柱孔，是安装螺栓的，需要使用尺寸 10，用不到尺寸 15。不管什么组合体，一般都会标注底板的厚度尺寸。

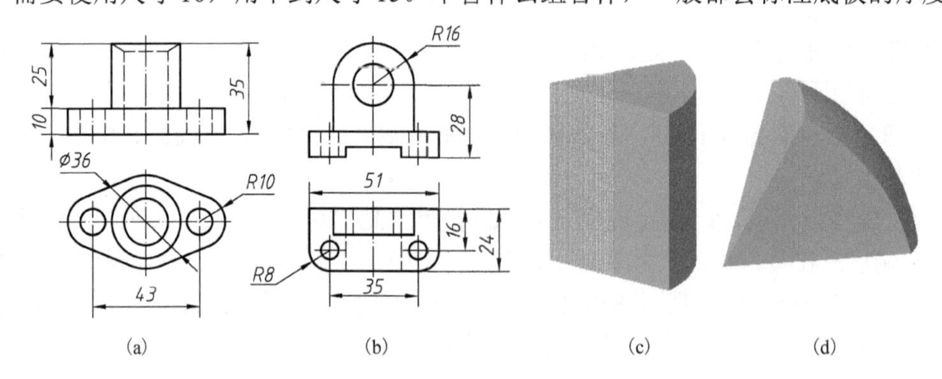

图 3-41　总体尺寸

图 3-41(a)、(b)中的尺寸 43、28，属于端部是回转体的情况，标注轴线的定位尺寸，不标注总体尺寸。因为画图、零件加工时用轴线定位，孔的位置尺寸是重要尺寸，需要标注。但图 3-41(b)，需要标注总宽尺寸 24，圆弧半径 8。尺寸 16 标注的是小圆的定位尺寸，并且不论圆弧和圆是否同心，都标注上述三个尺寸。这是因为孔的尺寸是重要尺寸，需要标注。*R*8 不是重要尺寸，绘图或加工时都是先矩形，再圆弧。

5. 尺寸的坐标形式

空间尺寸，有三种坐标形式。

(1) 直角坐标形式，标注长、宽、高尺寸。

(2) 柱坐标形式，标注直径(或半径)、角度、高度尺寸。

例如，图 3-41(c)所示柱体，是圆柱被两个过轴线的铅垂面截切形成的，需要标注半径、剖切面之间的夹角和圆柱高度三个尺寸。

其实圆柱标注直径和高度就是柱坐标标注形式，只是尺寸 360° 不用标注。

(3) 球坐标形式，标注直径(或半径)和两个角度。

例如，图 3-41(c)所示组合体，是球体被两个过球心的铅垂面、两个正垂面截切形成的，需要标注半径、铅垂面之间的夹角和正垂面之间的夹角三个尺寸。

球体标注直径也是球坐标标注形式，只是两个 360° 不用标注。

6. 标注组合体尺寸的要点

(1) 叠加形成的组合体，以基本体为单元标注尺寸，先标注定位尺寸，再标注定形尺寸。每一个基本体在长、宽、高三个方向各有一个定位尺寸。但对称、共面、均布、贴合等图中表达清楚的位置不标注。最终使尺寸和图形表达清楚的位置关系，能确定基本体的唯一位置。

基本体主要是直柱体。按标注平面图形尺寸的方法，在反映端面实形的视图上，集中标注(两个方向的)端面尺寸，在另一个视图上标注厚度。

先标注起定位作用的基本体。如图 3-42 所示组合体，先标注底板和圆柱筒，再标注立板和筋板。底板和圆柱筒，虽然在形状上没有依附关系，但由于尺寸基准在底板上，先标注底板的尺寸更为直观。

(2) 挖切形成的组合体，需要先标注原基本体的尺寸，再按挖切顺序，逐步标注用于挖切的基本体的定位尺寸、定形尺寸，切平面的位置尺寸。

【例 3-11】 标注图 3-39(a)所示组合体的尺寸。

(1) 形体分析。将组合体分解为图 3-42(a)所示的四个基本体。以基本体为单元进行标注。各基本体都是直柱体，需要按前面介绍的方法，依次标注定位尺寸、端面尺寸和一个厚度尺寸。

(2) 确定尺寸基准，如图 3-39(a)所示。

(3) 标注底板的尺寸，如图 3-42(b)所示。

① 标注定位尺寸。组合体的尺寸基准都在底板上，与底板的尺寸基准重合，定位尺寸都是零，不用标注。

② 标注定形尺寸。标注端面尺寸。外圈图线的尺寸：长 160，宽 130，圆弧半径 $R30$。内部四个圆孔的尺寸：长度方向两个定位尺寸 60、70，宽度方向定位尺寸 70(对称结构标总尺寸 70，不能标注两个 35)，定形尺寸直径 $\phi32$，直径相同标注个数。

标注厚度尺寸 25。可标注在主视图或左视图上。

(4) 标注圆柱筒的尺寸，如图 3-42(c)所示。

① 标注定位尺寸。长度方向尺寸 5，宽度方向图形对称不用标注尺寸，高度方向尺寸 120。

② 标注定形尺寸。标注端面尺寸：内外圆直径 $\phi50$、$\phi80$，可标注在主视图或左视图上。标注厚度尺寸 105。可标注在主视图或俯视图上。

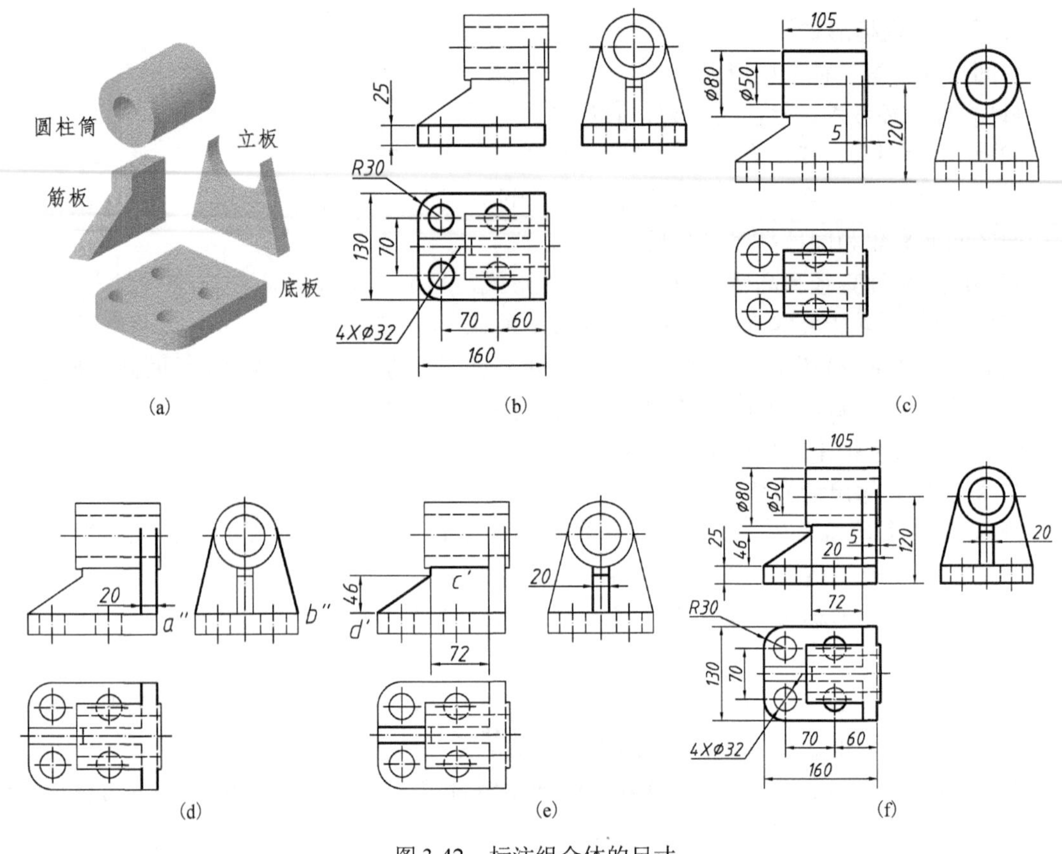

图 3-42　标注组合体的尺寸

> **提示**　圆柱筒的尺寸尽量集中标注在一个视图上，便于看图。

(5) 标注立板的尺寸，如图 3-42(d) 所示。

① 标注定位尺寸。长度方向与底板右端面平齐，宽度方向图形对称，高度方向与底板上端面贴合，三个方向都不用标注定位尺寸。

② 标注定形尺寸。端面尺寸不用标注尺寸：分别从 *a*''、*b*''点画圆的切线，不需要尺寸。标注厚度尺寸 20。标注在主视图上比俯视图上清晰。

(6) 标注筋板的尺寸，如图 3-42(e) 所示。

① 标注定位尺寸。长度方向与竖板的左端面贴合，宽度方向图形对称，高度方向与底板的顶面贴合，三个方向都不用标注定位尺寸。

② 标注定形尺寸。端面尺寸：水平线 *c*'是截交线，高平齐画出，不用标注高度尺寸。*d*'点在底板的左上角上，不需要尺寸。需要标注 72、46 两个尺寸。

标注厚度尺寸 20。标注在左视图上比俯视图上清晰。

最后完成的尺寸标注如图 3-42(f) 所示。

【例 3-12】　标注图 3-40(d) 所示组合体的尺寸。

(1) 形体分析。

组合体由上下两部分叠加形成。下部分由长方体逐步挖切形成。需要先标注长方体的尺寸，再按挖切顺序，逐步标注用于挖切的基本体的定位和定形尺寸，切平面的位置尺寸。

(2)确定尺寸基准。

选择组合体的左右对称面、后端面、底面，分别作长、宽、高方向的尺寸基准。

(3)标注长方体的尺寸，如图 3-43(a)所示。

① 标注定位尺寸。长方体自身的尺寸基准与组合体的重合，定位尺寸都是零，不用标注。

② 定形尺寸，标注长、宽、高三个尺寸。

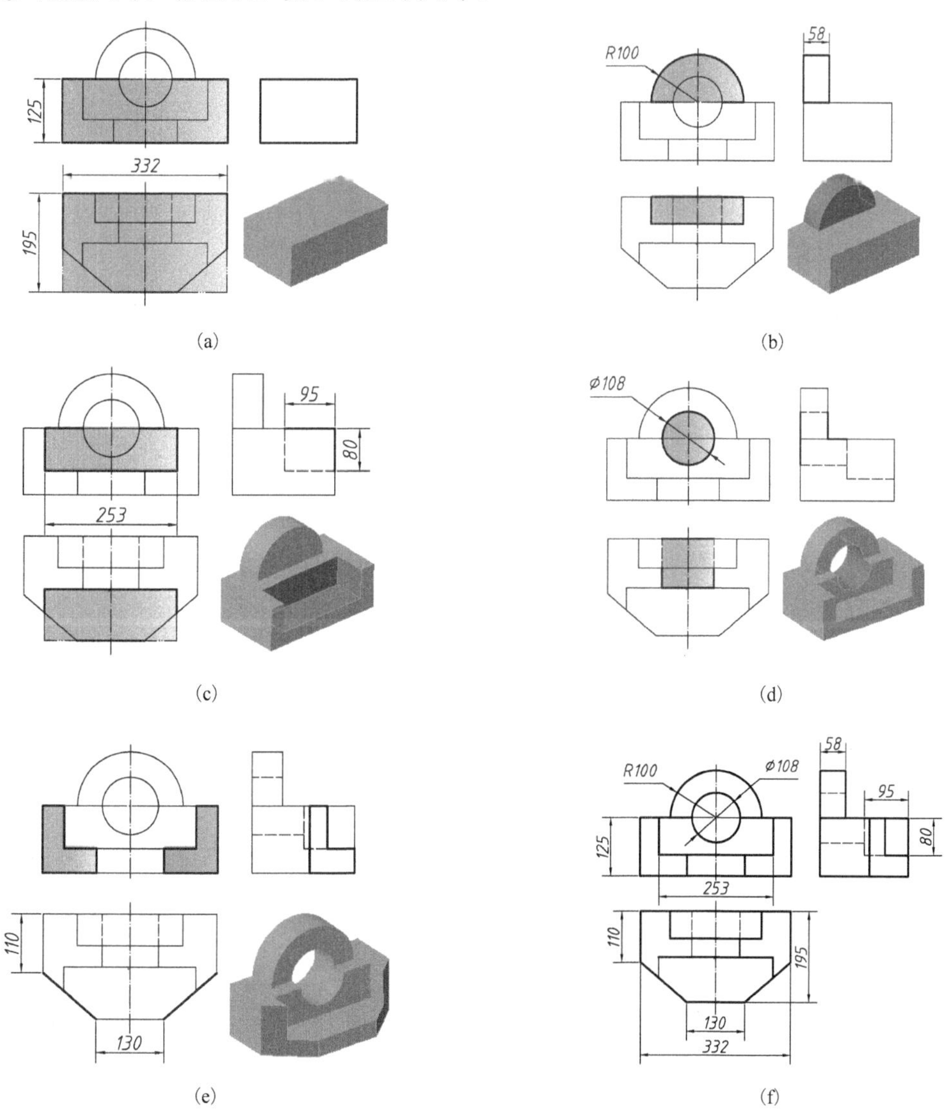

图 3-43　挖切形成组合体的尺寸标注

(4)标注上部半圆柱的尺寸，如图 3-43(b)所示。

① 标注定位尺寸。前面分析过，不需要标注定位尺寸。

② 标注定形尺寸。标注端面尺寸 $R100$(规定圆弧的半径尺寸必须标注在投影是圆弧的视图上)，圆心角 180° 不用标注。标注厚度尺寸 58，标注在左视图上比俯视图上清晰。

(5)标注挖去长方体的尺寸，如图 3-43(c)所示。

① 标注定位尺寸。左右对称，前、上端面与原长方体的平齐，不用标注定位尺寸。

② 标注定形尺寸。标注长、宽、高三个尺寸。长方体哪个面都可以看作端面，端面尺寸可标注在任意视图上。

(6) 标注挖去圆柱孔的尺寸，如图 3-43 (d) 所示。

① 标注定位尺寸。圆柱孔与已标注的半圆柱同轴，左右、上下不用定位尺寸；后端面与长方体的平齐，前后方向也不用标注定位尺寸。

② 标注定形尺寸。标注端面尺寸：直径 ϕ108；通孔不用标深度尺寸。

(7) 标注铅垂面截平面的尺寸，如图 3-43 (e) 所示。

截平面只标注定位尺寸，不能标注截交线的定形尺寸。两个铅垂截平面左右对称，标注对称尺寸 130(不能标注两个 65)，再标注前后定位尺寸 100。

标注的全部尺寸，如图 3-43 (f) 所示。

3.9.5 标注尺寸的几点注意事项

为了使标注的尺寸清晰，布置协调、美观，还需要注意如下几个问题。

(1) 端面尺寸，尽量标注在反映端面实形的视图上，如图 3-42 (b) 所示。

(2) 定位尺寸尽量与定形尺寸标注在同一视图上，如图 3-42 (b) 所示。

上一条将端面形状与大小集中在一个图上表达。本条将形状、定位尺寸、定形尺寸集中到一个图上，可以减少读图工作量，与上一条的目的相同。

(3) 尺寸一般标注在视图的外面。

由于尺寸数字不能被图线穿过，尺寸一般不标注在视图的里面，如图 3-44 (a) 所示。但当并联尺寸层数较多，尺寸界线过长，视图内图线不多，有标注空间时，建议将少量尺寸标注在视图里面，如图 3-44 (b) 的尺寸 19。如果尺寸数字被图线穿过，应当把图线断开，如图 3-44 (b) 的尺寸 2×ϕ7。

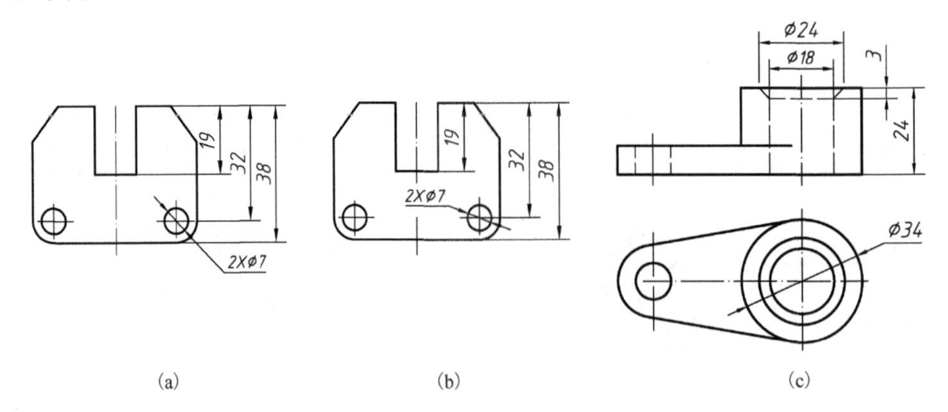

图 3-44　标注尺寸应注意的问题

(4) 同轴的圆柱、圆锥的直径尺寸，一般标注在非圆视图上，与厚度(深度)尺寸集中在同一个图上。当有多个直径尺寸时可以分散标注，如图 3-44 (c) 所示。

(5) 圆弧半径必须标注在投影为圆弧的视图上。图 3-45 (a) 所示 R16 应当标注在主视图上，不能标注在左视图上。

(6) 并联尺寸，小尺寸在内，大尺寸在外，避免尺寸交叉。图 3-45 (a) 主视图的尺寸标注正确，俯视图的错误。

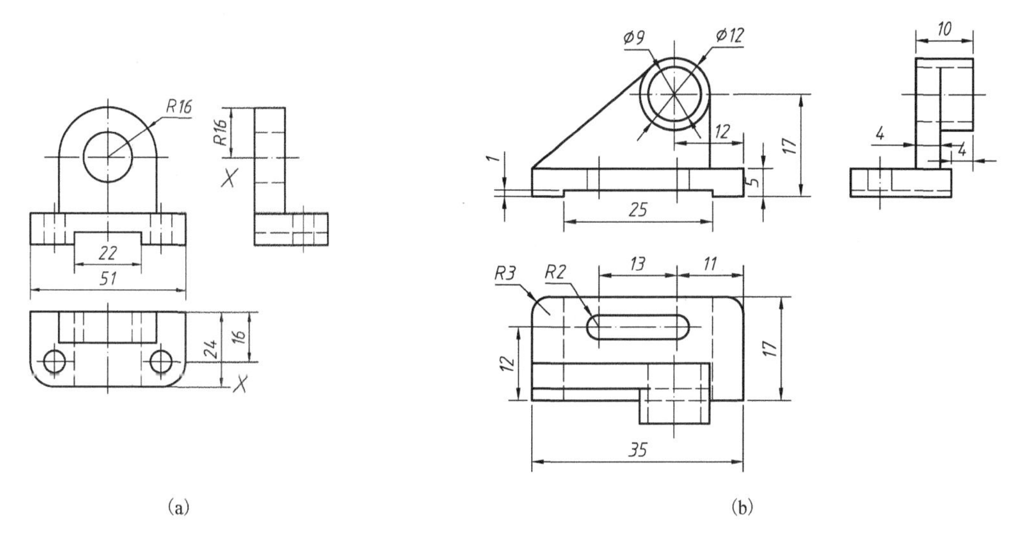

(a)　　(b)

图3-45　标注尺寸应注意的问题

(7)串联尺寸的箭头对齐，排成一条直线。如图3-45(b)俯视图中的尺寸13、11。

(8)在满足上述要求的前提下，使所有尺寸合理分布到所有的视图上，参见图3-45(b)。

思考题、预习题

3-1 判断下列各命题，正确的在(　)内打“√”，不正确的在(　)内打“×”

(1)形体分析法是人为地将组合体看成是基本体通过叠加、挖切形成的，因而形体分析无关紧要。　(　)

(2)作形体分析时，一个组合体的分解方案是唯一的。　(　)

(3)画立体的投影就是画其表面的投影。　(　)

(4)画组合体的三视图时，要以基本体为单元，将每一基本体的三个图一起画。　(　)

(5)平面立体截交线的边数等于与截平面相交的立体表面数(包括其他截平面)。　(　)

(6)平面立体截交线的端点在棱线上。　(　)

(7)求平面立体截交线端点的方法是在棱线上取点。　(　)

(8)画平面立体截交线时，进行空间分析的目的是确定截交线的边数及端点的位置。(　)

(9)截平面只要跟棱线相交，该棱线上就有一个端点。　(　)

(10)单一截平面被认为足够大。　(　)

(11)截交线是封闭的或开放的平面图形。　(　)

(12)同一立体被多个平面截切，要逐个截平面进行分析和作图。　(　)

(13)当圆柱面的投影积聚为圆时，柱面上的曲线，不管什么形状，其投影都在该圆上。　(　)

(14)画截交线或相贯线投影时，在相邻两条轮廓线之间只需要求一个一般位置点的投影。　(　)

(15)本章没有介绍，求出截交线或相贯线上点的投影以后，连接为曲线时，如何确定连接顺序。　(　)

(16) 双曲线和抛物线的画法相同，画它们的投影时不用区分是哪种曲线。　( )

(17) 球表面的截交线有时是椭圆。　( )

(18) 画相贯线投影的基本方法是在立体表面取点。　( )

(19) 当两圆柱轴线垂直相交时，相贯线是椭圆。　( )

(20) 看图的关键是形体分析。　( )

(21) 有时尺寸可以帮助判断立体形状。　( )

(22) 直柱体的形状=端面形状+厚度。　( )

(23) 有一个投影是矩形方框的立体是直柱体。　( )

(24) 有两个投影是圆的立体是球。　( )

(25) 经过多次挖切形成的组合体，对其作形体分析时，一定要找一个挖切步骤最少的初始基本体。　( )

(26) 补画视图需要先看懂形状，再按形体分析法，以基本体为单元补画视图，或按挖切顺序，逐步补画视图。　( )

(27) 看组合体视图，通常先作形体分析，再作线面分析。　( )

(28) 线面分析法看图主要以线为单元进行分析、看图。　( )

(29) 有时需要标注截交线、相贯线的尺寸。　( )

(30) 尺寸基准是定位尺寸的起点或终点。　( )

(31) 定位尺寸是组合体的尺寸基准与基本体的点或线之间的距离。　( )

(32) 有的尺寸既是定位尺寸，又是定形尺寸。　( )

(33) 平面图形的尺寸有直角坐标和极坐标两种形式。　( )

(34) 标注尺寸时必须分辨清楚中间线段或连接线段，因为这两种线段需要标注的尺寸个数不同。　( )

(35) 按本章介绍的方法标注尺寸，如果选择不同的画图顺序，图形需要标注的尺寸可能会有所变化。　( )

(36) 通常选择零件的对称平面、底面、轴线、大端面作为尺寸基准。　( )

(37) 在同一方向只能有一个尺寸基准。　( )

(38) 定位尺寸是基准与基准之间的距离，绝不是任意两线、两点之间的距离。　( )

(39) 可以通过相切确定的圆心、切点等不能标注尺寸。这些尺寸不仅是多余的，而且如果按标注的尺寸画图或加工机件，由于存在各种误差，将无法实现相切。　( )

(40) 构成组合体的基本体主要是直柱体，按标注平面图形尺寸的方法，在反映端面实形的视图上，集中标注端面尺寸(两个方向的)，在另一个视图上标注厚度尺寸。　( )

(41) 标注组合体的尺寸，以基本体为单元进行标注，先标注起定位作用的基本体的尺寸；每一基本体先标注基本体的定位尺寸，再标注定形尺寸。　( )

(42) 挖切形成的组合体，需要先标注原基本体的尺寸，再按挖切顺序，逐步标注用于挖切的基本体的定位、定形尺寸，切平面的位置尺寸。　( )

3-2 不定项选择题(在正确选项的编号上画“√”)

(1) 需要作形体分析的场合：

A．画图　　B．看图　　C．标注尺寸　　D．画相贯线

(2)叠加形成的组合体的相接方式可能有：

A．平齐　B．相交　C．相切　D．穿孔

(3)影响截交线形状的因素有：

A．被截切立体的形状　B．截平面与立体的相对位置

(4)影响截交线投影的因素有：

A．截平面的位置　B．被截立体与投影面的相对位置

C．被截立体的形状

(5)圆柱表面截交线的形状可能是：

A．直线　B．圆　C．椭圆　D．双曲线

(6)当截交线的投影是椭圆弧时，可能需要求____的投影？

A．轮廓线上的点　B．端点　C．一般位置点　D．极限位置点

(7)画组合体截交线最关键的一步是：

A．形体分析　B．求轮廓线上的点的投影

C．求极限位置点的投影

(8)当两圆柱轴线垂直、相交时，相贯线：

A．绕小圆柱表面一周，凸向大圆柱的轴线

B．小圆柱半径越大，相贯线越靠近大圆柱的轴线

C．当两圆柱直径相等时，相贯线是一个椭圆

(9)两等径圆柱的轴线十字形相交、丁字形相交、L 形相交时，相贯线分别是：

A．一个椭圆、两个半椭圆、两个半椭圆

B．两个椭圆、两个半椭圆、一个椭圆

C．两个半椭圆、两个半椭圆、一个椭圆

(10)对画相贯线的投影，如下表述正确的有：

A．相贯线是光滑的，无尖角　B．画曲线时不一定严格通过所求点

C．使曲线到各点的距离之和最小　D．各视图连接顺序相同

(11)判断相贯线可见性的原则是：

A．形成相贯线的一个立体可见，相贯线可见

B．形成相贯线的所有立体可见，相贯线可见

C．形成相贯线的一个立体不可见，相贯线不可见

D．形成相贯线的一个立体不可见，相贯线可见

(12)看图的理论基础主要包括：

A．判断直线、平面之间的相对位置　B．判断直线、平面与投影面的相对位置

C．判断平面实形　D．判断平面之间的相对位置

(13)看图的关键点包括：

A．把所有相关视图联系起来　B．形体分析，分部分看

C．对着一个视图冥思苦想　D．线面分析

(14)____个投影是圆，立体一定是球。

A．1　B．2　C．3

(15) 看图时先在主视图上将组合体试分为若干基本体，因为：

A．主视图反映组合体的形状特征最多　　B．看图习惯　　C．硬性规定

(16) 分析基本体结合部位的形状，包括：

A．截交线的形状　　B．相贯线的形状　　C．相切、共面处的分界处

(17) 根据可见性可以推断立体的：

A．形状的变化趋势　　B．中凹的还是中凸的　C．交线形状

(18) 本章介绍的线面分析法包括：

A．根据可见性看图　　B．根据交线看图　　C．根据线面的投影特点看图

D．分析相贯线的形状

(19) 标注尺寸时要遵守“国家标准的有关规定”，包括：

A．对尺寸组成要素的规定　　B．字体的规定

C．圆要标注直径　　D．直径相同的圆、圆弧要标注个数

(20) 组合体的尺寸标注的基本要求：

A．正确　　B．齐全　　C．清晰　　D．美观

(21) 组合体中的一个基本体需要____个定位尺寸：

A．1　　B．2　　C．3　　D．不固定

(22) 本章介绍的直柱体需要标注的尺寸是：

A．端面尺寸　　B．厚度尺寸　　C．长度尺寸　　D．其他尺寸

(23) 圆和大于 180° 的圆弧要标注：

A．直径　　B．半径　　C．直径、半径均可

(24) 基本体端面尺寸的形式有：

A．直角坐标　　B．极坐标　　C．柱坐标　　D．球坐标

(25) 组合体的尺寸的形式有：

A．直角坐标　　B．极坐标　　C．柱坐标　　D．球坐标

(26) 采用哪种尺寸形式标注尺寸，决定因素是：

A．图形的结构特点　　B．图形的复杂程度　　C．任意

(27) 标注平面图尺寸的要点有：

A．确定适当的画图顺序

B．按照国家标准的有关规定，标注画各条线段需要的全部条件

C．图上能直接看出的条件不标注

D．采用适当的尺寸形式

(28) 标准尺寸时，图上能直接看出的条件不用标注，包括：

A．水平、铅垂　　B．垂直、平行　　C．180°、360°　　D．等分、对称

(29) 标注组合体的总体尺寸应当遵循的标注原则：

A．总体尺寸兼有定形尺寸或定位尺寸的作用，标注了一个总体尺寸要减少一个定形或定位尺寸

B．当端部是回转体时，标注轴线的定位尺寸，不标注总体尺寸

C．总体尺寸是总长、总宽、总高尺寸，每一组合体要标注三个总体尺寸

(30)每一个基本体在长、宽、高三个方向各有一个定位尺寸，但图中表达清楚的位置不标注，包括：

A．对称　　B．共面　　C．均布　　D．贴合

(31)为了使标注的尺寸清晰，布置协调、美观，需要注意的问题有：

A．端面尺寸尽量标注在反映端面实形的视图上

B．定位尺寸尽量与定形尺寸标注在同一视图上

C．尺寸一般标注在视图的外面

D．圆弧半径必须标注在投影为圆弧的视图上

E．并联尺寸的大尺寸在内，小尺寸在外；串联尺寸的箭头对齐，排成一条直线

F．尽量使所有尺寸合理分布到所有的视图中

3-3 归纳与提高题

(1)为什么画组合体的三视图时，要以基本体为单元，将每一基本体的三视图一起画？

(2)说明三视图的加深顺序及理由。

(3)如何确定平面立体截交线的边数？

(4)简述画平面立体截交线的主要方法与步骤。

(5)简述画回转体截交线的主要方法与步骤。

(6)简述画相贯线的主要方法与步骤。

(7)如何判断轮廓线被截掉的部分？

(8)何为利用积聚性作图？

(9)总结判断基本体是柱体的方法。

(10)说明三棱柱与三棱锥、圆柱与圆锥投影的异同之处。

(11)总结、归纳叠加形成组合体的看图要点。

(12)总结、归纳挖切形成组合体的看图要点。

(13)简述找平面对应投影的方法。

(14)用“试分法”看图，如何判定试分的正确性？

(15)总结叠加形成组合体的尺寸标注方法。

(16)总结挖切形成组合体的尺寸标注方法。

3-4 第4章预习题

(1)轴测图是否为正投影图？

(2)画正等轴测图的关键点。

(3)分析画弧圆和圆角轴测图的区别与联系。

第4章　轴　测　图

以前介绍的投影图为正投影图，它能完整、准确地反映物体的形状和大小，但立体感差，有时工程上还用一种立体感较强的轴测图来表达物体的形状，如图4-1(a)所示。

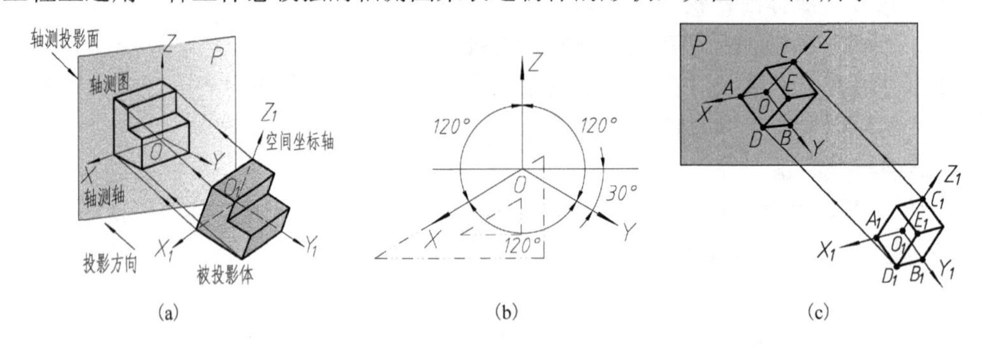

图4-1　轴测图

轴测图是使物体或投影线倾斜于投影面，用平行投影法得到的单面投影图。这种图形能同时看到被投影体的三个方向的端面形状，具有较强的立体感。但由于不能反映基本体的端面实形，度量性差，作图麻烦，不便于表达复杂立体的形状，一般只作辅助图样。例如，看图时，可以边分析边画轴测图，帮助看懂基本体相交处的形状、挖切形成的截交线等。

4.1　轴测图基础

1. 轴测图的形成

轴测图是将物体放入坐标系中，使物体或投影线倾斜于投影面，用平行投影法，将物体和坐标系一起向一个投影面投影，得到的投影图，如图4-1(a)所示。

2. 轴测轴和轴间角

坐标轴在轴测投影面P上的投影OX、OY、OZ称为轴测轴。两轴测轴之间的夹角$\angle XOZ$、$\angle XOY$、$\angle YOZ$称为轴间角，如图4-1(b)所示。

3. 轴向变化率(也称轴向伸缩系数)

轴向变化率是轴测轴上的线段长度与物体上对应线段长度之比。如图4-1(c)所示，X轴的轴向变化率$p=OA/O_1A_1$，Y轴的轴向变化率$q=OB/O_1B_1$，Z轴的轴向变化率$r=OC/O_1C_1$。

4. 轴测图的性质

轴测图是平行投影图，具有前面介绍的平行投影图的所有性质，常用如下两条。

(1)空间平行的直线，它们的轴测投影还平行。

(2)空间平行于坐标轴的直线，其轴测投影的变化率与该坐标轴的变化率相等。

例如，$BD/B_1D_1=OA/O_1A_1=p$，$AD/A_1D_1=OB/O_1B_1=q$，$DE/D_1E_1=OC/O_1C_1=r$，如图4-1(c)所示。

4.2　正等轴测图

轴测图根据形成方案的差异分为多种，最常用的是正等轴测图。

4.2.1　正等轴测图基础

1. 正等轴测图的形成

正等轴测图是当三个坐标面与轴测投影面的倾角都相等时，得到的正投影图。

2. 轴间角

由于三个坐标轴与投影面的倾角相等，轴间角相等：$\angle XOZ=\angle XOY=\angle YOZ=120°$，如图 4-1(b)所示。

3. 轴向变化率

由于三个坐标轴的倾角相等，轴向变化率也相等。据计算，轴向变化率：$p=q=r=0.82$。这样所有与坐标轴平行的直线，在轴测图上的长度都变为实长的 0.82。为了简化作图，将此比率放大到 1。这样画出来的轴测图形状不变，只是放大了 1/0.82≈1.22 倍，相当于按 1.22∶1 的比例画轴测图。

4. 正等轴测图的性质

正等轴测图具有如下性质。这是画正等轴测图的方法依据。

(1) 平行线的轴测投影平行。

(2) 平行于坐标轴的直线，在正等轴测图上等于实长。

提示　将这种图形称为轴测图的原因就是画图时将立体和坐标轴一起投影，沿坐标轴方向测量尺寸。

4.2.2　平面立体正等轴测图的画法

将轴测图中的直线，按其与坐标轴是否平行，选择不同的画法。

(1) 与坐标轴平行的直线，在正等轴测图上：①与轴测轴平行；②长度等于实长。

(2) 与坐标轴不平行的直线，分为两种情况：①端点在与坐标轴平行的直线上，先画平行的直线，再在直线上按实际尺寸取点，如图 4-2(d)中的直线 AB、CD 等；②端点不在与坐标轴平行的直线上的，根据坐标值确定端点，连接端点得直线的轴测投影，如图 4-3 中的 SB。

【例 4-1】　画图 4-2(a)所示六棱台的正等轴测图。

画图思路是，先画棱台的两个端面的轴测投影，再连接边的端点得到棱线的轴测投影。

(1) 创建放置六棱台的坐标系，在投影图中画出坐标系的投影，如图 4-2(b)所示。

确定坐标原点的位置和坐标轴的方向，以方便作图为原则，一般可遵循如下原则。

① 坐标原点一般放在中心线的交点上或长方体前端面的左下角点上。

② 坐标轴的方向与尽可能多的棱线平行。

(2) 画底面的轴测投影，如图 4-2(c)、(d)所示。

底面端点有两个在轴测轴上，四个在与轴测轴平行的直线上。

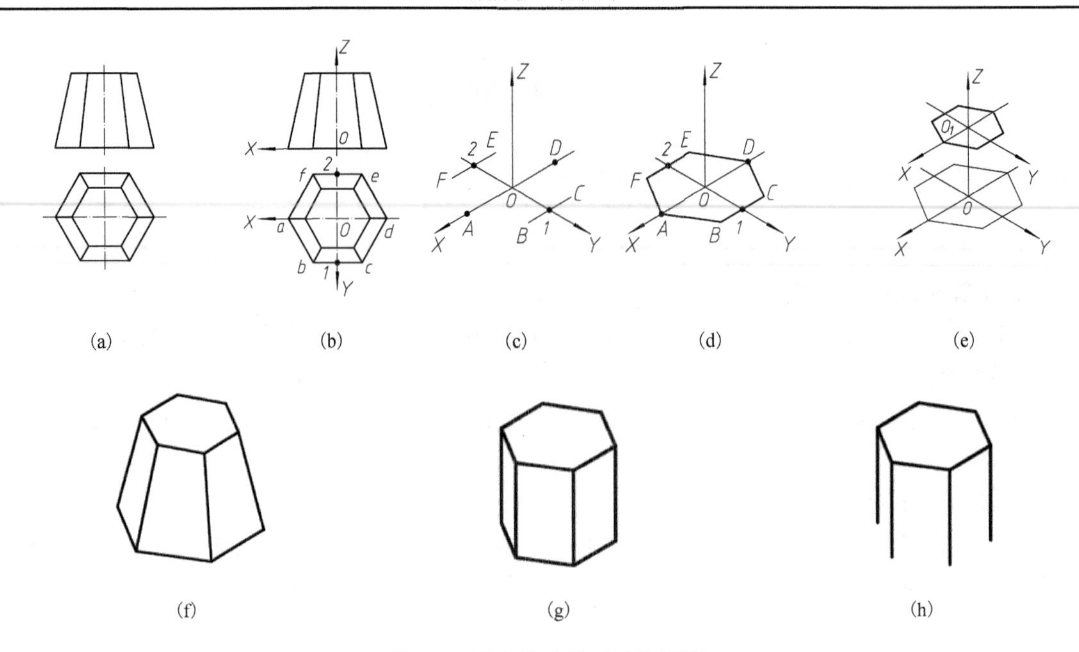

(a)　(b)　(c)　(d)　(e)

(f)　(g)　(h)

图 4-2　画六棱台的正等轴测图

①画轴测轴。②在 X 轴上，按 OA、OD 的实长确定 A、D。③在 Y 轴上，按实长确定 BC、EF 的中点 1、2。④分别过 1、2 点作 X 轴的平行线，在其上按实长确定 B、C、E、F 点。⑤连接各端点得底面的轴测投影。

(3) 平移轴测轴 X、Y，距离 OO_1 等于棱台的高度，按上述方法画上端面的轴测投影，如图 4-2(e) 所示。

(4) 连接上下端面的对应顶点，得棱线的轴测投影。不画看不见的棱线，如图 4-2(f) 所示。

提示　在轴测图上一般不画虚线。下端面 D、E 点的轴测投影可不画。如果先画可见端面(本例为上端面)的轴测投影，会更清楚哪些点、线可以不画。

对于图 4-2(g) 所示六棱柱，没有必要画两个端面投影。可以先画上端面的轴测投影，再画可见棱线的投影，如图 4-2(h) 所示，连接端点，得下端面的投影。

【例 4-2】　画图 4-3(a) 所示三棱锥的正等轴测图。

(1) 创建放置坐标系，标注端点投影，如图 4-3(b) 所示。

(2) 求锥顶 S 的轴测投影，参考图 4-3(c)。

在投影图上测量 S 点的三个坐标值，如图 4-3(c) 所示。沿 OX 轴量取 OS_x=260，过点 S_x 作 $S_xS_y//OY$，使 S_xS_y=112，过点 S_y 作 $S_yS_z//OZ$，使 S_yS_z=535。

(3) 求底面三点的轴测投影，参考图 4-3(c)。

① C 点在坐标原点；A 点在 X 轴上，按实长确定位置。

② 比照 S 点求 B 点的轴测投影。

(4) 连接各点得三棱锥的轴测图，如图 4-3(d) 所示。

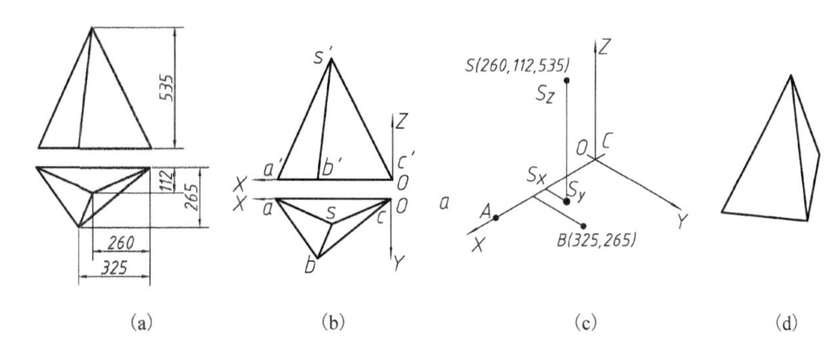

图 4-3 画三棱锥的正等轴测图

4.2.3 回转体正等轴测图的画法

由于正等轴测图的三个坐标面都倾斜于投影面，因而平行于坐标面的圆的轴测投影都是椭圆，如图 4-4(a)所示。

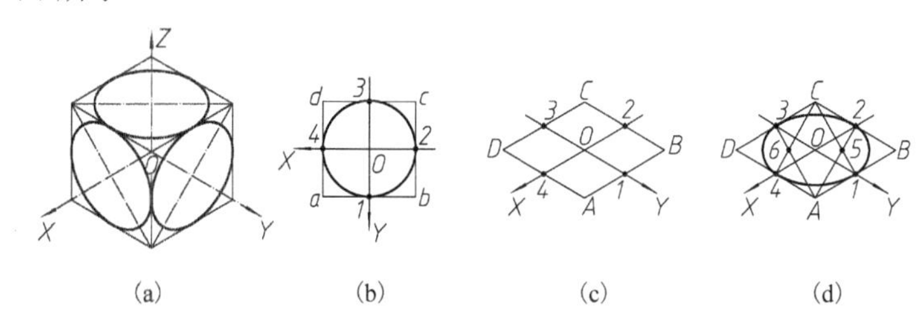

图 4-4 圆的轴测投影

1. 圆的轴测投影

圆的轴测投影用图 4-4(d)所示的四段圆弧 12、23、34、41 的轴测投影(简化为圆弧)表示，是一种近似画法，称为四心棱形法。作图步骤如下。

(1)在投影图中画圆的外切正方形，如图 4-4(b)所示。

(2)画外切正方形的轴测图，在轴测轴上按实长确定各边的中点，作 X、Y 轴的平行线，如图 4-4(c)所示。

(3)确定四段圆弧的圆心、端点(切点)和半径，画圆弧，如图 4-4(d)所示。将棱形的角点 A、C 分别与对边中点相连，交点 5、6 是小圆弧的圆心，棱线边的中点是圆弧的端点。以 5 为圆心，51 为半径画圆弧 12；以 A 为圆心，2A 为半径画圆弧 23；圆弧 34、41 的画法分别与 12、23 的相同。

【例 4-3】 画图 4-5(a)(无坐标系、字母)所示组合体的正等轴测图。

画挖切形成的组合体的轴测图，需要先画原立体的轴测图，再画截平面和截交线的轴测投影，再擦去切掉的轮廓线等图线，如图 4-5 所示。该立体的截面分别与圆柱轴线垂直或平行，交线分别是圆弧或直线。

(1)创建放置坐标系，标注点的投影，如图 4-5(a)所示。

(2)画圆柱。

① 用上面介绍的四心棱形法，画圆柱上端面圆的轴测投影，参见图 4-5(b)。

② 将上述四段圆弧的圆心和端点向下平动，距离等于圆柱的高度，画下端面圆的轴测投影，参见图 4-5(b)。这是因为圆柱上、下端面的轴测投影是相同的两个椭圆，各用四段分别相同的圆弧表示。

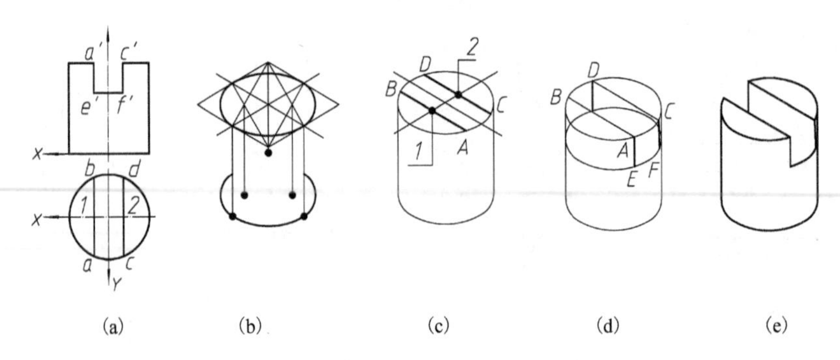

(a)　(b)　(c)　(d)　(e)

图 4-5　回转体轴测图

③ 画两椭圆的外切线，擦去不可见的轮廓线，完成圆柱的轴测图。参见图 4-5(c)。

(3) 画截交线。

① 画截交线 AB、CD，参见图 4-5(c)。按实际尺寸在 Y 轴上确定 1、2 点。分别过 1、2 点画与 Y 轴平行的直线，与椭圆的交点就是截交线的端点 A、B、C、D。

② 再用平移法画椭圆 EF(截交线所在圆的轴测投影)，平移距离等于槽深 AE，参见图 4-5(a)、(d)。

③ 分别过点 A、C、D 画平行于 Z 轴的直线与椭圆 EF 相交，参见图 4-5(d)。

④ 擦去多余的图线，完成截交线作图，参见图 4-5(e)。

(4) 擦去切掉的轮廓线等图线，加深图线，完成作图，如图 4-5(e)所示。

2. 圆角的正等轴测投影

这里的圆角是与两直角边相切的 1/4 圆弧。其轴测投影就是四心棱形法中的一条圆弧，例如图 4-6(a)、(c)标注的圆弧 34。从图 4-6(a)可以看出，棱形的顶点与对边中点的连线与该边垂直，由此得出画圆角正等轴测投影的方法：①在棱形边上，在到角点的距离等于半径处作垂线，两垂线的交点是圆心；②垂足是圆弧的端点和切点。

【例 4-4】　根据图 4-6(b)所示投影图，画该立体的正等轴测图。

(1) 创建坐标系，画长方体的正等轴测图，参见图 4-6(c)。

(2) 画前表面的两个圆角，参见图 4-6(c)。

截取 $4D=3D=2C=3C=$圆角半径 R，分别过 4、3、3、2 点作垂线，求得交点 O_1、O_2，分别以 O_1、O_2 为圆心，$3O_1$、$2O_2$ 为半径画圆弧，如图 4-6(c)所示。

(3) 用平移法，画后端面的两个圆角，如图 4-6(d)所示。

沿 Y 方向平移圆弧的圆心、端点，平移距离等于长方体的厚度。

(4) 画右面两圆弧的公切线，擦去多余的图形，加深，如图 4-6(e)所示。

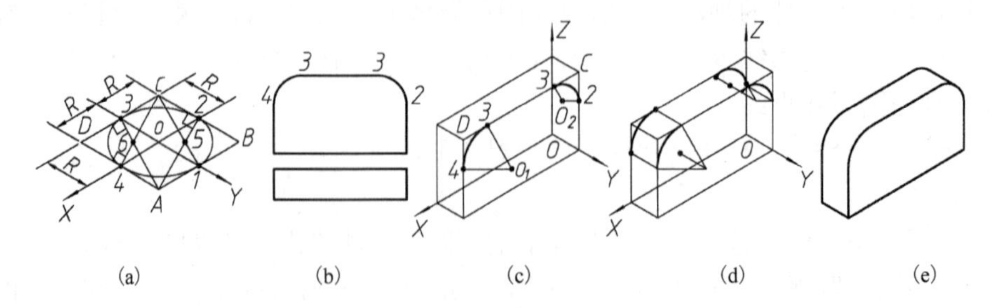

(a)　(b)　(c)　(d)　(e)

图 4-6　圆角的正等轴测图

4.2.4　组合体的正等轴测图

画组合体的轴测图的顺序与画正投影图的相同。对于叠加形成的组合体，以基本体为单元，逐个绘制每一基本体的轴测投影，再画结合处的轴测投影。每一基本体要按定位尺寸，画在要求的位置。挖切形成的组合体，先画原基本体，再按挖切顺序，逐步绘制参与挖切的基本体、截平面及截交线的轴测投影。

【例 4-5】　根据图 4-7(a)所示投影图，画该立体的正等轴测图。

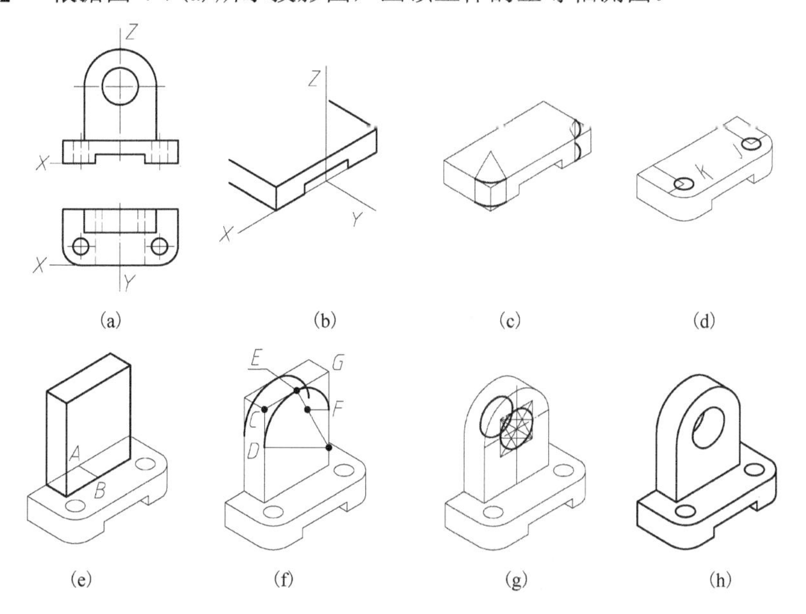

(a)　(b)　(c)　(d)

(e)　(f)　(g)　(h)

图 4-7　组合体正等轴测图

该组合体分为上、下两部分，上部分就是一个直柱体，下部分看成是在“凹”字形直柱体上，作两个圆角，再挖两个孔，这也是该部分的作图顺序。

(1)创建坐标系，如图 4-7(a)所示。

(2)画“凹”字形直柱体，参见图 4-7(b)、(c)。

按实际尺寸画前端面(棱线分别平行于 X 轴、Z 轴)，按实长画平行于 Y 轴的可见棱线。连接棱线的端点，形成后端面。

(3)按例 4-4 所述方法画圆角的轴测投影，如图 4-7(c)所示。

(4)按实际尺寸画平行于棱边的辅助线，确定圆心，用四心棱形法，画椭圆 J、K，如图 4-7(d)所示。

> **提示**　画完一个基本体以后，可以用棱边替代坐标轴。图 4-7(c)～(h)中擦除了坐标轴，以精简图面。

(5)按前端面、棱线、后端面上的顺序，画长方形，如图 4-7(e)所示。

过棱线的中点 A 作 AB 平行于 Y 轴，使 AB 等于实长，确定前端面通过的点。

(6)用画圆角的方法画半圆的轴测投影，如图 4-7(f)所示。

使 $CD=FG=$圆角半径，确定 D、F 点。分别过 D、F、中点 E 作垂线，求得圆心，分别以圆心到 D、F 的距离为半径画圆弧。用平移法，画后端面半圆的轴测投影。

> 提示　由于画圆的轴测投影时用到许多辅助线，如果直接画前端面的半个圆的轴测投影，反而影响作图效率。

(7) 画两半圆的切线，擦去不可见轮廓线，参见图 4-7(g)。

(8) 画圆柱孔，如图 4-7(g) 所示。

过棱边的中点作平行于 Z 轴的辅助线，在其上按实长确定椭圆的中心。用四心棱形法画前端面圆的轴测投影。用平移法，画后端面的椭圆。详见例 4-3。

(9) 擦去辅助线，修正图线，加深轮廓线，完成作图，如图 4-7(h) 所示。

4.3　斜二等轴测图

斜二等轴测图与正等轴测图的画法基本相同，不同的只是轴间角和轴向变化率。

4.3.1　斜二等轴测图基础

1. 斜二等轴测图的形成

斜二等轴测图是，将物体所在坐标系的 $X_1O_1Y_1$ 面与轴测投影面 P 平行，投影方向与 P 呈 135° 角，得到的平行投影图，如图 4-8(a) 所示。

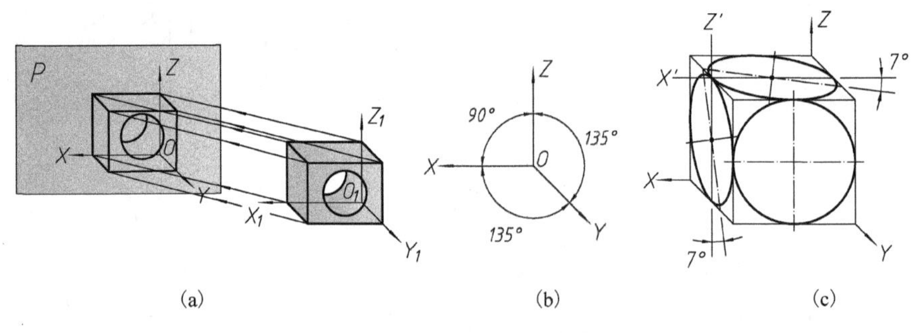

图 4-8　斜二等轴测图

2. 轴间角和轴向变化率

由于 $X_1O_1Y_1$ 面与投影面 P 平行，该面的投影反映实形。坐标轴投影后轴间角：$\angle XOZ = 90°$，$\angle XOY = \angle YOZ = 135°$，如图 4-8(b) 所示。

X、Z 方向的轴向变化率 $p = r = 1$，Y 方向的轴向变化率 $q = 0.5$。

由于 $p = r = 1$，立体平行于 P 的端面的轴测投影反映实形。非常适合表达只有一个端面有圆或圆弧的立体。

4.3.2　圆的斜二等轴测图

由于 $X_1O_1Y_1$ 面与轴测投影面 P 平行，另外两个坐标面与 P 倾斜，因而圆的斜二等轴测投影，分别为圆或椭圆，如图 4-8(c) 所示。

① 平行于 V 面的圆，轴测投影为圆，反映实形。

② 平行于 H 面的圆，轴测投影为椭圆。椭圆心在其外切正方形的中心上，长轴与 X 轴的夹角为 7°。长轴≈$1.06d$(圆的直径)，短轴≈$0.33d$。

③ 平行于 W 面的圆，轴测投影为椭圆。长轴与 Z 轴的夹角为 7°，其他参数与平行于 H 面的圆的相同。

由于两个椭圆的作图相当烦琐，所以当物体这两个方向上有圆或圆弧时，一般画正等轴测图，只有一个方向上有圆或圆弧时，才画斜二等轴测图。

4.3.3　斜二等轴测图的画法

【例 4-6】　根据图 4-9(a)所示投影图，画斜二等轴测图。

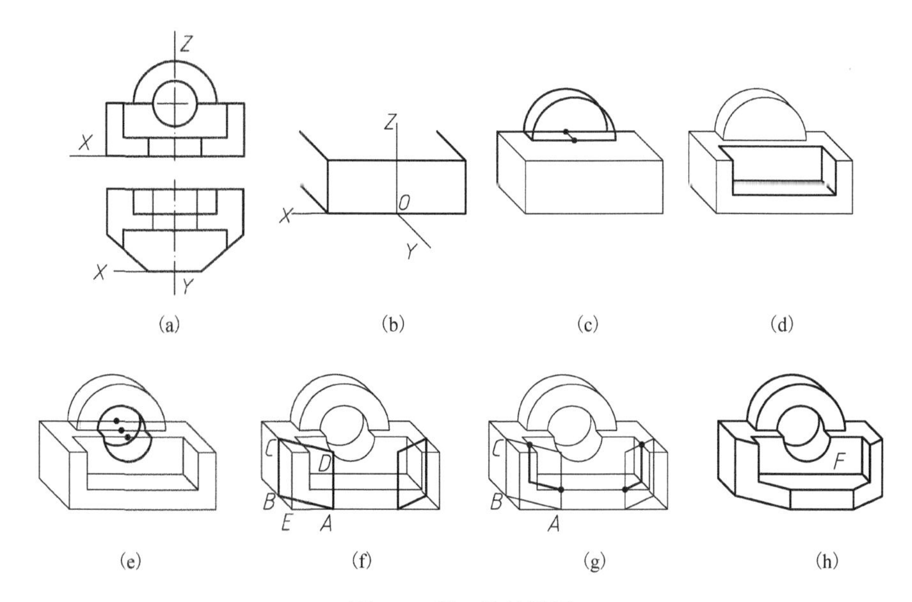

图 4-9　斜二等轴测图

本例图只有一个方向有圆和圆弧，非常适合画斜二等轴测图。

该立体下部分由长方体逐步挖切而成，先画长方体，再按挖切顺序逐步画参与挖切的基本体、截平面及截交线的轴测投影。

(1) 创建坐标系，如图 4-9(a)所示。

(2) 画原长方体，参见图 4-9(b)、(c)。

① 画轴测轴，$\angle XOZ=90°$，$\angle XOY=135°$，如图 4-9(b)所示。

② 按实形画长方体的前端面，取实长的一半，画平行于 Y 轴的棱线，如图 4-9(b)所示。

③ 连接棱线的端点，生成长方体的后端面。

(3) 画上半圆柱，参见图 4-9(c)、(d)。

① 以棱线的中点为圆心，按实际尺寸画后端面的半圆；按实际距离的一半，沿 Y 方向确定圆心，按实际尺寸画前端面的半圆；连接端点画直线。

② 画两半圆的切线，擦去不可见轮廓线。

(4) 按前端面、棱线、后端面的顺序，画长方形槽，如图 4-9(d)所示。

(5) 画圆柱孔，如图 4-9(e)所示。

取边的中点为圆心，按实际尺寸画两个半圆、后端面圆的可见部分，连接半圆的端点画直线。

(6) 擦去多余的图线，画两个截平面，如图 4-9(f)所示。

画 AB：按实际尺寸在 EA 上取 A 点，按实际尺寸的一半在 EB 上取点 B。过 B 作铅垂线交棱线于 C 点。作 $CD//BA$，$AD//BC$ 确定 D 点。

用同样方法画右面的截平面。

(7) 画截交线：过截平面与棱线的交点，画 AB、BC 的平行线，如图 4-9(g) 所示。

提示　两平行面与第三平面相交，交线平行。平行直线在轴测图上还平行。

(8) 擦去多余的图线，修正图线长度，加深轮廓线，完成作图，如图 4-9(h) 所示。

例如，画出 L 形截交线后，水平轮廓线 F 需要向左延长。

思考题、预习题

4-1 判断下列各命题，正确的在（　）内打"√"，不正确的在（　）内打"×"

(1) 轴测图是用平行投影法得到的单面投影图，能同时看到被投影体的三个方向的端面形状，具有较强的立体感。（　）

(2) 轴测图度量性差，作图麻烦，便于表达复杂立体的形状，一般只作辅助图样。（　）

(3) 正等轴测图与三视图的形成方法相同，因为都是正投影图。（　）

(4) 由于正等轴测图的三个坐标轴与投影面的倾角相等，因而轴间角相等。（　）

(5) 在正等轴测图上，平行于坐标轴的直线等于实长，相当于按 1.22∶1 的比例画图。（　）

(6) 在正等轴测图上，与坐标轴平行的直线的正等轴测投影与轴测轴平行，长度等于实长。（　）

(7) 画与坐标轴不平行的直线的正等轴测图的方法是，如果直线端点在与坐标轴平行的直线上，先画平行的直线，再在直线上按实际尺寸取点；如果端点不在的，根据坐标值确定端点，连接端点得直线的轴测投影。（　）

(8) 轴测图上不能遗漏虚线。（　）

(9) 画挖切形成的组合体的轴测图，需要先画原立体的轴测图，再画截平面和截交线的轴测投影，再擦去切掉的轮廓线等图线。（　）

(10) 本章介绍的圆角轴测面图的画法，只能画与两直角边相切的 1/4 圆弧的正等轴测投影。（　）

(11) 画组合体的轴测图的大致顺序，与画其正投影图的基本相同。（　）

(12) 斜二等轴测图与正等轴测图的画法基本相同，不同的是轴间角和轴向变化率。（　）

(13) 由于斜二等轴测图中椭圆的作图相当烦琐，一般不画圆或圆弧的斜二等轴测图。（　）

(14) 立体只在一个方向上有圆或圆弧时，才画斜二等轴测图。（　）

(15) 斜二等轴测图的 $X_1O_1Y_1$ 面与轴测投影面 P 平行，与 $X_1O_1Y_1$ 平行的平面的轴测投影反映实形。（　）

4-2 不定项选择题（在正确选项的编号上画"√"）

(1) 画轴测图时，轴测轴的方向与尽可能多的棱线平行，坐标原点大多放置在：

A．前端面的左下角点　　B．前端面的右下角点

C．后端面的左下角点　　D．后端面的右下角点

(2) 斜二等轴测图的轴向变化率

A．$p = r = 1$，$q = 0.5$　　　　B．$p = r = 0.82$，$q = 0.5$

4-3 归纳与提高题

(1) 总结、归纳组合体轴测图的画法。

(2) 总结、归纳各种位置的直线轴测投影的画法。

(3) 分析圆和角圆的轴测投影画法的联系与区别。

(4) 分析正等轴测图与斜二等轴测图画法的异同点。

(5) 正等轴测图与斜二等轴测图各适合表达什么形状的立体？

4-4 第 5 章预习题

(1) 向视图的形成和投影规律。

(2) 何时需要画局部视图，如何确定局部视图的大小(表达范围)？

(3) 何时需要画斜视图?为什么斜视图一定要标注？

(4) 何时需要画剖视图？如何确定剖切位置？需要标注哪些项目？

(5) 画波浪线应注意的问题。

(6) 画剖视图的疑难点。

(7) 剖视的种类有哪些？各有何特点？各适宜表达什么图形？

(8) 为什么要画断面图？与剖视图有何不同？

(9) 概括常用简化画法。

第 5 章　机件的表达方法

机械零件简称机件。机件的表达方法，就是研究用什么图形能够完整、清晰、简洁地表达其形状。前面介绍了用三视图表达组合体的形状，但在工程实践中，用什么图形表达机件的形状相当灵活，可以选择多种视图，很少使用三视图。本章将介绍这些视图。

5.1　视　　图

视图就是正投影图。除了以前介绍的三视图，还有右视图、后视图、仰视图、局部视图、斜视图。

5.1.1　基本视图

建立三个相互垂直的投影面，分别从前向后投影、从上向下投影、从左向右投影，得到主视图、俯视图、左视图，如图 5-1(a)所示。

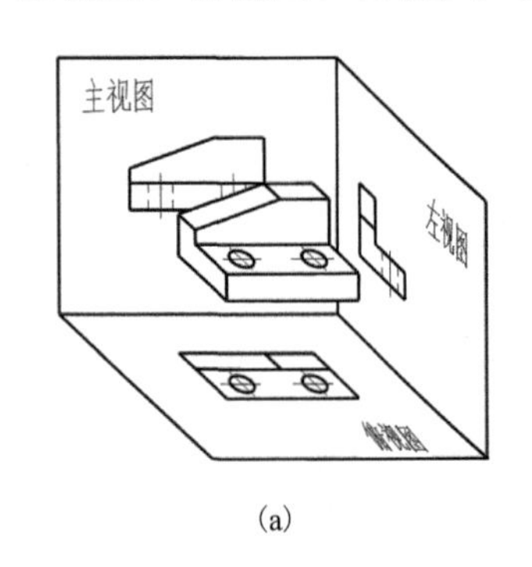

(a)

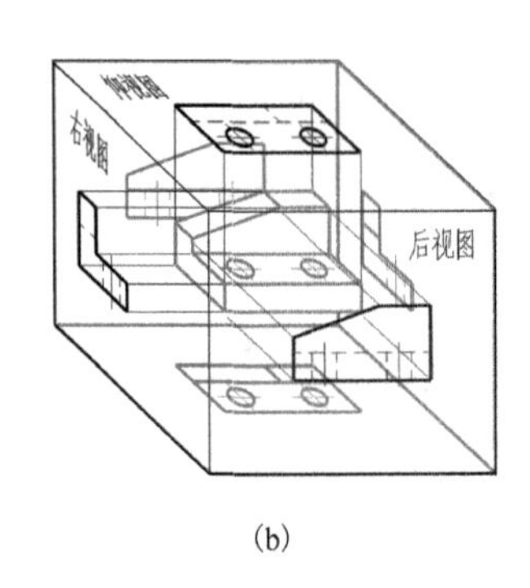

(b)

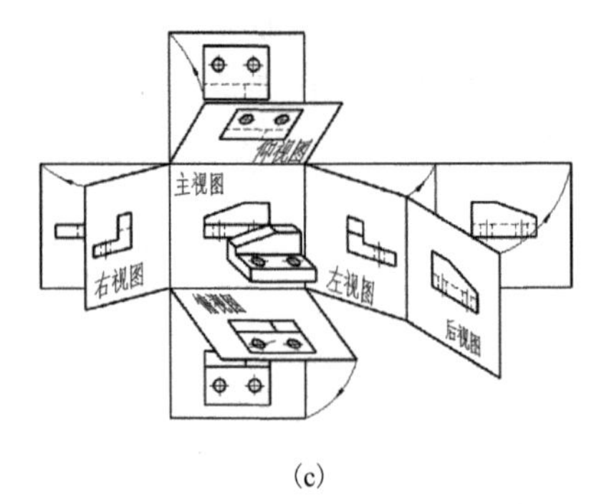

(c)

图 5-1　基本视图

建立六个相互垂直的投影面，分别沿着三视图的相反方向投影，得到另外三个视图，如图 5-1(b)所示。

(1)从后向前投影得到后视图。

(2)从下向上投影得到仰视图。

(3)从右向左投影得到右视图。

上述六个投影图称为基本视图。这六个视图的展开方法是：主视图不动，左视图向右旋转 90°，右视图向左旋转 90°，俯视图向下旋转 90°，仰视图向上旋转 90°，后视图向右旋转 180°，如图 5-1(c)所示。

展开后的视图，仍然遵循“长对正，高平齐，宽相等”的投影规律，如图 5-2(a)所示。即主、俯、仰三个视图长对正，与后视图长相等；主、左、右、后四个视图高平齐，俯、仰、左、右四个视图宽相等。

新增设的三个视图的画图方法与原来的三视图的相同。

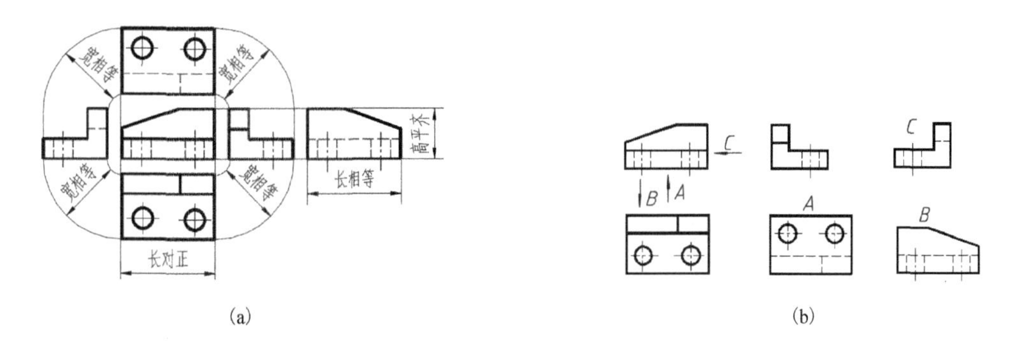

(a)　　(b)

图 5-2　基本视图

5.1.2　向视图

如果将六个视图置入图 5-2(a)所示位置，为默认位置，名称和投影方向是确定的、唯一的，不用标注。但这样放置存在两个问题：①浪费图纸空间。②如果不需要画全部视图，有的视图就失去了默认位置。例如，没有画左视图，后视图就失去了默认位置。如果将其放置在主视图的右面，不加标注，就被认为是左视图。因此仰、右、后三个视图一般不会放置在默认位置，而是按有效利用图纸空间进行摆放。这就要标注投影方向和名称：用箭头表示投影方向，用字母命名该方向(单个字母，名称自定。最好按字母顺序从 *A* 开始选用)，在视图正上方写上与投影方向相同的字母，表示该视图的投影方向是标有相同字母的箭头所指的方向，如图 5-2(b)所示。

用箭头指示投影方向，需要弄清两个问题：①箭头指向哪个视图，表示箭头标在这个视图上，以该图定方向。例如图 5-2(b)，箭头 *A*、*C* 标在主视图上，箭头 *B* 标在俯视图上。*A*、*C* 分别表示从下向上、从右向左投影，*B* 表示从后向前投影。②尽可能将箭头标注在主、俯、左这三个视图上，以便于确定箭头指向。例如，如果箭头 *B* 标在 *C* 向视图上，就不如标注左视图上，便于判断方向，参见图 5-3(a)、图 5-2(b)。

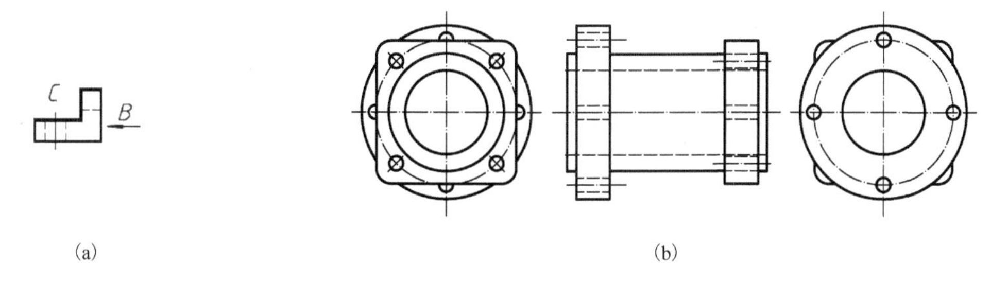

(a)　　(b)

图 5-3　向视图

主视图与后视图、俯视图与仰视图、左视图与右视图，是同一立体沿相反方向的投影，分别为轴对称图形：形状相同，方向相反。可见性需要分别判断，两者没有必然联系。

新增设这三个视图的主要作用：①在形状相同的视图中选用虚线少的视图。②当同一方向两个端面形状不同时，用两个图分开表达它们的形状，如图 5-3(b)所示。

自由配置的视图称为向视图。标注了投影方向的视图不再称为后视图、仰视图、右视图，直接称为 *A* 向视图、*B* 向视图等。

5.1.3　局部视图

构成机件的基本体主要是直柱体，需要用两个图分别表达其端面实形和厚度。对于图 5-4(a)所示机件，分为图示的 4 个部分。主、俯视图联合表达它们三个方向的相对位置。在表达形状方面，1、3 部分：俯视图反映端面实形，主视图反映厚度。2、4 部分：主、俯视图仅表达它们的厚度，还需要用其他图表达端面实形。如果画左视图或右视图，虽然能表达它们的端面形状，但除了 2、4 的端面，其余部分都是多余的，最佳方案就是画局部视图，如图 5-4(a)所示。

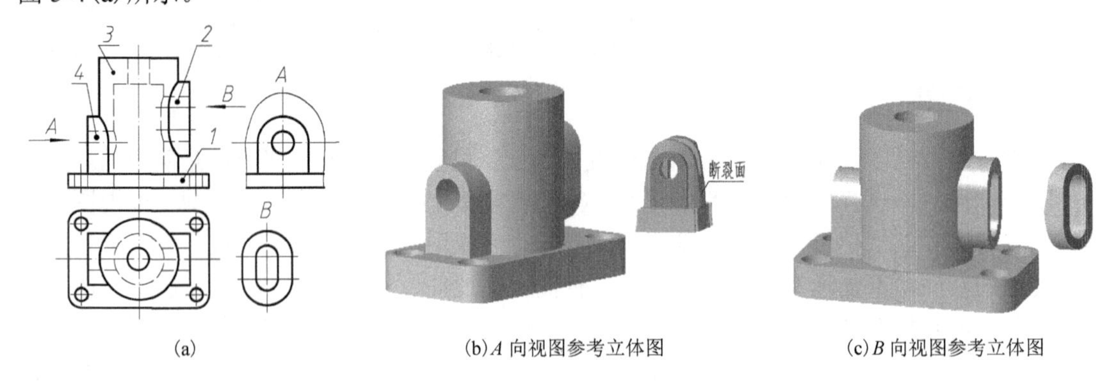

(a)　　(b) *A* 向视图参考立体图　　(c) *B* 向视图参考立体图

图 5-4　局部视图

局部视图是当仅需要表达机件的局部形状时，将需要表达的局部进行投影得到的视图。由此可知，局部视图与向视图的画法相似，区别在于局部视图只画需要表达的部分，省略不需要的部分。下面是有关局部视图的一些特殊要求。

(1) 局部视图以波浪线作为保留部分与省略部分的分界线。波浪线对应断裂面的投影，其端点必须在轮廓线上；被波浪线截断的轮廓线的端点也必须在波浪线上。如图 5-4(a)、(b)所示的 *A* 向视图。

(2) 当局部结构外形轮廓线封闭时，不画波浪线。如图 5-4(a)、(c)的 *B* 向视图。

对此可以这样理解：图 5-4(a)的 *A* 向视图，断裂面在侧面，波浪线是断裂面的投影(图 5-4(b))。而 *B* 向视图的断裂面在一端(图 5-4(c))，波浪线与轮廓线的投影重合，画轮廓线，不画波浪线。它们在形状上也有区别，*B* 向视图表达的端面是封闭的，是待表达“基本体”独有的；*A* 向视图表达的形状是开放的，不是待表达“基本体”独有的。

(3) 确定局部大小的原则：①要表达的基本体的形状要尽量完整；②考虑是否需要表达相对位置。

如果局部视图用来表达端面形状，应当尽量大于或等于端面，如图 5-4 所示。如果需要表达相对位置，还需要画出相邻基本体的部分投影。如图 5-4(a)中的 *A* 向视图，画了基本体 1 的部分投影和中心线，表示 4 与 1 前后对称。

(4) 波浪线是细实线，弯曲要适度(与教材中的例图相似即可)，不要有尖角和太多的“波浪”。

(5) 局部视图放置在基本视图位置，可以不标注。

如图 5-4(a)所示的 *A* 向视图可以省略标注。因为 *A* 向视图放在左视图的位置上，其投影方向与左视图的默认方向相同。不标注方向，就是默认方向。

左视图的位置，必须满足三个条件：①在主视图右面；②中间无其他图；③与主视图“高平齐”。俯视图的位置也必须满足：①在主视图下面；②中间无其他图；③与主视图要“长对正”。

> **提示**　基本视图位置的三个条件，第③条容易被忽略。

(6) 不满足上述三条中的任何一条，必须标注。

标注方法同向视图，如图 5-4(a) 所示。

(7) 对称视图可画 1/2 或画 1/4，详见 5.6.3 节。

5.1.4　斜视图

图 5-5(a) 所示机件的右半部分倾斜于水平面，俯视图不能反映实形，不仅难画而且不能表达机件形状，需要画为斜视图。

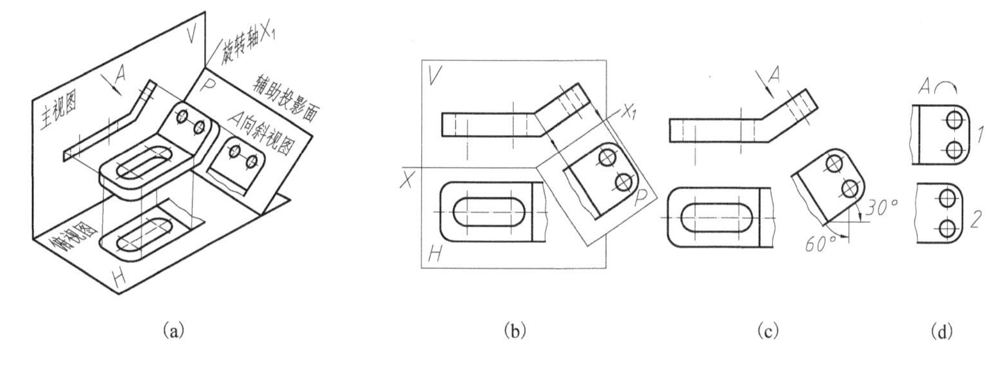

(a)　(b)　(c)　(d)

图 5-5　斜视图

斜视图是创建一个与倾斜部分平行(一般是端面)的辅助投影面 P，向 P 面投影得到的局部视图。P 面不平行于基本投影面，但要与其中的一个垂直，详见 2.8 节。

画图时，将 P 面绕与其垂直的投影面的交线 X_1 向外旋转 90°，把斜视图与基本视图展开到一个平面中，如图 5-5(b) 所示。$P \perp V$ 时斜视图与主视图“高平齐”，与俯视图“宽相等”，反映实形。

将斜视图画在旋转到的位置，称为按投影关系放置，如图 5-5(c) 所示。但由于画倾斜线比画水平、铅垂线烦琐，可以将斜视图转正画出，如图 5-5(d) 所示。转正时需要沿小的角度旋转。该图转到水平、铅垂位置的旋转角分别是 30° 和 60°，应当转到水平位置，如图 5-5(c)、(d) 所示。

由于斜视图的投影方向不可能与基本视图的相同，因而必须标注。箭头指向待投影基本体的端面，并与该面垂直。当斜视图形转正画时，要在视图名称的后面画上旋转符号(带箭头的半圆弧，半径等于图名的字体高)，如图 5-5(d) 所示。还可以在旋转符号后注明旋转角度。

斜视图的命名、波浪线的画法与局部视图的相同；斜视图表达的局部形状也应当尽量完整，如图 5-5(d) 1 所示。最好不要画为图 5-5(d) 2。

5.1.5　确定机件的表达方案

由于还没有学习剖视图，先用虚线表达内部形状。学完剖视图以后，再做适当的剖视，就是完善的表达方案，见 5.4.3 节。

【例 5-1】　确定图 5-6(a)所示机件的表达方案。

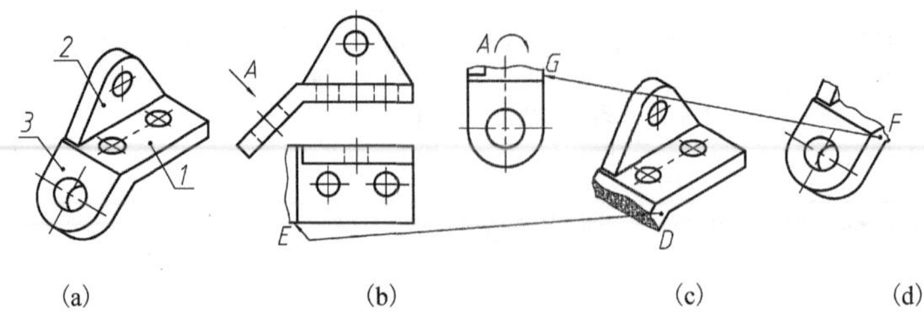

图 5-6　表达方案

(1)形体分析。将图 5-6(a)所示机件分解为三个基本体(都是直柱体)。

(2)选择主视图。

选择反映特征最多的方向作为主视图投影方向，使主要端面与投影面平行；将机件的小端置于前方、上方、左侧，以减少主、俯、左视图中的虚线，如图 5-6(a)所示。

(3)从俯、左视图中选择一个反映特征多的视图。

本例选择俯视图，以反映 1 的端面。不选择左视图，是因为该图仅能反映 1、2 的厚度，3 倾斜于侧面，既不能反映端面实形，也不能反映厚度。

将俯视图画为局部视图，去掉倾斜部分 3，如图 5-6(b)、(c)所示。

(4)分析已经选择的两个视图，找出各基本体还没有表达的形状和相对位置，选用其他视图进行表达。

① 位置表达方面。由于主、俯视图都画出了 1、2、3 的投影，这三部分的相对位置已经表达完整。

② 形状表达方面。基本体 1：俯视图表达端面实形，主视图表达厚度。基本体 2：主视图表达端面实形，俯视图表达厚度。基本体 3：主视图表达厚度，还需要一个图表达端面实形。

用 *A* 向斜视图表达基本体 3 的端面实形，如图 5-6(d)所示。确定局部大小的原则如下。

一是表达的局部形状尽量完整。

二是不能用轮廓线分界，即波浪线不能与轮廓线重合。

三是考虑表达相对位置。像图 5-6(b)的俯视图那样，画出基本体 3 的部分投影，就可以表达基本体 3 与基本体 1、基本体 2 的前后和左右位置。

> **提示**　初学者容易将 *E*、*G* 处的轮廓线画为细实线。*E*、*G* 分别是平面 *D*、*F* 的投影，应当是粗实线。

对于图 5-7(a)所示机件，分解为图示的 4 个基本体。主视图表达它们的上下、左右位置；俯视图表达 1、2、3 的前后位置，*A* 向视图表达 3、4 的前后位置，这两个图都有基本体 3，因此一起表达这四部分的前后位置。

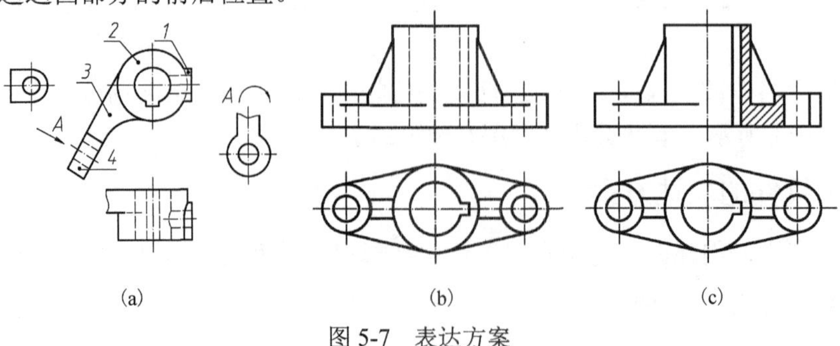

图 5-7　表达方案

对形状的表达，基本体 1：右视图(局部视图)表达端面实形，主视图表达厚度。基本体 2：主视图表达端面实形，俯视图表达厚度。基本体 3：主视图表达端面实形，俯视图表达厚度。基本体 4：斜视图 *A* 表达端面实形，主视图表达厚度。

5.2 剖 视 图

对于空心机件，中空结构的投影是虚线，如图 5-7(b)所示。虚线不便于看图和标注尺寸。解决方法是将视图画为剖视图，如图 5-7(c)所示。对比这两个图形，可以看到剖视图有如下优点。

(1)能清晰区分实心部位和空心部位。画剖面符号(45°斜线表示金属材料)的部位是实心的，没有画剖面符号的部位是空心的。

(2)具有一定的立体感。

(3)可以将内、外形状分开表达，简化作图，使视图表达更为清晰、精炼。

例如，图 5-7(c)采用了半剖视图。剖开的部分表达孔的深度，不剖的部分表达外形。相同的孔只剖一个，其余孔的投影(虚线)不画。半剖视图详见 5.3.2 节。

5.2.1 剖视图的形成

剖视图：假想地用剖切面将机件剖开，把观察者和剖切面之间的部分移去，其余部分投影得到的视图，如图 5-8(a)所示。

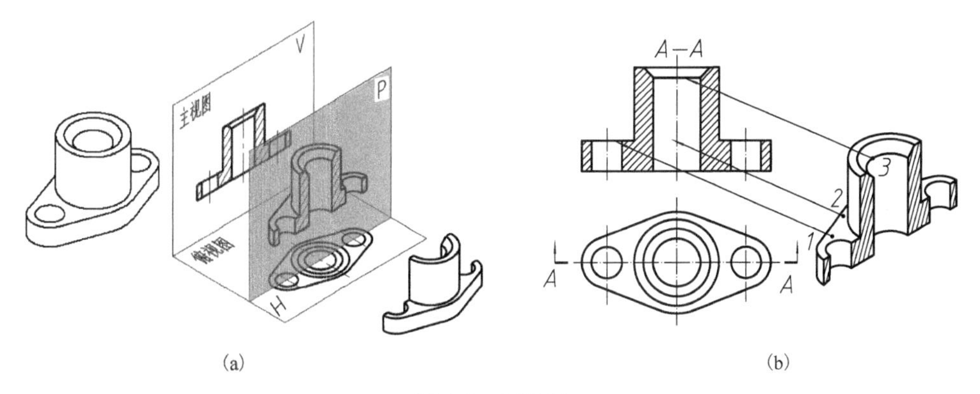

(a)　　(b)

图 5-8　剖视图

5.2.2 剖视图的画法

(1)确定剖切面的位置。剖切面通过机件的对称面、轴线，使截交线就是轮廓线，不产生额外的交线；剖切面平行于投影面，使截交线的投影就是轮廓线的投影。

图 5-9(b)所示剖切面通过机件的轴线，与平行投影面平行，截交线的投影就是轮廓线的投影，符合要求。图 5-9(c)剖切面没有通过机件的轴线，截交线不是轮廓线，不符合要求；图 5-9(d)剖切面通过机件的轴线，但倾斜于投影面，截交线是“素线”，但投影不是轮廓线的投影，不符合要求。

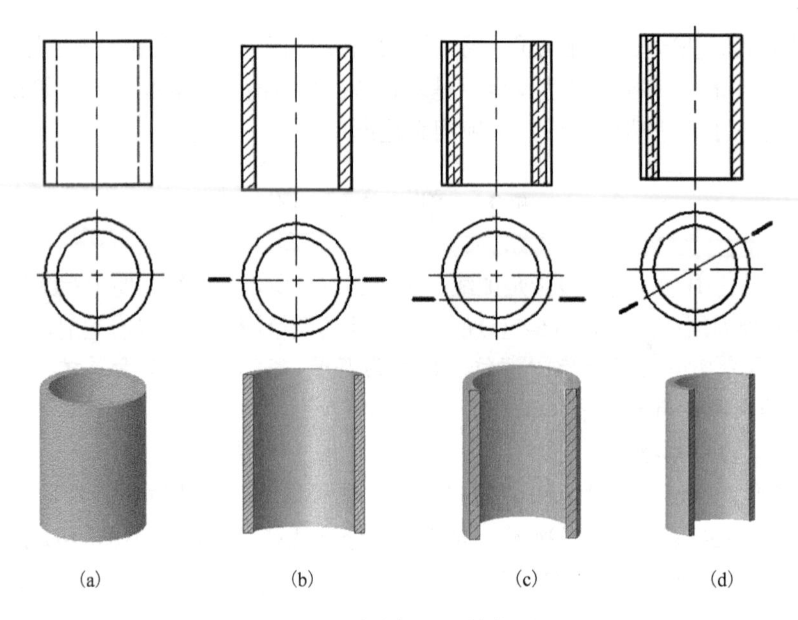

图 5-9　确定剖切面的位置

(2) 剖视图是一种假想表达方法，目的是表达机件的内部形状，不影响其他视图。

图 5-8(b) 的主视图全剖，俯视图仍然画为原机件的水平投影，不能只画一半。

(3) 剖切面后面的可见部分全部画出。

图 5-8(b) 中 1 点处的水平面、3 点处的半圆，它们的投影都是粗实线，必须画出。

(4) 在剖视图中，已经在其他图上剖出表达清楚的内部结构省略不画，没有表达清楚的，允许画少量虚线。

如果虚线不是很少，如两条以上，需要增加从相反方向投影的视图或剖视图，使该部分投影变为可见。图 5-8(b) 中 2 点处的水平面，其正面投影是虚线，省略不画。水平面的部分投影即可表达其上下位置。而图 5-10(a) 的左视图剖开表达端面 J，保留部分表达端面 K，保留的虚线还可以表达槽的深度。

(5) 机件与剖切面接触的部位画上剖面符号。

剖面符号可以区分机件的空心部位与实心部位，使投影图具有一定的立体感，还能表示机件的材质。国标规定了各种工程材料对应的剖面符号，其中常用的见表 5-1。本课程用的主要是金属材料，是 45° 斜线。斜线为细实线，要间隔均匀、疏密得当，同一个零件不同视图的倾斜方向要相同。倾斜方向是指从右上角画到左下角，或从左上角画到右下角。

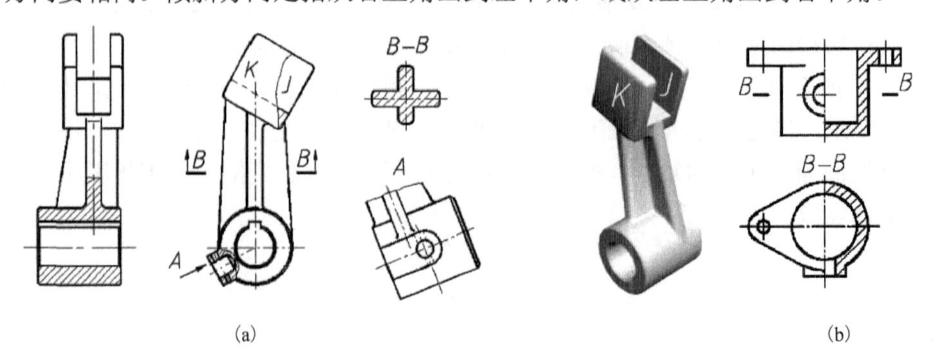

图 5-10　剖视图中的虚线

表 5-1　剖面符号举例

材料名称	剖面符号	材料名称	剖面符号
金属材料		非金属材料（已有规定符号的除外）	
线圈绕组元件		液体	
玻璃及供观察用的其他透明材料		砖	
混凝土		钢筋混凝土	
基础周边		胶合板	
木材纵剖面		木材横剖面	

5.2.3　剖视图的标注

剖视图需要标注剖切面的位置、投影方向和名称，如图 5-8(b)所示。

(1) 用两段粗实线(称为剖切符号)表示剖切面的位置。

剖切符号尽量画在视图的外面，不与轮廓线相交。剖切符号仅表达剖切面的位置，与剖切面的大小无关。如图 5-10(b)的俯视图仅剖了一半，标注剖切面位置时，两段粗实线仍然画在主视图的外面。

(2) 箭头表示投影方向，画在剖切符号的外端点上，并与它垂直。

(3) 标注名称。

用两个相同的大写拉丁字母表示剖视图的名称，注写在剖视图的正上方，两个字母之间写上连字符“—”，如 $A—A$。还要在剖切符号附近写上相同的字母，表达对应关系。两处字母都要水平书写，如图 5-8(b)所示。

(4) 剖视图可以省略标注的情况。

① 当剖视图按基本视图位置放置时，可省略箭头。例如，俯视图上作剖视，当剖视的投影方向向下时，可以省略箭头，如图 5-10(b)所示。

提示　基本视图位置需要满足三个条件，见 5.1.3 节。

② 当单一剖切平面通过机件的对称平面或基本对称平面，且剖视图按基本视图位置放置时，可以不加标注。如图 5-8(b)可以省略标注。事实上可以省略标注的剖视图非常多。

提示　省略标注是一项“授权”规定，可以不标注，也可以标注。但不能省略的，如果没有标注，别人看图时会认为符合省略的条件，容易引起误解。

5.3　剖视图的种类

根据剖切范围，将剖视图分为全剖视图、半剖视图和局部剖视图。

5.3.1　全剖视图

用一个或几个剖切平面完全地剖开机件所得的剖视图，称为全剖视图。几个剖切面形成的剖视图，见 5.4 节。

全剖视图适用于外形简单、图形不对称的机件，或已经用其他视图表达清楚外形的场合。图形对称时，一般画为半剖视图，详见 5.3.2 节。

图 5-11 的两个视图都作了全剖视。①主视图用 *A*—*A* 剖面作全剖视图，需要标注。画该图时，不要遗漏 *J* 处圆柱截交线的投影，*K* 处圆柱面的投影。②俯视图符合省略标注的条件：单一剖切平面、通过机件对称面、剖视图按投影位置放置。画该图时，需要注意 *M*、*N* 两处圆柱截交线的投影。

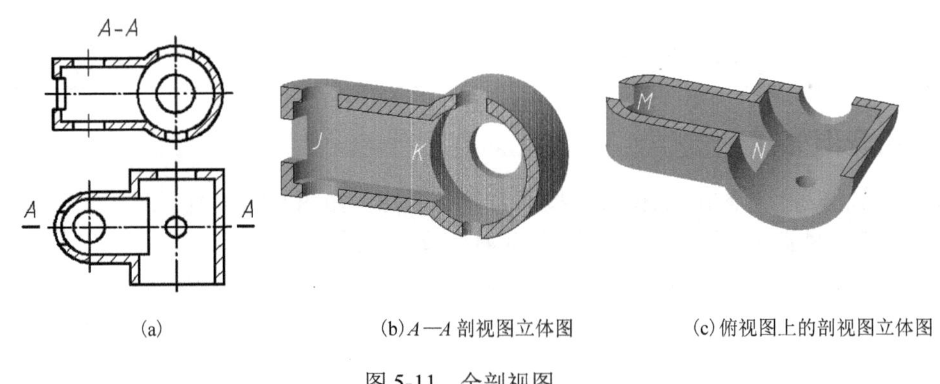

(a)　(b) *A*—*A* 剖视图立体图　(c) 俯视图上的剖视图立体图

图 5-11　全剖视图

5.3.2　半剖视图

对于图 5-12(a) 所示机件，如果主视图采用全剖视(图 5-12(b))，水平圆柱筒将被剖掉，无法表达其形状。如果采用半剖视图(图 5-12(c)、(d))，既能表达铅垂孔的深度，又能表达水平圆柱筒的端面形状和位置。

半剖视图，就是当机件对称时，用与投影面垂直的对称面为边界，一半画为剖视图，一半画为视图，同时表达的内外形状，如图 5-12(d) 的主视图所示。

1. 半剖视图的画法

(1) 已经剖开表达的，不能再用虚线重复表达。

半剖的优点：强调对称，将内外形状分开表达。剖开部分表达内部形状，不剖的表达外部形状。例如，图 5-12(d) 的主视图半剖，是为了表达阶梯孔(直径变化的圆柱孔) *M*(图 5-12(c)) 的深度，剖开一半已经足够，不能再画另一半虚线；相同的圆柱孔只需剖出一个，不能再画其他孔投影形成的虚线，但要画中心线表达孔的位置，如图 5-12(d) 所示。*K* 处(图 5-12(e)) 两个基本体的厚度在主视图中已经表达，左视图不能再画其投影(虚线)。错误画法见图 5-12(f)。

另外，不能遗漏剖切面后面的可见轮廓线的投影，如图 5-12(c) 中圆环面 *M* 的投影。

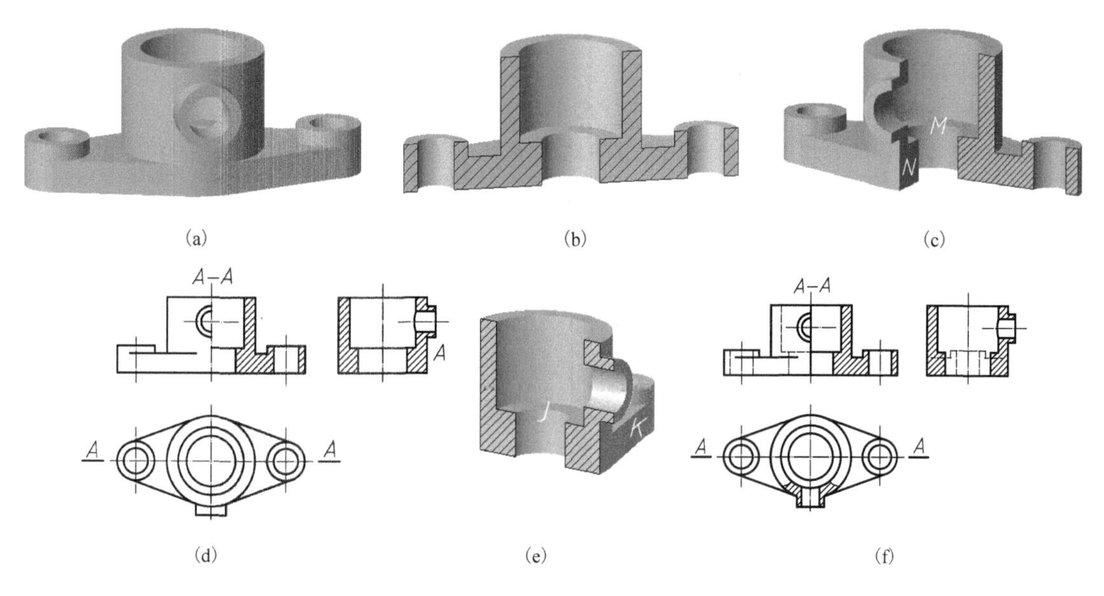

(a)　(b)　(c)

(d)　(e)　(f)

图 5-12　半剖视图

(2) 平面 N(图 5-12(c)) 是剖视的分界面，其投影用中心线表示，不能画为粗实线。这与局部视图的断裂面必须画为波浪线一样。错误画法见图 5-12(f)。

> **提示**　图 5-12 所示机件，可以将主视图半剖，俯视图局部剖(图 5-12(f))，不画左视图。

(3) 个别外形简单或不需要表达外形的对称机件，也可以全剖视，如图 5-8(b) 所示。

(4) 图形基本对称，且不对称的结构其他视图已经表达清楚时，也可以作半剖视，如图 5-7(c) 所示。

图 5-7 的俯视图已经表明，圆柱筒内壁右侧有一个方形槽，左侧没有，除此之外其他结构对称，主视图可以作半剖视。这种槽称为键槽，一般只有一个，不会因疏忽被误判为两个。不是这种常见结构，建议不要把非对称机件画为半剖。

2. 半剖视图的标注

半剖视图的标注方法与全剖的相同，见 5.2.3 节。

5.3.3　局部剖视图

局部剖开机件得到的视图称为局部剖视图，如图 5-13(a) 所示。

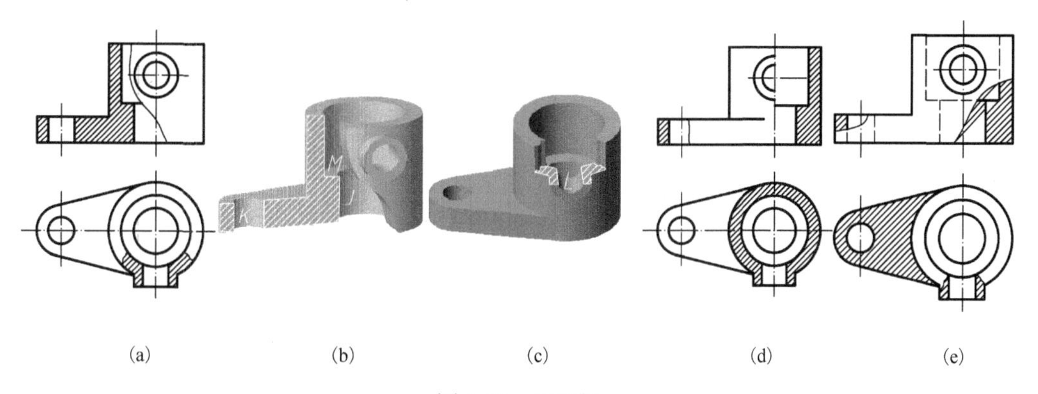

(a)　(b)　(c)　(d)　(e)

图 5-13　局部剖

1. 画局部剖视图应注意的问题

1) 确定剖切范围

(1) 用局部剖表达的小孔、凹坑等尽量全剖出。

在图 5-13(b)、(c) 中，孔 *K*、*L* 都在局部作了“全剖视”。而在图 5-13(d) 中孔 *K* 没有全剖出，虽然也能表达深度，但不够清晰，不能这样剖。

(2) 为了表达其他结构的形状，当孔或其他空腔的尺寸较大时，不能全剖视，要在其一侧从一端连续到另一端，以表达其深度。

图 5-13(b) 所示的阶梯孔 *MJ*，如果全剖出，将剖掉孔 *L*，故按上述原则作了局部剖。而图 5-13(e) 主视图的两个孔仅剖了一个边角，既不能表达深度，又不能表达端面，没有任何用途。但也有例外情况，如图 5-10 的左视图。由于机件左右不对称，这个局部剖是为了保留 *K* 的端面。除非十分必要，不作这样的剖视。

(3) 局部剖后保留的端面尽量完整。当端面是圆时，可以小一些。因为直径尺寸中的 ϕ 可以表达形状。

图 5-13(a) 的圆柱筒 *L*，主视图保留了完整的端面。但当其直径接近或大于 *M* 的直径时，只能保留局部端面，如图 5-14(a)、(b) 所示。

(4) 在满足上述要求的前提下，兼顾图形的协调与美观。

孔 *L* 的剖切范围：图 5-13(a) 的较好，图 5-13(d) 的太大，图 5-13(e) 的太小。

2) 波浪线的画法

(1) 波浪线是断裂面的投影，其端点在轮廓线上，被断裂面“截断”的轮廓线的端点要在波浪线上。

图 5-14(b) 所示的波浪线，点 1、4 必须分别在直线 *a*、*b* 上，2、3 必须在圆弧上。但在线段上的具体位置，只要满足上述“确定剖切范围的四条原则”，可以偏左一点或偏右一点；图 5-14(b) 的直线 *c* 是圆环面的投影，剖出部分可见，画为粗实线；未剖出部分(虚线)省略不画；剖切范围以波浪线为界，直线 *c* 的右端点必须在波浪线上。

(2) 波浪线经过“通透”孔或凹坑时要断开。

图 5-14(b) 的主视图，断裂面被分为两段，2、3 之间无断裂面，不能画波浪线。同样，俯视图 5、6 之间无波浪线。

(3) 波浪线不能用轮廓线代替。

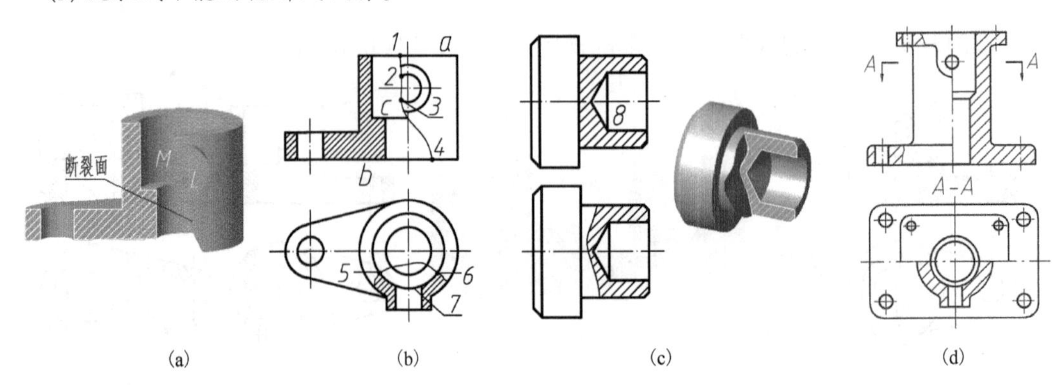

图 5-14　波浪线的画法

波浪线代表断裂面的投影。断裂面是自由曲面，其投影是自由曲线(波浪线)，不可能与轮廓线完全重合。图 5-14(c)上图错误，下图正确。

(4)当被剖切结构为回转体时，允许以中心线代替波浪线。

图 5-13(d)主视图中阶梯孔的局部剖，以中心线为界，这是新国标增设的新条款。

3)不能漏画剖切面后面可见轮廓线

图 5-14(b)的圆弧 7 是剖切面之下的圆柱面、相贯线的投影，图 5-14(c)的直线 8 是圆锥与圆柱面相贯线的投影，都不能漏画。

4)剖视是为了表达不可见结构，可见的不能作剖视

图 5-13(e)的俯视图，对底板作剖视是错误的。

5)尽量集中剖

对于阶梯孔 *MJ*，剖左侧或右侧对表达深度没有影响。但如果剖右侧，参见图 5-13(d)的主视图，变为两个分离的局部剖，不如在左侧与孔 *K* 一起剖出，如图 5-13(a)所示。

2. 局部剖的标注

由于剖切符号仅代表剖切面的位置，与剖切范围无关，因而局部剖的标注与全剖视的相同。全剖可以省略标注的，局部剖也可以省略。另外还特别规定，当剖切位置明显时，局部视图不用标注。例如，图 5-13(a)的俯视图、图 5-14(d)的主视图左侧的两个小孔，它们的局部剖都符合“剖切位置明显”的规定，可以省略标注。但图 5-14(d)俯视图作的半剖视，不能省略标注。因为除局部剖以外(半剖、全剖)，“剖切位置明显”不是省略标注的条件。

3. 局部剖视图的适用范围

局部剖视图相当灵活，凡是不便于画半剖视、全剖视的都可以画为局部剖。

5.3.4　剖视图实例分析

对于图 5-15(a)所示机件，在所见例图中都采用了图 5-15(b)所示的两个局部剖视图，主视图表达小孔 2、3 的深度和大空腔 1 的形状，俯视图表达小孔 4 的深度。

上述表达方案，对空腔 1 的表达不够清晰。由于其主体是长方体，不能像圆形截面那样，可以用直径尺寸中的 ϕ 表达形状，主视图应当剖得再大一点，如图 5-15(c)所示。这样既不影响保留部分的表达，又能使空腔表达得更加清晰。在俯视图中，空腔 1 只剖开表达了一个角的形状，更不清晰，可以添加虚线，画出完整形状，如图 5-15(c)所示。

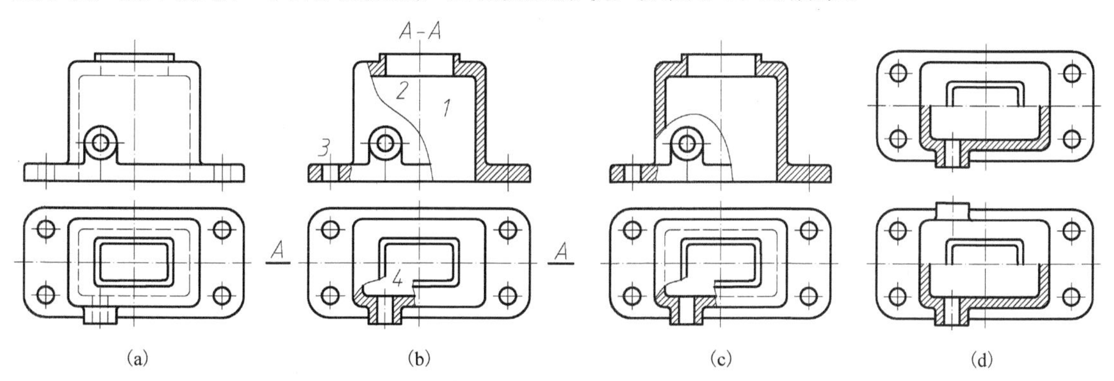

图 5-15　剖视图应用实例

俯视图若采用半剖视，则如图 5-15(d)的上图所示。这虽然符合图形基本对称，不对称的结构已经表达清楚(如果对称，变为图 5-15(d)的下图)，但由于“不对称”结构是在半剖视图上表达的，可能会导致看图者因“粗心”而误判。

5.4 剖切面的种类

剖视图，可以用一个或多个平面作为剖切面。由于剖切面的不同，画法上略有差异。

5.4.1 单一剖切面

单一剖切面是用一个剖切面剖切机件形成的视图。前面介绍的剖视图，都是单一剖切面，剖切面都平行于投影面。当剖切面与一个投影面垂直，与另外两个投影面倾斜时，形成的剖视图，称为斜剖视。综合斜视图与剖视图的画法就是斜剖视的画法，即画出剖切面和剖切面后面的可见轮廓线的投影与剖面符号，按投影位置放置，标注剖切符号、箭头和名称，或沿小的角度，转到水平或铅垂位置画出，并在名称后面画上旋转符号，如图 5-16(a)所示。

提示　斜剖视 *A—A*，用来表达阶梯孔的深度。由于没有画出相邻部分的投影，需要用左视图表达前后位置。俯视图全剖视，用来表达“工字”型筋板的截面，并切掉不需要表达的结构。

在视图中剖掉已经表达清楚的结构，以简化作图，是剖视图的一个常见用途。

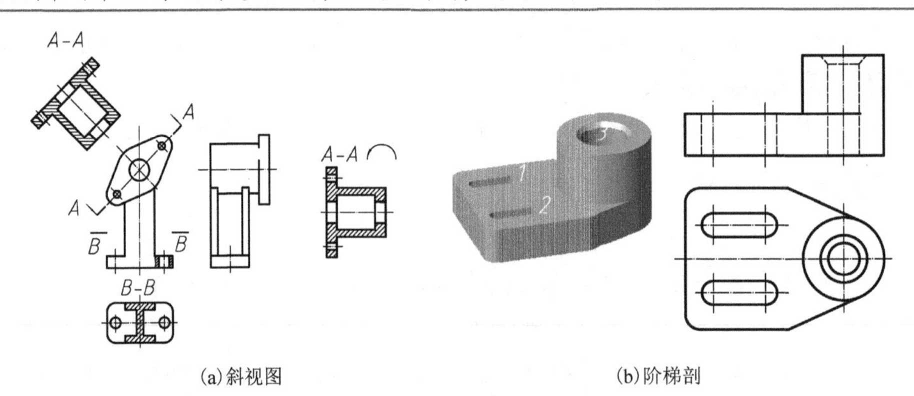

(a)斜视图　　(b)阶梯剖

图 5-16　斜视图和阶梯剖

5.4.2 几个平行的剖切面

图 5-16(b)所示机件有 3 个孔。孔 1、2 相同，可以只剖一个。由于这三个孔的对称面不在一个平面内，需要用两个平行于 *V* 面的平面分别剖切，如图 5-17(a)、(b)所示。当用多个平行的剖切面剖切同一机件时，称为阶梯剖。

1. 阶梯剖的画法

(1)各剖切面之间的投影要首尾相接，如图 5-17(a)、(b)所示。

此机件需要用图 5-17(a)所示的 *J*、*K* 面作剖切面。这两个面之间通过投影面垂直面 *L* 衔接。*L* 只是衔接面，不是剖切面，因而不能画该平面的投影。图 5-17 所示剖视图，只有图 5-17(b)正确，图 5-17(c)画了 *L* 面的投影，图 5-17(d)的 *J*、*K* 面没有衔接，画了两个局部剖。

(2)阶梯剖的局部尽量作全剖视。例如图 5-17(d)的左侧小孔局部剖错误，仅当两个结构具有公共对称中心线或轴线时，才可以各画一半，以中心线为界，如图 5-18(a)所示。

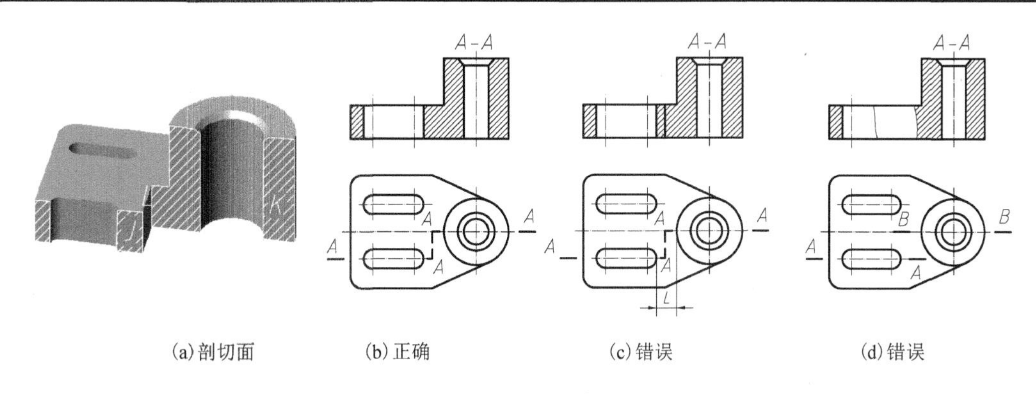

(a)剖切面　(b)正确　(c)错误　(d)错误

图 5-17　阶梯剖

2. 阶梯剖的标注

由于阶梯剖不是“单一剖切面”，必须标注剖切面的位置。在各剖切面的衔接处，画上两剖切面转折线(不能与轮廓线重合)。图 5-17 所示转折线，必须画在 *L* 范围内，保证两个孔都作全剖视。

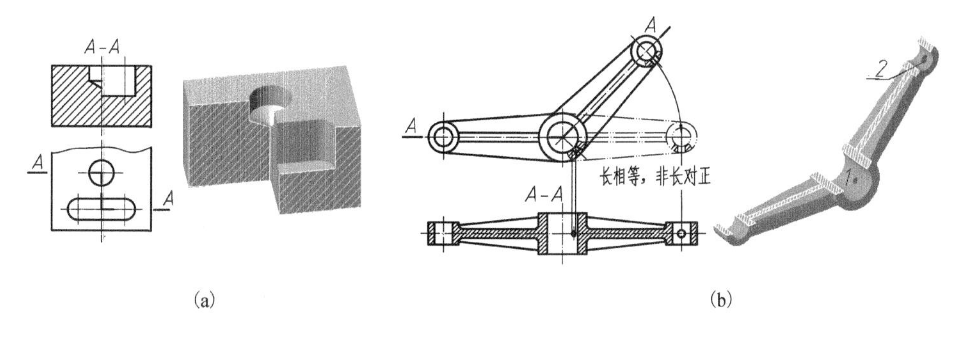

(a)　(b)

图 5-18　多个剖切面

阶梯剖名称的标注与其他剖视图的基本相同。在剖切符号的两端，每一转折处都写上相同的字母，如图 5-17(b)所示。如果转折处图形密集，无法写下字母，则可以省略，如图 5-18(a)所示。当剖视图按投影位置放置，中间没有其他视图隔开时，可省略箭头，如图 5-17(b)和图 5-18(a)所示。

5.4.3　几个相交的剖切面

当机件对称面相交时，可以用相交的平面剖切机件得到剖视图，如图 5-18(b)所示。这种剖视在以前的国标中称为旋转剖。

1. “旋转剖”的画法

(1)倾斜截面及相关结构，需要以剖切面的交线为轴线，旋转到与投影面平行后再投影，如图 5-18(b)所示。要按“长相等”(不是“长对正”)作图。图 5-19(a)错误。

(2)剖切面后面的可见孔等结构的投影分为两种情况：①按原位置投影；②旋转后投影。

图 5-18(b)小孔 1(图 5-18(c))，由于其所在圆柱筒没有旋转，剖面旋转不影响其位置，要按“长对正”画图；小孔 2 所在圆柱筒随剖面一起旋转，要按小孔 2 旋转到的位置，即“长相等”画图。

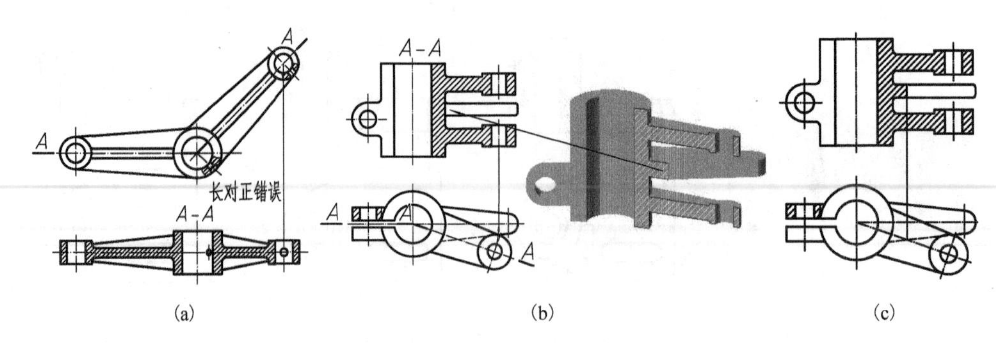

(a)　(b)　(c)

图 5-19　旋转剖

(3) 当剖切面通过筋板的对称面时，不画剖面线。其他类型的剖视图，对筋板也作相同处理。

图 5-18 (b) 所示机件中间为十字形筋板，剖切面通过水平筋板的对称面，不画剖面线；剖切面不通过铅垂筋板的对称面，画剖面线。这可以理解为，沿厚度小的方向剖筋板，不画剖面线，表示厚度“小”。

(4) 剖切产生不完整结构时，按不剖画，如图 5-19 (b) 所示。图 5-19 (c) 错误。

(5) 倾斜剖切面需要旋转的那一端，还与其他剖切面相连时，两剖切面之间的转折线画为圆弧，如图 5-20 (a) 所示。

(6) 用相交、平行的组合剖切面剖开机件，称为复合剖。倾斜部分转正后，按“长相等”“高相等”画图，或将所有剖切面摊平到一个与基本投影面平行的平面内，再投影，并在名称后面注明“展开”，如图 5-20 (b) 所示。

2. 阶梯剖与旋转剖的选择

由于新国标中已经没有“旋转剖”的概念，即放弃了旋转剖适用于“具有明显回转中心”的限制，因此适合阶梯剖的机件，往往可以画为旋转剖。如图 5-17 所示机件，就可以作旋转剖，如图 5-21 (a) 所示。

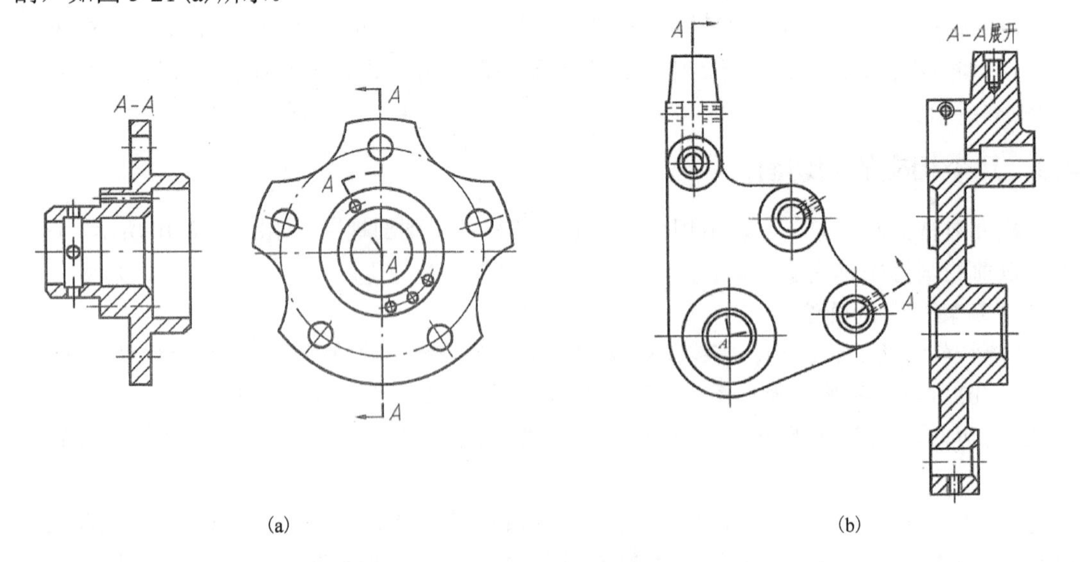

(a)　(b)

图 5-20　旋转剖

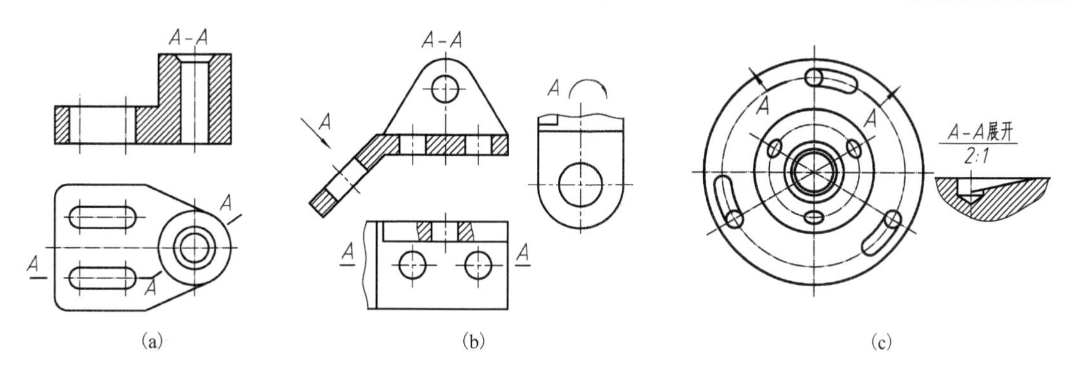

图 5-21　选择剖视图

提示　可以用阶梯剖或旋转剖时，建议优先选用阶梯剖。因为阶梯剖比旋转剖更为直观。

【例 5-2】　将图 5-6(a)所示机件作适当的剖视，确定其最终表达方案。

例 5-1 选择了视图，但没有作剖视。主视图需要剖开表达三个小孔的深度。由于不需要表达外部形状，因而作全剖视。俯视图用局部剖表达水平孔的深度，如图 5-21(b)所示。

主视图全剖视需要标注，箭头可以省略；俯视图局部剖，符合“剖切位置明显，按投影位置放置，中间无其他图隔开”的条件，可以省略标注。

5.4.4　圆柱剖切面

当截面在圆柱面上时，可以用圆柱面剖切机件。由于截面在圆柱面上，直接投影不能反映实形，需要将柱面展平到平面内再投影，如图 5-21(c)所示。2∶1 是局部剖的画图比例，详见 5.6.1 节。

5.4.5　特殊的剖视图

(1)当机件的多个端面、截面对称时，可以各取视图、剖视图的 1/2 或 1/4，将它们画在一个图上，在对应图形附近标注名称，如图 5-22(a)所示。其左视图：左上 1/4 表达机件左端面形状；右上 1/4 表达 *A*—*A* 截面形状；下 1/2 表达 *B*—*B* 截面形状。

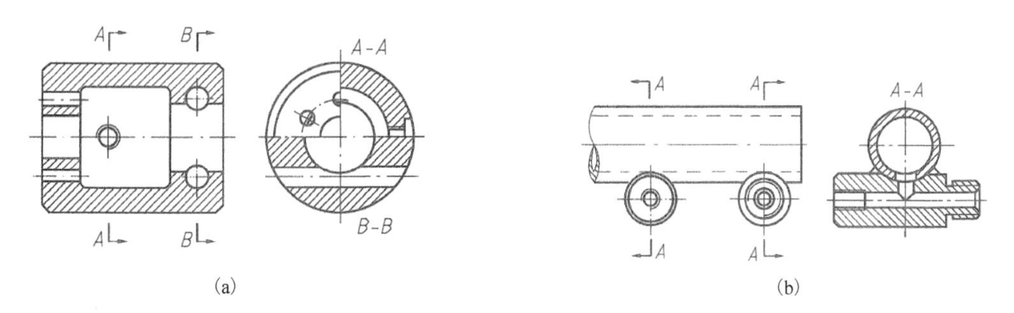

图 5-22　特殊剖视

(2)当多个剖面形状相同时，可以用剖面符号分别标注各剖面的位置，并标注相同的名称，只画一个“同名”剖视图，如图 5-22(b)所示。

(3)当一个剖面向不同方向投影形状不同时，可以在同一剖面符号上标注多个投影方向，标注不同的名称，分别画各投影方向的剖视图，在各剖视图上分别标注对应名称，如图 5-23 所示。

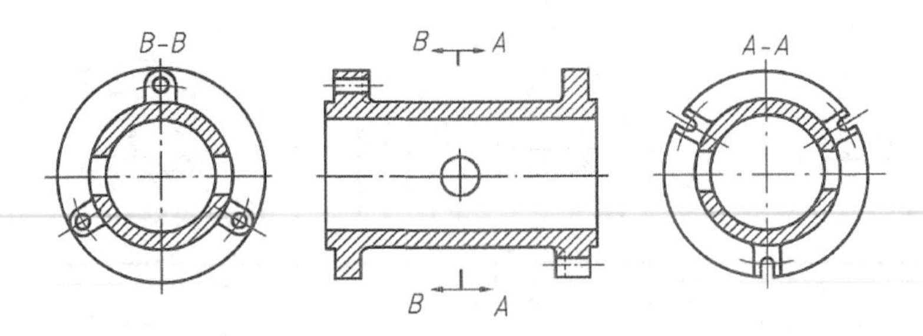

图 5-23　一个剖面不同方向投影形状

5.5　断　面　图

对于轴类等细长零件，主视图一般水平放置，如果用左视图或右视图表达端面形状，各端面重叠在一起，难以查找对应关系。而断面图，假想地用剖切平面把机件切断，仅画断面形状，或按“剖视”画，如图 5-24(b)所示。

1. 断面图的画法

(1)仅画断面投影。例如，*A*—*A* 断面图，图 5-24(b)正确，图 5-24(c)错误。

(2)按“剖视”画。当剖切平面通过回转体的孔或凹坑的轴线时，或只画断面导致分离时，都按“剖视”画：画出机件邻接部分的投影，将断面连接起来即可。

B—*B* 断面图，图 5-24(b)正确，图 5-24(d)错误。此断面的上端是圆锥形凹坑，中间是圆柱孔，需要按剖视画，画出邻接圆柱面的投影(是圆弧)。如果中间的水平孔不是回转体，也要按剖视画，否则会导致断面分离。

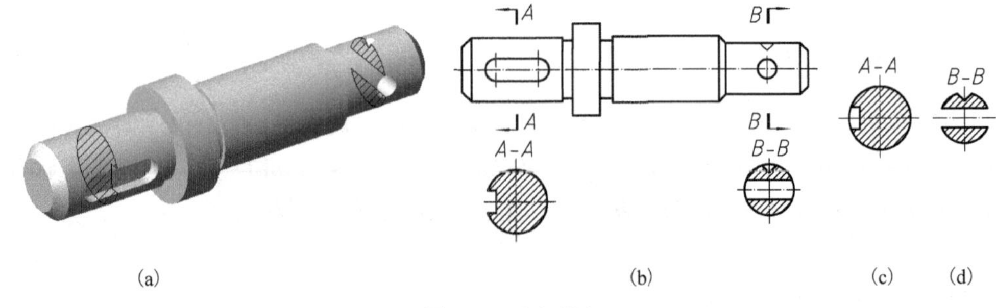

图 5-24　断面图

2. 断面图的种类

(1)移出断面。

① 将断面图画在视图的外面，轮廓线画为粗实线，剖面符号画为细实线，如图 5-24(b)所示。

② 当断面图对称时，如果机件较长，没有足够的绘图空间，或为了节省空间，可将断面图画在视图的中断处，如图 5-25(a)所示。

③ 当棱线分组平行时，可以用多个垂直于棱线的剖面截切，形成多个断面，如图 5-25(b)所示。

图 5-25(b)需要用两个与棱线垂直的剖面分别截切。分开画两个截面的断面形状，用波浪线分界。*a*、*b* 两段线仅用来表达对应断面的厚度，不要画得太长。

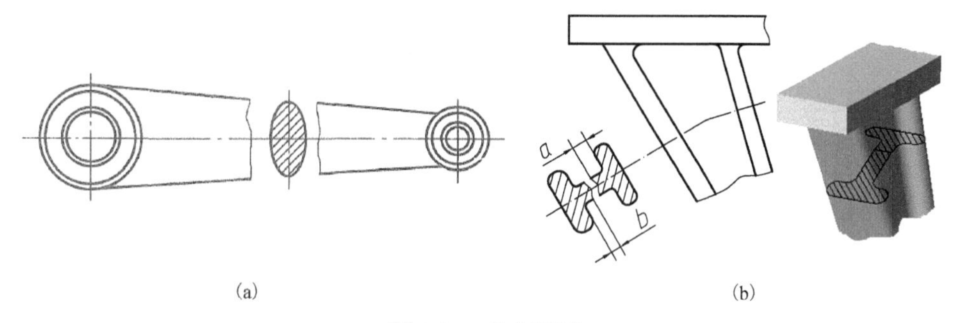

(a)　　　　　　　　　　　　　　　　　　　　(b)

图 5-25　移出断面

(2) 重合断面。

断面图画在视图的里面。轮廓线、剖面符号都画为细实线，如图 5-26(a)、(b)所示。当细实线与轮廓线重合时，细实线不画，轮廓线不变。

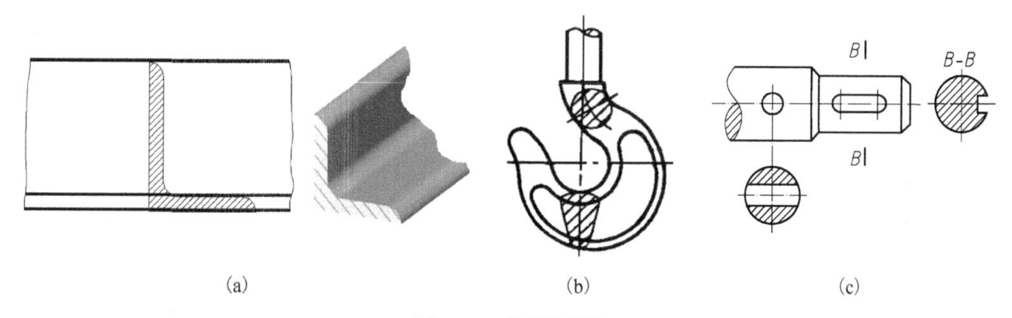

(a)　　　　　　　　　　　(b)　　　　　　　　　　　(c)

图 5-26　图断面图

3. **断面图的标注**

(1) 一般情况与剖视图的规定相同。

用两段粗实线、箭头、字母分别表示剖切面的位置、投影方向和名称。

(2) 画在剖切符号的延长线上，不对称的断面图，可省略名称。如图 5-24(b)的 *A*—*A*、*B*—*B* 断面，都可以省略名称；对称的可以不标注，但要将断面图的中心线和剖切“孔”的中心线画为一条线，表达剖切位置，如图 5-26(c)所示。

(3) 重合断面图的标注，与放置在剖切符号的延长线上的断面图的标注相同。

(4) 没有画在剖切符号延长线上的对称断面图，可以省略箭头。因为向两个方向投影得到相同的断面图。

(5) 按投影位置放置断面图，可以省略箭头，如图 5-26(c)的 *B*—*B* 断面。

5.6　特殊表达方法

特殊表达方法包括局部放大图、规定画法与简化画法。

5.6.1　局部放大图

为了表达机件上较小结构的形状或为了便于标注尺寸，将图形视图以大于原图的比例画出，如图 5-27(a)所示。这种比例大于原图比例的局部视图，称为局部放大图。局部放大图可以画成视图、剖视图、断面图等各种形式。局部放大图尽量画在放大部位附近，所用比例大于原图比例，图形可能小于或大于实际机件。

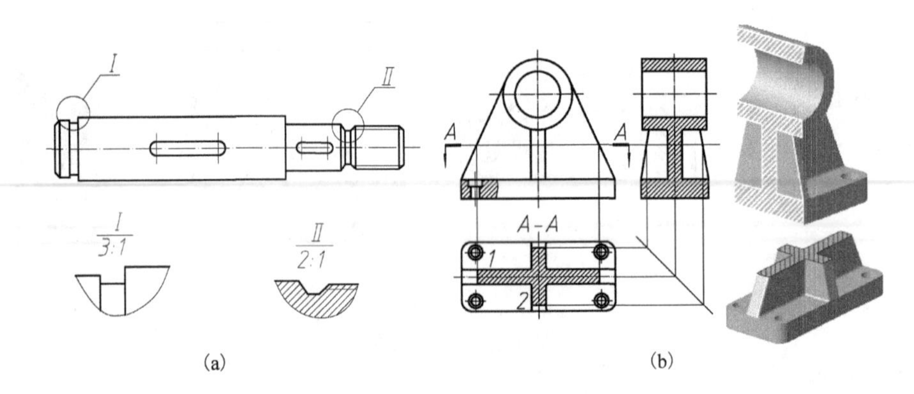

(a)　(b)

图 5-27　局部放大图、规定画法

将机件被放大的部位用细实线圆或椭圆圈出，用指引线标注罗马数字作为名称。在局部放大图的上方用分数形式标注：图名(罗马数字)/比例，如图 5-27(a)所示。如果仅有一个局部放大视图，可以不标注名称，把被放大的部位用细实线圆或椭圆圈出，在局部放大图的上方标注比例。

5.6.2　规定画法

(1)机件的筋板、轮辐、薄壁等结构，沿纵向剖切形成的剖视图，不画剖面线(表示厚度小)，用粗实线将它与邻接部分分开；如果沿横向剖切必须画剖面线。

图 5-27(b)的左视图，筋板 1(见俯视图)沿横向剖切，画剖面线；筋板 2 沿纵向剖切，不画剖面线。在俯视图中两筋板都沿横向剖切，都画剖面线。

另外在俯视图中，剖切面的上下位置影响筋板截面的大小。确定剖切面位置(使截面大小适中)以后，要严格按“长对正、宽相等”画截面投影，如图 5-27(b)所示。

(2)辐射状分布筋板、轮辐等结构，转到剖面上画出；辐射状分布的相同的孔，只详细画出一个，其余的用中心线表示位置。

图 5-28(a)所示机件的主视图，筋板 *A* 转到剖面上按“长相等”画出，如图 5-28(b)所示。不能按“长对正”画为图 5-28(c)的样子。三个相同的孔，只详细画出一个孔，另外两个用中心线表示位置，并将中心线旋转，按“长相等”画出，如图 5-28(b)所示。

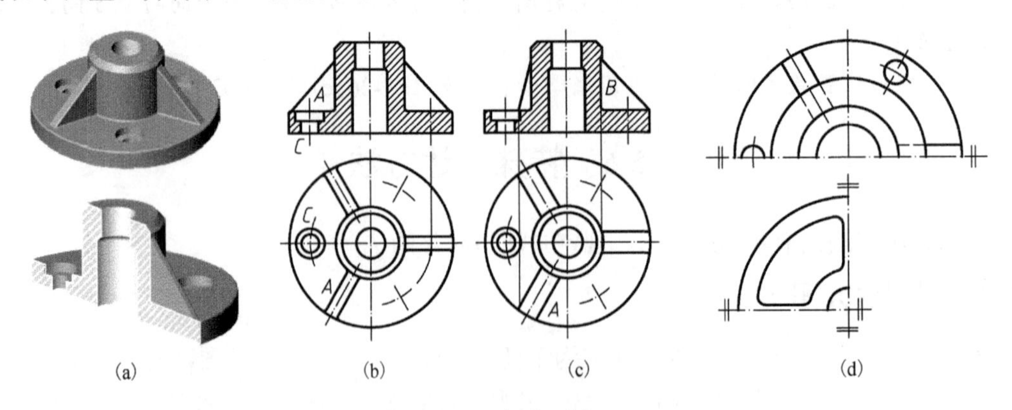

(a)　(b)　(c)　(d)

图 5-28　规定画法

提示　筋板不画剖面线时，用圆柱“轮廓线”（非截交线）的投影，将其与圆柱筒分开。图 5-28（c）的筋板 *B* 画的是截交线，不正确。

5.6.3　简化画法

简化画法是在不影响表达方案完整、清晰的前提下，用比投影简单的图形表达机件的形状。其简化方法必须严格按国家标准的规定去做。简化画法包括简化作图和简化标注。前面介绍的省略标注属于这一范畴。下面是国标中列举的常用简化画法。

（1）对称视图可以只画一半，或四分之一。但要在中心线上标注对称符号“＝”，表示中心线两侧的形状相同，如图 5-28（d）所示。

半视图，适用于一个方向对称的图形，画两个对称符号；四分之一视图，适用于两个方向都对称的图形，画四个对称符号。

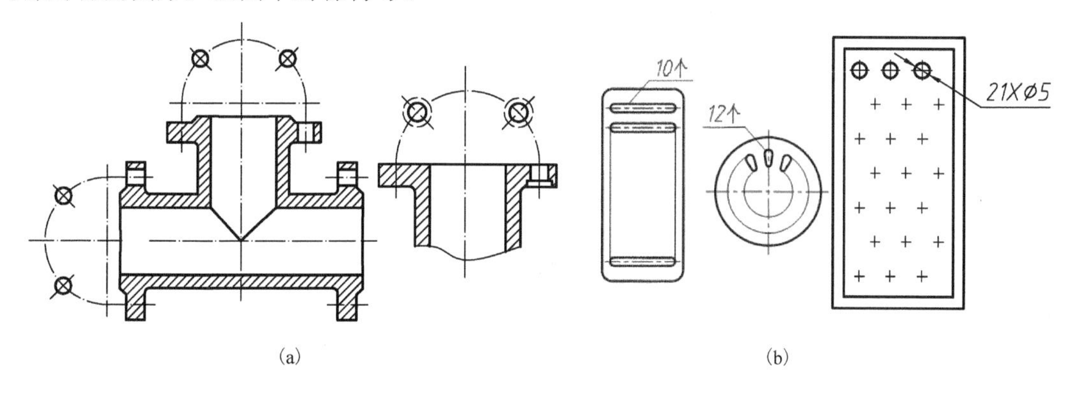

(a)　(b)

图 5-29　简化画法

（2）法兰（盘状机件或结构）或类似机件端面上均布的孔，可以只画孔的投影和中心线，如图 5-29（a）所示。

（3）机件上若干相同结构（齿、槽、孔等），按一定规律分布时，只画出几个的完整投影，其余用细实线连接，或只画中心线或加号“+”表示位置，并注明总个数，如图 5-29（b）所示。

（4）轴、杆类细长机件，沿长度方向形状相同或按一定规律变化时，允许断开画。但仍然要标注实际尺寸，倾斜线画为实际倾角，如图 5-30（a）所示。

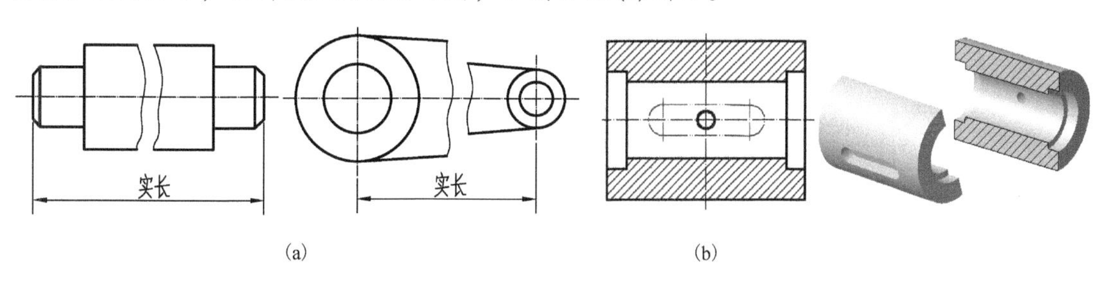

(a)　(b)

图 5-30　简化画法

（5）需要表达剖切面前面的结构时，将其投影画为双点画线，如图 5-30（b）所示。

（6）当回转体上截切形成的平面，表达不够清晰时，可在平面内标注平面符号（用细实线画两条对角线），如图 5-31（a）所示。

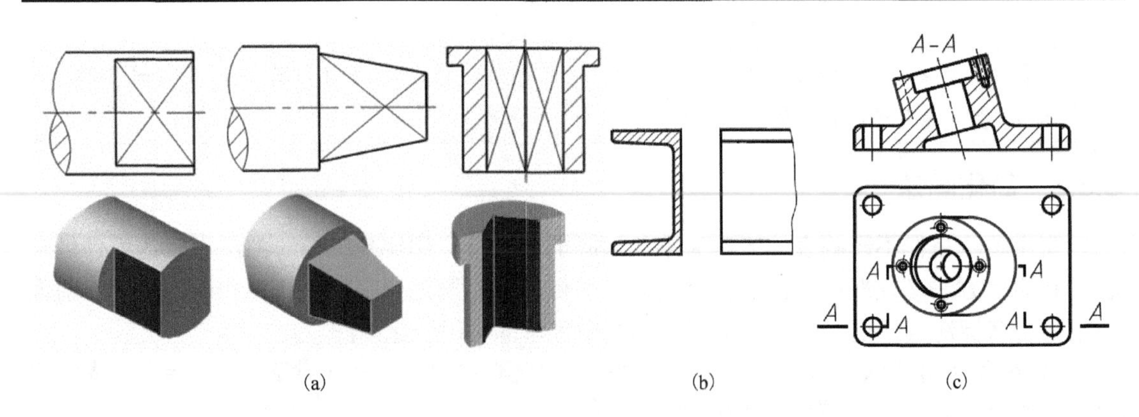

(a)　(b)　(c)

图 5-31　简化画法

(7)机件上较小结构，如果已有其他视图表达清楚，又不影响看图，则可以简化或省略。

① 斜度不大的表面，可以按小端画一条线，如图 5-31(b)所示。

② 与投影面的倾角≤30°的圆或圆弧的投影，可以用圆或圆弧代替，如图 5-31(c)所示。

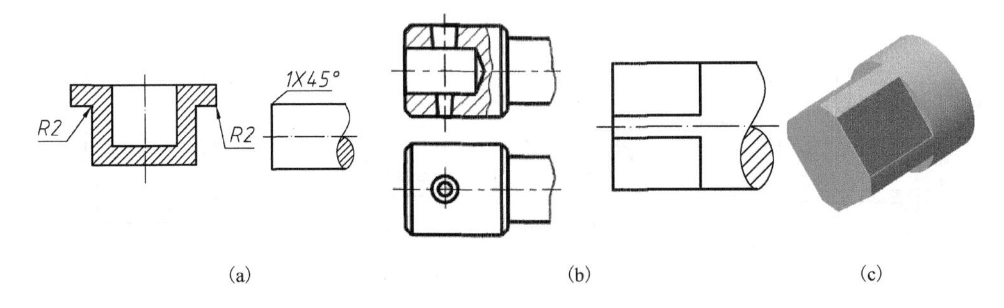

(a)　(b)　(c)

图 5-32　小机构简化

③ 小的圆角、45°倒角可以不画，但需要用引出形式标注尺寸，或技术要求中注明(如锐角倒钝 *R*1)，如图 5-32(a)所示。

(8)在不致引起误解时，机件表面的交线(相贯线、截交线、过渡线)，曲线可以简化为直线、圆或圆弧，或省略不画。

图 5-32(b)的圆柱与圆锥的相贯线，主视图简化为直线，俯视图简化为圆。图 5-32(c)圆柱表面的截交线，靠近轮廓线的两条没有画。

(9)滚花可以在轮廓线附近用粗实线画一个小的局部，如图 5-33(a)所示。

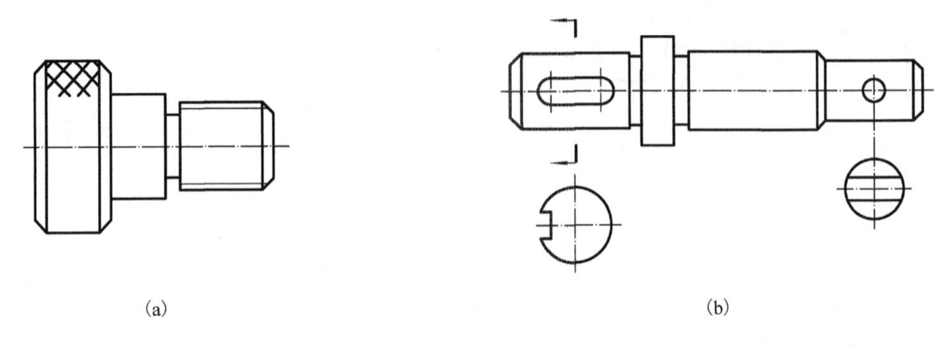

(a)　(b)

图 5-33　简化画法

(10) 移出断面，在不致引起误解时，允许省略剖面符号，标注方法不变，如图 5-33(b) 所示。

思考题、预习题

5-1 判断下列各命题，正确的在(　)内打“√”，不正确的在(　)内打“×”

(1) 在工程图中表达机件形状，相当灵活，可以选择多种视图，很少使用三视图。(　　)

(2) 构成机件的基本体主要是直柱体，需要用两个图分别表达其端面实形和厚度。(　　)

(3) 波浪线是细实线，弯曲要适度，不要有尖角和太多的“波浪”。(　　)

(4) 局部视图与向视图的画法相同，区别仅在于局部视图只画需要表达的部分，需要画波浪线。(　　)

(5) 局部视图的波浪线对应断裂面的投影，其端点必须在轮廓线上；被波浪线截断的轮廓线的端点也必须在波浪线上。(　　)

(6) 斜视图是，当机件要表达部分与基本投影面倾斜时，创建一个与该部分平行的辅助投影面，向该面投影得到的局部视图。(　　)

(7) 斜视图有时可以省略标注。(　　)

(8) 选择机件表达方案时，选择主视图以后，要从俯视图、左视图中选择一个反映特征多的视图。(　　)

(9) 剖视图是为了表达不可见部分的形状，假想地用剖切面将机件剖开，不影响其他视图。(　　)

(10) 剖面符号可以区分机件的空心部位与实心部位，使投影图具有一定的立体感，并能表示机件的材质。(　　)

(11) 用两段粗实线表示剖切符号。两段线的间隔由剖切面的大小决定。(　　)

(12) 省略视图标注是一项“授权”规定，可以不标注，也可以标注。但不能省略的，如果没有标注，别人看图时会认为符合省略的条件，容易引起误解。(　　)

(13) 全剖视图适用于外形简单、图形不对称的机件，或已经用其他视图表达清楚外形的场合。图形对称时，一般画为半剖视图。(　　)

(14) 半剖的优点在于：强调对称，将内外形状分开表达，因而剖开表达过的不可见结构，其另一半在不剖侧的投影一定要省略不画。(　　)

(15) 图形基本对称，且不对称的结构其他视图已经表达清楚时，也可以作半剖视。但对于非常见结构，把不对称机件画为半剖，可能会引起误解。(　　)

(16) 剖视是为了表达不可见结构，可见的不能作剖视。(　　)

(17) 一个视图两处及以上局部剖时，尽量集中剖。(　　)

(18) 由于剖切符号仅代表剖切面的位置，与剖切范围无关，因而局部剖的标注与全剖视的相同。(　　)

(19) 局部剖适用范围非常广泛，凡是不便于画半剖视、全剖视的都可以用局部剖表达内部结构。(　　)

(20) 当可以用阶梯剖或旋转剖时，优先选用阶梯剖，因为阶梯剖比旋转剖更为直观。(　　)

(21) 如果机件较长，没有足够的绘图空间，或为了节省图纸空间，可将断面图画在视图的中断处。 ( )

(22) 当棱线分组平行时，可以用多个垂直于棱线的剖面截切，形成多个断面。 ( )

(23) 局部放大图比实际机件大。 ( )

(24) 局部放大图的图名用罗马数字表示。 ( )

(25) 机件的筋板、轮辐、薄壁等结构，沿纵向剖切形成的剖视图，不画剖面线，如果沿横向剖切必须画剖面线。 ( )

(26) 辐射状分布筋板、轮辐等结构，转到剖面上画出；辐射状分布的相同的孔，只详细画出一个，其余的用中心线表示位置。 ( )

(27) 法兰盘上均布的孔，可以只画孔的投影和中心线。 ( )

(28) 表达剖切面前面的结构时，将其投影画为双点画线。 ( )

5-2 不定项选择题(在正确选项的编号上画“√”)

(1) 基本视图有____个。

A．3 B．6 C．2

(2) 在视图上用箭头指示投影方向，需要弄清：

A．箭头指向哪个视图，表示箭头标在这个视图上，以该图定方向

B．尽可能将箭头标注在主、俯、左三个视图上

C．最好将箭头标注在后、仰、右三个视图上

(3) 新增设后、仰、右三个视图的主要作用是：

A．在形状相同的视图中选用虚线少的视图

B．因为三维立体有六个端面

C．当同一方向两个端面形状不同时，用两个图分开表达它们的形状

(4) 确定局部视图的局部大小，主要考虑的三个因素：

A．简化作图 B．要表达的基本体的形状要尽量完整

C．考虑是否需要表达相对位置 D．不能用轮廓线分界

(5) 斜视图的辅助投影面必须与一个基本投影面

A．平行 B．垂直 C．倾斜

(6) 确定剖切面的位置应考虑的因素有：

A．剖切面通过机件的对称面、轴线，使截交线就是轮廓线

B．剖切面平行于投影面，使截交线的投影就是轮廓线的投影

C．只要剖开看到内部形状即可

(7) 对金属材料的剖面符号的要求有：

A．45° 斜线、细实线 B．间隔均匀、疏密得当

C．同一个零件不同视图的倾斜方向要相同

(8) 剖视图可以省略标注的情况：

A．剖视图按基本视图位置放置，可省略箭头

B．单一剖切平面通过机件的对称平面或基本对称平面，可以省略标注

C．剖视图按基本视图位置放置，可以省略标注

D．满足 B、C 才可以省略标注

(9) 图 5-12(c) 表示的剖视图有____个剖切面。

A．1　　B．2

(10) 确定局部剖的剖切范围，应考虑的因素有：

A．局部剖表达的小孔、凹坑等尽量全剖出

B．不能全剖时，要在孔的一侧从一端连续到另一端

C．局部剖后保留的端面尽量完整。当端面是圆时，可以小一些

D．兼顾图形的协调与美观

(11) 在断面图中仅画断面形状，或按“剖视”画。需要按“剖视”画的条件是：

A．剖切平面通过回转体的孔或凹坑的轴线时　　B．只画断面导致分离时

(12) 在断面图中有时需要按“剖视”，剖视的含义是：

A．与剖视图相同　　B．画出机件邻接部分的投影，将断面连接起来即可

C．需要在断面之外补画多少线无规律

(13) 对重合断面表述正确的有：

A．轮廓线、剖面符号都画为细实线

B．断面图画在视图形的里面

C．标注与放置在剖切符号的延长线上的断面图的标注相同

D．与轮廓线重合

(14) 局部放大图可以画为：

A．视图　　B．剖视图

C．断面图　　D．斜视图

(15) 机件的筋板、轮辐、薄壁等结构，沿纵向剖切形成的剖视图，用粗实线将其与邻接部分分开，“粗实线”是：

A．轮廓线　　B．截交线　　C．相贯线

(16) 对简化画法表述正确的是：

A．只能是国家标准中规定的画法

B．根据需要自己确定

5-3 归纳与提高题

(1) 总结向视图的标注规律。

(2) 归纳向视图、局部图、斜视图的适用范围。

(3) 归纳局部图与斜视图的画图要点。

(4) 总结画波浪线应注意的问题。

(5) 说明作剖视的原因。

(6) 简述画剖视图应注意的问题。

(7) 归纳视图与剖视图的标注要点。

(8) 总结各种剖视图的适用范围。

(9) 如何确定局部视图和局部剖视图的大小？

(10) 简述剖视图与断面图的异同。

(11) 总结常用的简化画法。

(12) 简述简化画法中小结构的画法。

5-4 第 6 章预习题

(1) 何为螺纹五要素?

(2) 在螺纹投影图中，如何区别牙顶线与牙底线？如何表达螺纹长度?

(3) 各种螺纹的标注方法。

(4) 齿轮的主要参数，如何表达齿顶圆与齿根圆?

(5) 键槽尺寸的确定方法。

(6) 键与槽结合部位，为什么有的画一条线，有的画两条线?

(7) 键连接图、螺纹连接图是装配图，根据这两种图的画法，说明画装配图的要点。

(8) 在零件图中如何表达压力角、模数的参数?

(9) 弹簧示意画法的应用场合。

(10) 轴承的分类，滚动轴承的画法。

第 6 章　标准件和常用件

现代工业发展的最大成就之一是产品的标准化。标准化的零件即标准件，其形状、画法、尺寸、标记等都由国家或国际标准委员会设计、制定，由专业厂家生产，质量可靠，成本低，用户生产准备周期短，因而在设计中，应当尽量采用标准零件。常用的标准件包括螺栓、螺母、垫圈、螺钉、键、轴承等。常用件是经常使用的零件，标准委员会对其部分结构作了标准化，如零件上的螺纹、齿轮的轮齿等。本章介绍它们的画法和标注方法。

6.1　螺　　纹

螺纹是在圆柱(锥)表面上，沿着螺旋线形成的、具有相同剖面的连续凸起和沟槽。螺纹在圆柱(锥)外表面上的称为外螺纹，在内表面上的称为内螺纹，如图 6-1 所示。

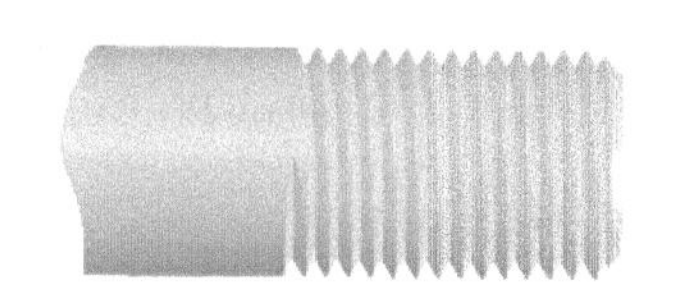

(a) 外螺纹

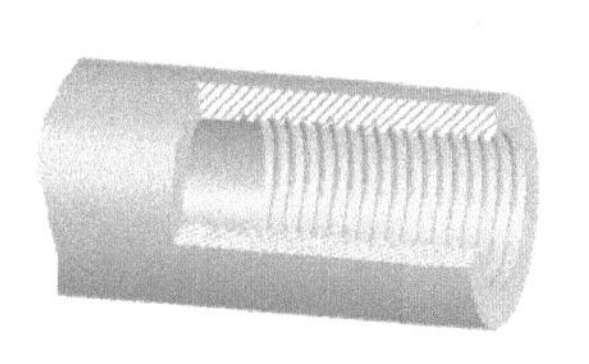

(b) 内螺纹

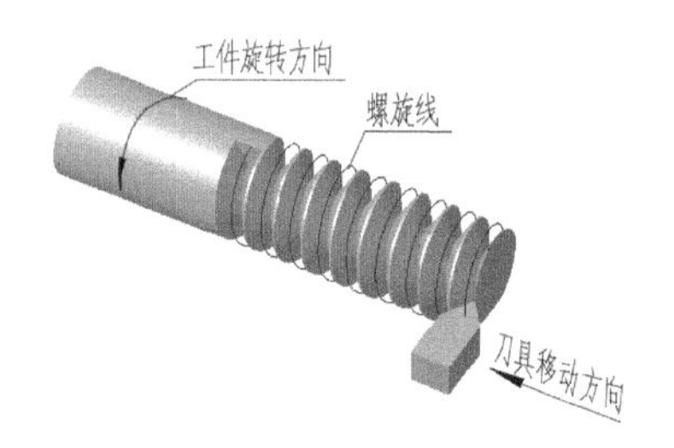

(c) 螺纹加工示意图

图 6-1　螺纹

6.1.1　螺纹的形成

加工螺纹，就是在圆柱(锥)表面上，沿着螺旋线切除凹槽对应的材料。加工螺纹有车削(工件旋转、刀具移动)、铣削(工件移动、刀具旋转)、碾压搓丝等方式。车削螺纹的刀具截面形状与螺纹凹槽截面形状相同，工件每旋转一周，刀具移动一个螺距的距离，如图 6-1(c) 所示。车削、铣削外螺纹的实景照片，见图 6-2。加工内螺纹，需要在圆柱(锥)内表面上沿着螺旋线切除凹槽对应的材料，加工原理与外螺纹的相同。

(a) 车削螺纹

(b) 铣削螺纹

图 6-2　车削、铣削螺纹的实景照片

6.1.2　螺纹的五要素

螺纹有牙型、大径(小径和中径)、线数、螺距 P 和导程 S、螺纹的旋向五种参数，称为螺纹五要素。

1. 牙型

牙型是在通过螺纹轴线的剖面上，螺纹的截面形状。有三角形、梯形、锯齿形、矩形等类型，如图 6-3 所示。

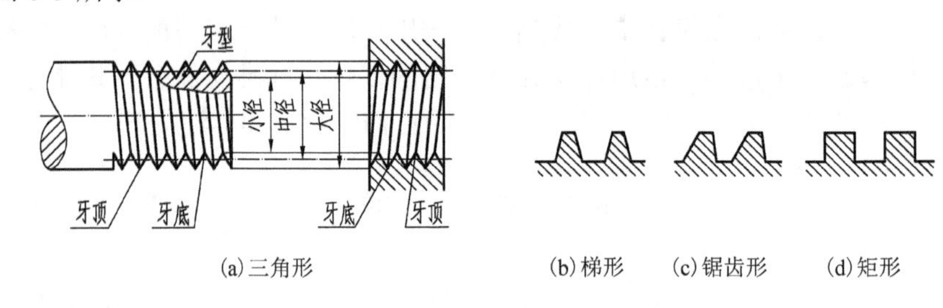

(a)三角形　(b)梯形　(c)锯齿形　(d)矩形

图 6-3　牙型

2. 大径、小径和中径

大径是与外螺纹牙顶或内螺纹牙底相切的假想圆柱面的直径；小径是与外螺纹牙底或内螺纹牙顶相切的假想圆柱面的直径；中径是沟槽和凸起宽度相等处假想圆柱面的直径，如图 6-3(a)所示。

3. 线数 n

根据应用的需要，螺纹可以沿一条或多条螺旋线形成螺纹。用以生成螺纹的螺旋线数称为线数 n。沿一条螺旋线形成的螺纹称为单线螺纹，沿两条或两条以上螺旋线形成的称为多线螺纹，如图 6-4(a)、(b)所示。

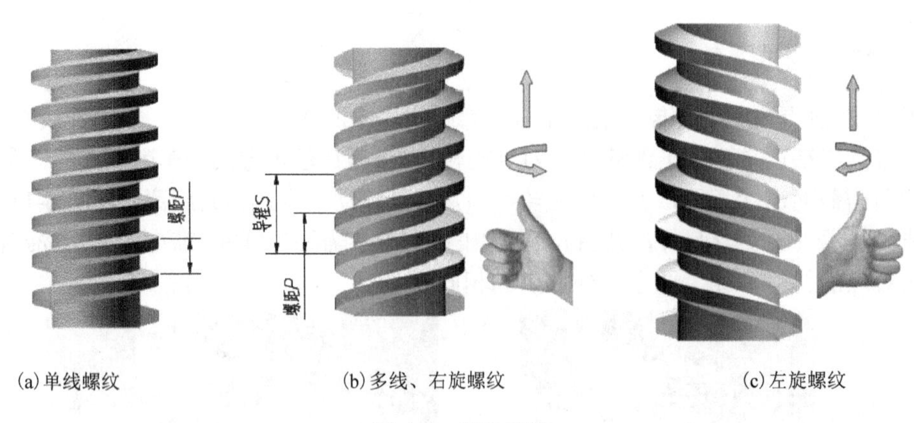

(a)单线螺纹　(b)多线、右旋螺纹　(c)左旋螺纹

图 6-4　螺纹线数

4. 螺距 P 和导程 S

螺距 P 是相邻两牙对应点之间的轴向距离，如图 6-4(a)所示。

导程 S 是同一条螺纹上相邻两牙对应点之间的轴向距离，如图 6-4(b)所示。

单线螺纹 $S=P$；多线螺纹 $S=P\times n$。

5. 螺纹的旋向

符合右手螺旋法则的螺纹称为右旋螺纹，即握起右手，四指指向螺纹的旋转方向，拇指指向螺纹的移动方向，如图 6-4(b)所示。符合左手螺旋法则的螺纹称为左旋螺纹，即握起左手，四指指向螺纹的旋转方向，拇指指向螺纹的移动方向，如图 6-4(c)所示。

螺纹竖直放置，右旋螺纹右边高，左旋螺纹左边高，如图 6-4(b)、(c)所示。

只有牙型、直径、螺距、线数和旋向都分别相同的内、外螺纹，才能相互旋合使用。

6.1.3 螺纹的画法

如果按投影画螺纹的零件图，图形如图 6-3(a)所示，作图非常烦琐。由于用螺纹五要素就可以确定其形状和大小，不需要在图上标注其他尺寸。为了简化作图，国家标准给出了螺纹的规定画法。

1. 外螺纹规定的画法

在非圆视图(投影方向垂直于螺纹轴线)上，外螺纹的牙顶用粗实线表示，牙底用细实线表示，细实线伸入螺杆的倒角或圆角内，与粗实线相交。表示螺纹长度的终止线(简称螺纹终止线)用粗实线表示；在圆形视图(投影方向平行于轴线)上，牙顶用粗实线圆表示，牙底画为细实线圆弧，约 3/4 圈。倒角圆省略不画(投影与细实线圆弧距离很近，无法表达清楚)，如图 6-5 所示。

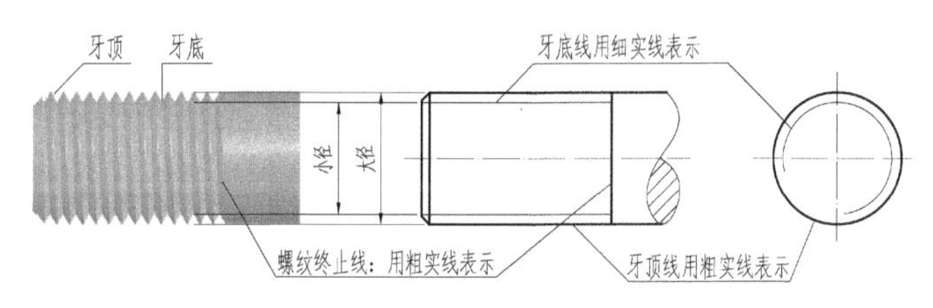

图 6-5　外螺纹的规定画法

> 提示　作图时通常将小径取值为大径的 0.85，大径线和小径线的间隔不小于 0.7mm。

在剖视图中，剖切到的螺纹终止线只画出大径和小径之间的部分，没有剖到的螺纹终止线画到波浪线，剖面线画到粗实线，如图 6-6(a)所示。需要表示螺尾时，用与轴线成 30° 的细实线，如图 6-6(b)所示。

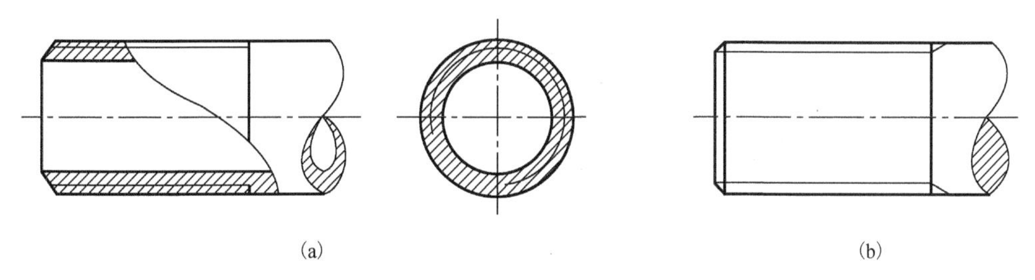

(a)　　(b)

图 6-6　外螺纹画法

2. 内螺纹的画法

内螺纹一般画为剖视图。在非圆视图上，牙顶(小径线)和螺纹终止线用粗实线表示；牙底(大径线)用细实线表示；在圆形视图中，牙顶用粗实线圆表示，牙底画为细实线圆弧，约 3/4 圈。倒角省略不画；剖面线画到粗实线，如图 6-7(a)所示。

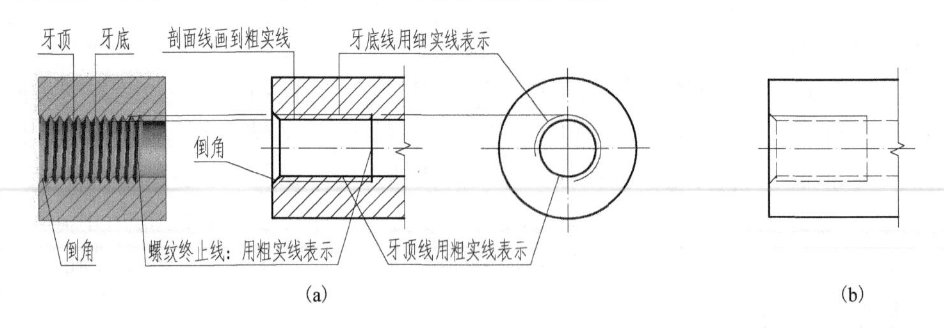

图 6-7　内螺纹画法

内螺纹未剖视时，大径线、小径线、螺纹终止线均画虚线，如图 6-7(b)所示。

上面介绍的是零件上螺纹的规定画法(简化画法)。零件的其他部分仍按投影画图。

加工内螺纹孔，需要先钻孔再攻丝，如图 6-8(a)所示。钻孔时由于钻头头部的锥度，在孔的末端形成相同角度的圆锥面，锥角约为 118°，画图时简化为 120°。如果要刻意制作平底孔，需要额外增加许多成本。为了在加工螺纹时，避免碰撞，保护攻丝的丝锥，螺纹深度要小于孔的深度。这样制作的螺纹孔，螺纹牙顶线与孔的轮廓线对齐，即孔径等于螺纹小径。螺纹按规定画法，将牙顶画为粗实线，牙底画为细实线，剖面线画到粗实线，如图 6-8(b)所示。

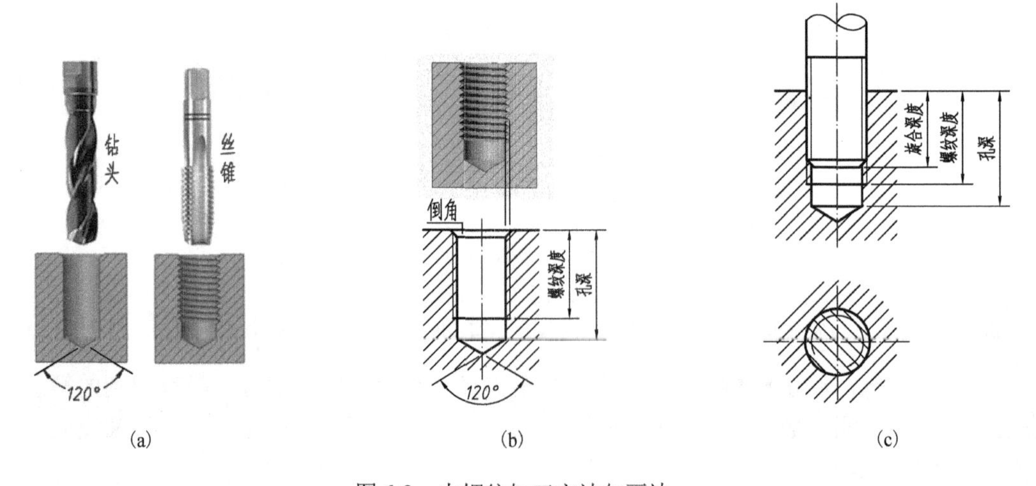

图 6-8　内螺纹加工方法与画法

3. 螺纹连接的画法

五要素分别相同的内、外螺纹旋合到一起，称为螺纹连接。重合部分的长度称为旋合长度。螺纹的深度要大于旋合长度，如图 6-8(c)所示。在绘制螺纹连接的剖视图时，旋合部分按外螺纹画，其余部分仍按各自的画法绘制。画图顺序：①画外螺纹；②确定内螺纹的轴向位置；③画内螺纹非重合部分。

提示　内、外螺纹大小径分别相等，对应的轮廓线分别对齐；剖面线画到粗实线。

6.1.4　螺纹的标注

五要素都与国标规定一致的螺纹，称为标准螺纹。本节介绍标准螺纹的标注方法。国家标准对螺纹的标注作了统一规定，用户只要按标准中的规定进行标注即可。国家隔一段时间会推出新的标准，标注项目或格式会略有变化，在应用中应当按新标准进行标注。

螺纹标注的要求是让人们能够根据标注的项目，买到满足使用性能的螺纹。

1. 梯形螺纹的标注

梯形螺纹标注项目如下：

[特征代号] [公称直径] × [导程(P 螺距)] [旋向代号] – [中径公差带代号] – [旋合长度代号]

梯形螺纹特征代号：Tr；公称直径：大径；多线螺纹同时标注导程和螺距，格式：导程(P 螺距)，单线螺纹只标螺距；旋向：右旋省略不标，左旋标注 LH。旋合长度分为中等(N)、长(L)两种，N 省略标注。必要时可用数值注明旋合长度。中径公差带代号由一个数字和字母组成，如 6H、5g 等，内螺纹用大写字母，外螺纹用小写字母。公差带的相关概念，如图 6-9(a)所示。

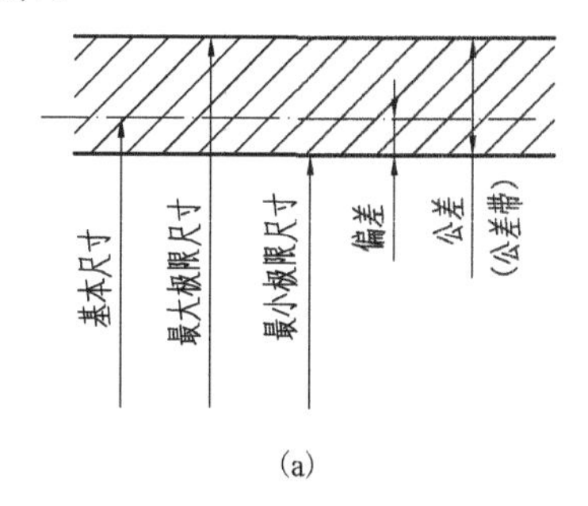

(a)

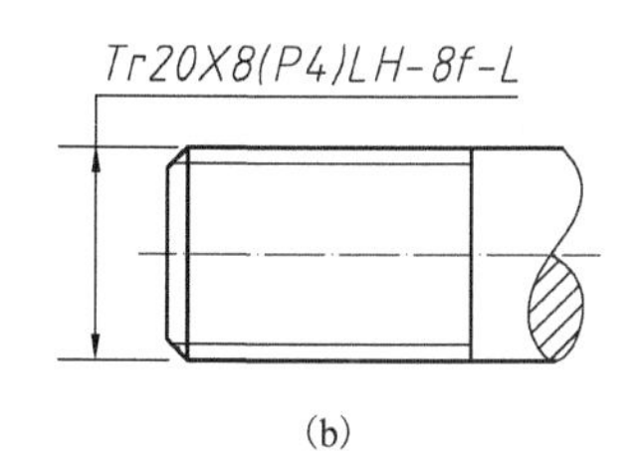

(b)

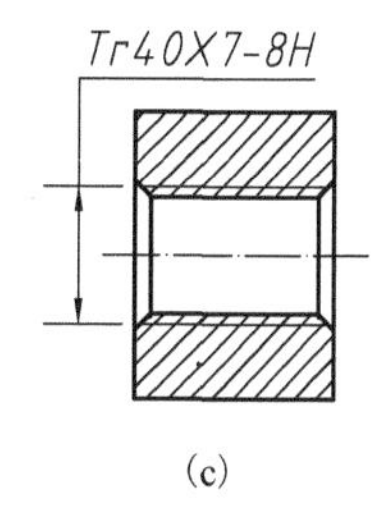

(c)

图 6-9　梯形螺纹的标注

螺纹上标注的大径等尺寸，都是理想尺寸即基本尺寸。零件的实际尺寸一定会有加工误差，但不能太大。允许的最大尺寸称为最大极限尺寸，允许的最小尺寸称为最小极限尺寸。尺寸允许的变化范围即两个极限尺寸之差称为公差，用数字表示，反映零件的加工精度。公差对应图 6-9(a)的带型区域，称为公差带。极限尺寸与设计尺寸之差称为偏差，用字母表示，反映零件偏大或偏小，例如用来调整内、外螺纹旋合后的松紧程度等。

梯形螺纹按直径方式标注在大径上，如图 6-9(b)、(c)所示。图 6-9(b)表示：梯形螺纹，大径 20，导程 8，螺距 4，双线，左旋；中径公差带代号 8f，长旋合长度。图 6-9(c)表示：梯形螺纹，大径 40，螺距 7，中径公差带代号 8H，其他选项为默认值：单线，右旋，中等旋合长度。

2. 锯齿形螺纹的标注

锯齿形螺纹的特征代号是 B，标注方式与梯形的相同。例如，B20×8(P4)LH-6F-S。

3. 普通螺纹的标注

普通螺纹的完整标记符号为：

[特征代号] [公称直径] ×[PH 导程 P 螺距] – [旋向代号] – [中径、顶径公差带代号] – [旋合长度代号]

普通螺纹特征代号 M，公称直径仍为大径。大多为单线螺纹，同一直径有几种螺距，见附表 1，螺距取最大值时，称为粗牙螺纹，取其他值为细牙螺纹。粗牙螺纹不标螺距，查该表确定数值。而细牙螺纹有多种螺距，需要标注选用值。旋向：右旋省略不标，左旋标注 LH。中径、顶径公差带代号，当取值相同时，只标注一个代号。内螺纹用大写字母，外螺纹用小写字母；旋合长度分为短(S)、中等(N)、长(L)三种，N 省略标注。

普通螺纹按直径标注方式标注在大径上，如图 6-10(a)、(b)所示。图 6-10(a)表示：普通螺纹，大径 12，螺距 1.5(细牙)，左旋；中径、顶径公差带代号分别为 5f、6f，短旋合长度；图 6-10(b)表示：普通螺纹，大径 20，中径、顶径公差带代号均为 6G，其他选项为默认值：单线，粗牙，右旋，中等旋合长度。

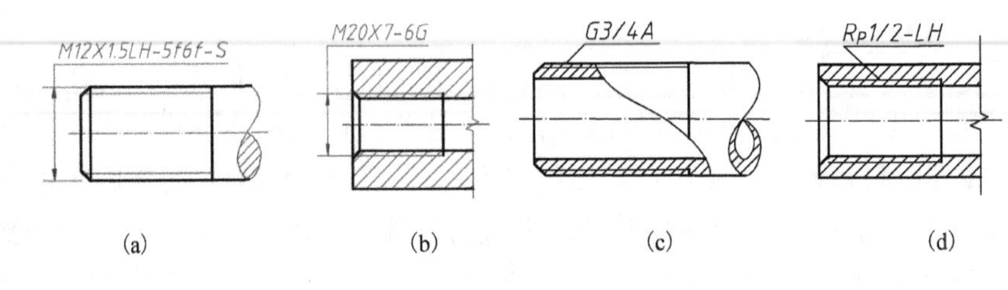

图 6-10　螺纹标注

4. 管螺纹的标注

管螺纹的完整标记符号为：

特征代号 尺寸代号 – 公差等级代号 – 旋向代号

管螺纹分为密封管螺纹和非密封管螺纹。非密封圆柱管螺纹的特征代号是 G；密封管螺纹分为四种。其中圆柱内螺纹、圆锥内螺纹代号分别为 R_P、R_C，圆锥外螺纹代号有 R_1、R_2 两种。非密封圆柱外螺纹有 *A*、*B* 两种精度等级，需要注明，其他管螺纹只有一种精度等级，不用标注。右旋不标注，左旋标注 LH。由于尺寸代号不代表螺纹的任何尺寸，不能像其他螺纹那样标注在大径上。需要从大径引出标注，如图 6-10(c)、(d)所示。图 6-10(c)表示：非密封的圆柱外管螺纹，尺寸代号 3/4，A 级精度，右旋；图 6-10(d)表示：密封圆柱内管螺纹，尺寸代号 1/2，左旋。非密封管螺纹可以根据尺寸代号查附表 2 得出螺纹大径。

5. 非标准螺纹的标注

非标准螺纹由用户自己设计，应标注全部尺寸和相关参数，如牙型尺寸、螺距、大径、小径、线数、旋向等，如图 6-11(a)、(b)所示。图 6-11(b)用局部放大图表达牙型。

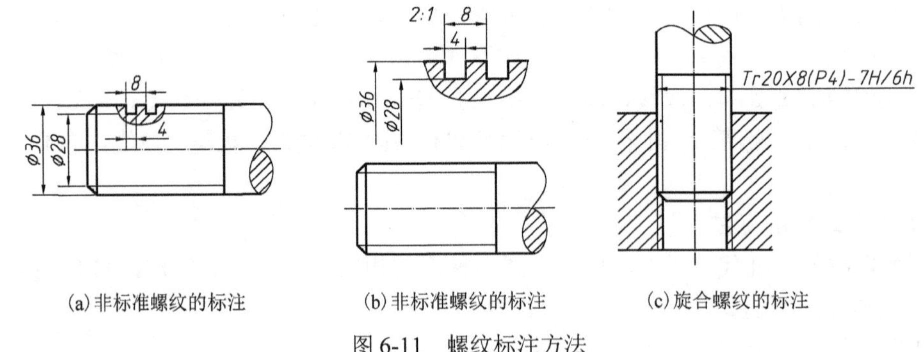

(a) 非标准螺纹的标注　(b) 非标准螺纹的标注　(c) 旋合螺纹的标注

图 6-11　螺纹标注方法

6. 旋合螺纹的标注

两旋合螺纹的尺寸参数相同，只有公差带代号不同，标注方法如图 6-11(c)所示。内螺纹公差带代号写在分子上，用大写字母；外螺纹公差带代号写在分母上，用小写字母。

6.2　螺纹紧固件

螺纹紧固件的类型很多，结构和尺寸都已经标准化，用户只需要根据有关标准选用即可。图 6-12 是几种常见的螺纹紧固件。

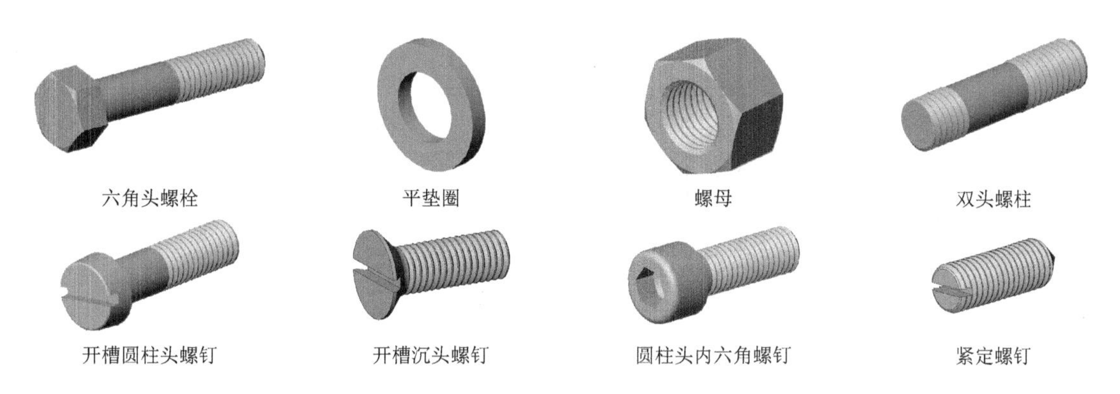

图 6-12　螺纹紧固件

螺纹紧固件由专业厂家生产，一般不画零件图，只在装配图(机器或部件的投影图，详见第 8 章)中按简化画法绘制：不画倒角和圆角的投影，螺纹部分按上述规定画，其余部分采用比例画法：将螺纹大径 d 乘以系数得到其他尺寸，如图 6-13 所示。

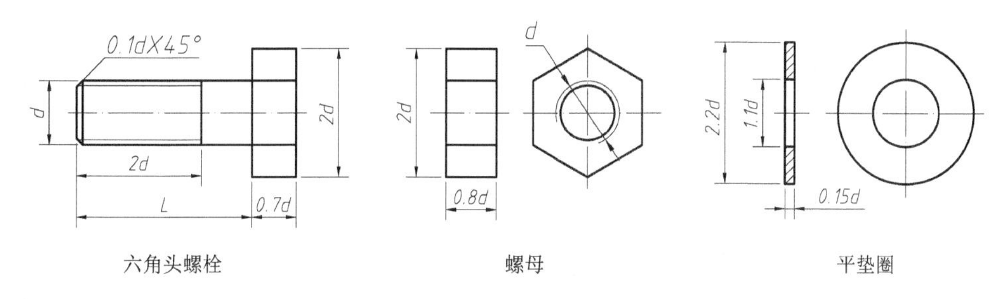

图 6-13　螺纹紧固件投影图

6.2.1　螺栓连接

在螺栓连接中，应用最广的是六角螺栓、六角螺母、垫圈组成的连接，如图 6-14(a)、(b)所示。

螺栓连接图是装配图，需要遵循如下规定。

(1) 两被连接件的接触面画一条线，剖面线方向相反。

(2) 螺栓、垫圈、螺母等标准件按不剖画。

(3) 不接触的面画两条线。将两线之间的间隙放大到 0.7mm。

为了保证螺栓顺利装入螺栓孔中，孔径略大于螺栓直径，按 $1.1d$ 画。当间隙 $(0.1d/2)<0.7$mm 时，放大到 0.7mm；$b_1=0.3d$，其余部分按图 6-13 给出的比例画。螺栓长度 $l=\delta_1+\delta_2+0.15d$(垫圈厚)$+0.8d$(螺母)$+0.3d$，计算后，查附表 3 的 l 系列，取标准值。例如，计算长度为 53，取 55。垫圈和螺母的厚度查附表 11 和附表 4 确定更为精确。

画图时，可以先画俯视图。以 $2d$ 为直径，画圆，六等分，画内接正六边形，根据“长对正，高平齐，宽相等”和图 6-13 标注的比例，画主视图和左视图，省略倒角。初学者画图时，注意不要出现图 6-14(c)所示的错误。1 处漏画螺纹，2 处漏画螺纹和螺纹终止线，3 处漏画结合面在螺栓与孔的间隙中的投影。另外，还需要注意两相邻零件剖面线方向要相反；孔的直径大于螺栓直径，孔与螺栓轮廓线不能重合。

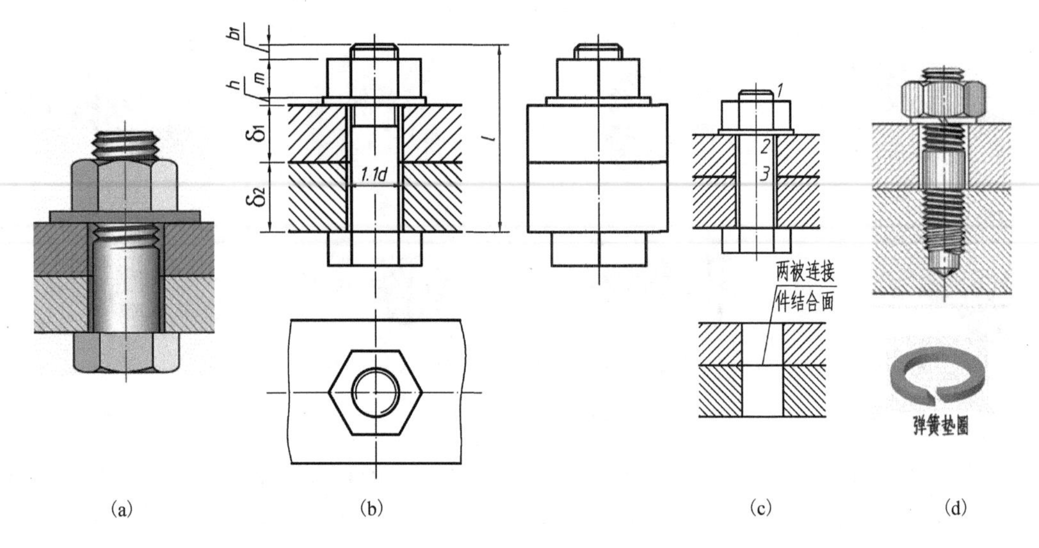

图 6-14　螺栓、双头螺柱

6.2.2　双头螺柱连接

双头螺柱是两端有螺纹的圆柱体。当两个被连接件中的一个厚度较大、承受载荷较大时，采用双头螺柱连接，如图 6-14(d)所示。在较薄零件上加工通孔，孔径大于螺栓直径，无螺纹；在较厚零件上加工盲孔(非通孔)和螺纹。该连接使用了弹簧垫圈，以防松动。防松原理是翘曲的弹簧垫圈压平后产生回弹力，增大螺母与螺柱之间的压力，摩擦力变大；另外，当螺母松动时，其尖端顶住螺母和被连接件，也起到防松作用。对于右旋螺母，弹簧垫圈切口的投影从左上到右下，如图 6-14(d)、图 6-15(a)所示。双头螺柱连接图上半部分的画法与螺栓连接的相同，下半部分的画法与图 6-8(c)相同。

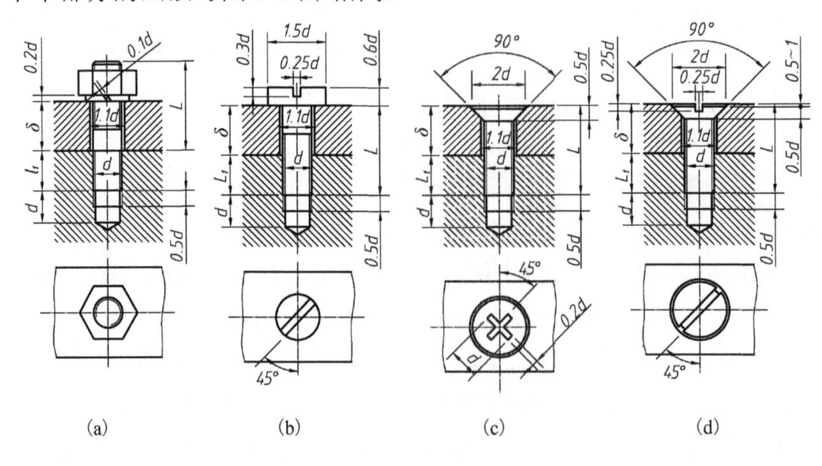

图 6-15　螺纹标准件连接图

双头螺柱一端必须全部旋入被连接零件的螺纹孔内用力扭紧，以产生足够的摩擦力，防止松动。在投影图中，双头螺柱旋入端的螺纹终止线必须与零件结合面共线，如图 6-14(d)、图 6-15(a)所示。旋入长度 l_1 由被连接件的强度决定，按国标规定：钢、青铜的 $l_1=d$，铸铁的 $l_1=1.25d$，强度介于铝和铸铁之间的 $l_1=1.5d$，铝的 $l_1=2d$。

如果螺栓相似，双头螺柱的长度 $l=\delta+0.2d$(垫圈厚)$+0.8d$(螺母)$+0.3d$，计算后，查附表 5 取标准值。

6.2.3　螺钉连接

当两个零件中的一个厚度较大，受力较小，不需要经常拆卸时，采用螺钉连接。旋入长度 l_1 的确定方法与双头螺柱的相同。连接图如图 6-15(b)、(c)、(d)所示。仍然是螺纹用规定画法画，其余采用比例画法。但螺钉槽的对称面在主视图中垂直投影面，在俯视图按倾斜 45°画；长度 $l=l_1+\delta$，求和后查附表 6～9 取标准值。

6.2.4　螺纹标准件的标记

按国家标准 GB/T 1237—2000 规定，螺纹标准件有完整标记和简化标记两种标注形式，简化标记形式：[标准件名称] [国标代号] [螺纹规格] [性能等级或硬度]，国家标准中有详细说明和标注实例，用时参阅即可，下面是几个常见实例。

六角头螺栓：螺纹大径 10，l=50(l 见图 6-14(b))，标记为：螺栓 GB/T 5782 M10×50。

六角头螺母：螺纹大径 10，标记为：螺母 GB/T 6170　M10。

平垫圈：与 M10 螺栓配合使用，标记为：垫圈 GB/T 97.1　10。

双头螺柱：螺纹大径 10，l=35(l 见图 6-15(a))，标记为：螺柱 GB 898 M10×35。

圆柱头螺钉：螺纹大径 10，l=30(l 见图 6-15(b))，标记为：螺栓 GB/T 65 M10×30。

6.3　键　连　接

键用于连接轴和轴上的传动件(如齿轮、皮带轮等)，实现周向固定。键装配后一半在轴的槽里面，一半在毂的槽里面，通过侧面挤压传递扭矩或转动，如图 6-16(a)所示。

键有普通平键、半圆键、钩头键、楔键等种类，如图 6-16(b)所示。普通平键又分为 A、B、C 三种型号。键是标准件，其尺寸由配合轴的直径 d 决定。普通平键尺寸用宽度×高度×长度表示。配套键槽尺寸，如图 6-17(a)所示。可查附表 13 确定所有尺寸。普通平键连接图如图 6-17(b)、(c)所示。画图时注意如下几点。

(1)键的侧面、下底面都与轴或毂上的键槽面接触，画一条线。

(2)键的上端面与毂的键槽顶面不接触，有间隙，画两条线。

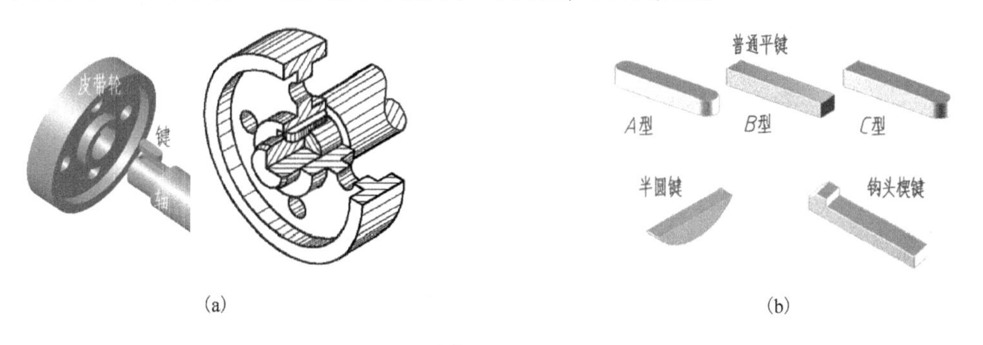

图 6-16　键

(3)键为实心件，剖切面通过纵向对称面时不画剖面线，如图 6-17(b)所示；横向剖切时画剖面线，如图 6-17(c)所示。

普通平键的标注形式：国标代号 键 宽度×高度×长度，例如，GB/T 1095 键 10×8×30。

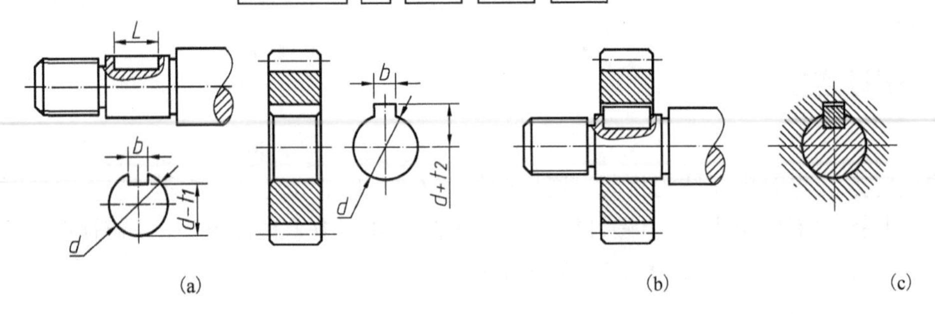

图 6-17　键连接

6.4　销　连　接

销主要用于零件之间的定位。有时也用于零件之间的连接，但只能传递不大的扭矩，分为多种类型，如图 6-18(a)所示。

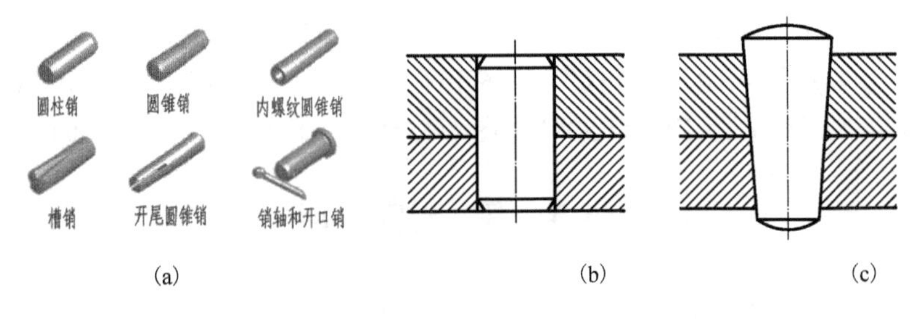

图 6-18　销

圆柱销、圆锥销的连接图，分别如图 6-18(b)、(c)所示。销与孔侧面无间隙，画一条线，相邻零件剖面线方向相反。剖切面通过销的轴线时，销不画剖面线，垂直于销的轴线时画剖面线。

6.5　齿　　轮

齿轮传动在机械设备中应用非常广泛。用来传递动力、改变转速和转动方向等。齿轮的种类很多，常见的有圆柱齿轮、圆锥齿轮、齿轮齿条、蜗杆与蜗轮四种形式，如图 6-19 所示。

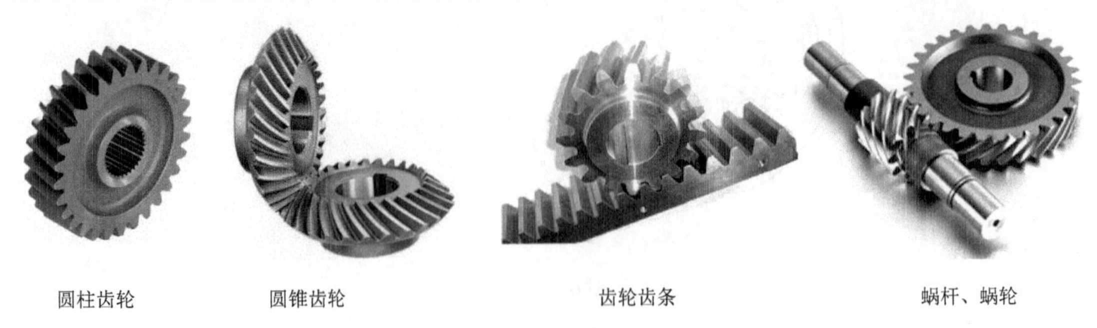

图 6-19　齿轮种类

齿轮周边上一个个的凸起称为轮齿。直齿圆柱齿轮是轮齿在圆柱表面上且与轴线平行的齿轮，下面介绍其几何参数与画法。

6.5.1　直齿圆柱齿轮几何参数

直齿圆柱齿轮有如下几何参数，如图 6-20(a)所示。

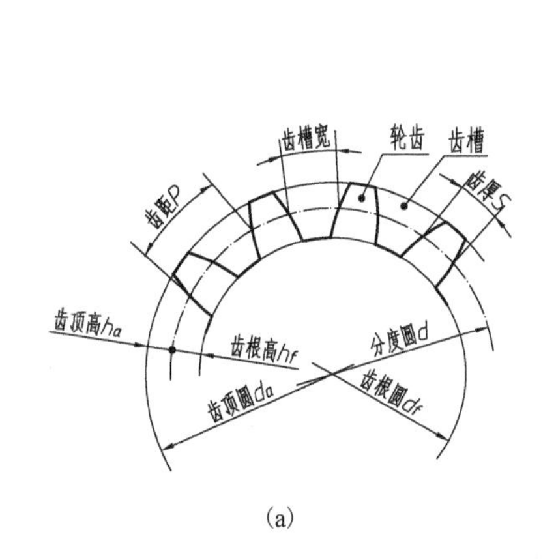

(a)

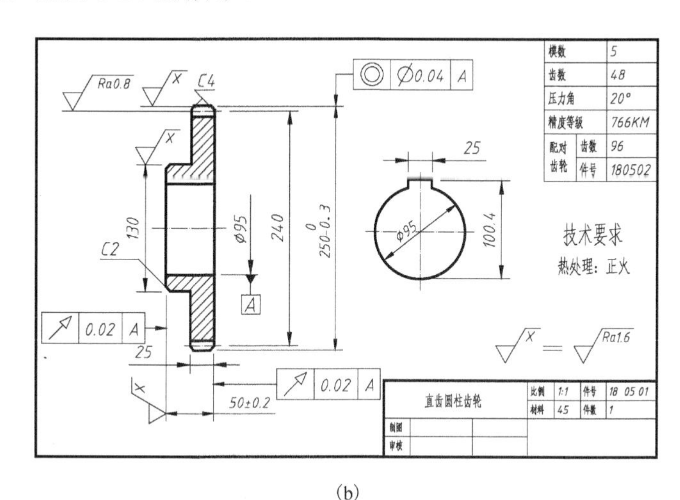

(b)

图 6-20　直齿圆柱

(1) 齿数 z，轮齿的个数。

(2) 齿顶圆(直径 d_a)，通过齿顶的圆。

(3) 齿根圆(直径 d_f)，通过齿根的圆。

(4) 分度圆(直径 d)，计算齿轮几何参数的圆。

(5) 齿距 p，在分度圆上，相邻两齿对应点的弧长。

(6) 模数 m，等于齿距除以 π。

因为分度圆周长=$d\pi = pz$，所以 $d=(p/\pi)z$，p/π 用 m 表示，称为模数。

因为 $m=p/\pi$，所以模数越大，轮齿越大，强度越高，承载能力越大。齿轮用成型刀具加工，一把刀只能加工一个模数的齿轮，为了减少刀具数量，模数已经标准化，见表 6-1。

表 6-1　齿轮模数系列

第一系列	1　1.25　1.5　2　2.5　3　4　5　6　8　10　12　16　20　25　32　40　50
第二系列	1.75　2.25　2.75　(3.25)　3.5　(3.75)　4.5　5.5　(6.5)　7　9　(11)　14　18　22　28　36　45

优先选用第一系列的模数，不能满足要求时再选择第二系列的，括号内的尽量不用。

(7) 齿厚 s，在分度圆上，每一轮齿占据的弧长。

(8) 齿顶高 h_a，分度圆与齿顶圆之间的径向距离。

(9) 齿根高 h_f，分度圆与齿根圆之间的径向距离。

(10) 齿高 h，齿顶圆与齿根圆之间的径向距离，$h = h_a + h_f$。

(11) 节圆，齿轮工作时，轮齿与连心线(两齿轮回转中心的连线)的交点到齿轮回转轴的距离。

(12) 压力角 α，轮齿轮廓与分度圆的交点的齿廓切线，与该点的径向线所夹的锐角。我国规定 20°。

(13) 中心距 a，两啮合齿轮轴线之间的距离。标准齿轮的 $a=d_1/2+d_2/2=(z_1+z_2)m/2$。

齿轮各部分可以通过模数求出，见表 6-2。

表 6-2　齿轮参数与模数的关系

名称	尺寸关系	名称	尺寸关系
齿顶高	$h_a=m$	分度圆直径	$d=mz$
齿根高	$h_f=1.25m$	齿顶圆直径	$d_a=d+2h_a=m(z+2)$
齿高	$h=h_a+h_f$	齿根圆直径	$d_f=d-2h_f=m(z-2.5)$
齿距	$p=m\pi$	一对标准啮合齿轮中心距	$a=(d_1+d_2)/2=m(z_1+z_2)/2$

6.5.2　直齿圆柱齿轮的规定画法

齿轮是常用件，轮齿部分已经标准化，按规定画法画，其余部分按实际投影画。

1. 单个齿轮的画法

表达直齿圆柱齿轮一般用两个视图表达，如图 6-21(b) 所示。平板齿轮，还可以用一个视图和一个局部视图表达，如图 6-20(b) 所示。

轮齿按规定画法画：①投影方向平行于轴线的视图上，齿顶圆画为粗实线，齿根圆省略不画或画为细实线，节圆(标准齿轮的节圆与分度圆重合)画为细点画线，其他部分按实际投影画，如图 6-21(b) 所示。②投影方向垂直于轴线的视图上，轮齿按不剖画，齿顶线、齿根画为粗实线，节线(标准齿轮的分度线)画为细点画线，如图 6-21(b) 所示。如果主视图不作剖视，齿根线画为细实线或不画，如图 6-21(c) 所示。

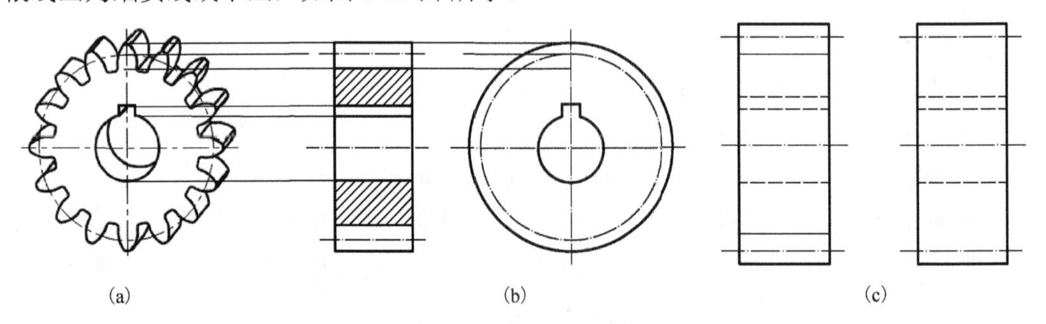

图 6-21　直齿圆柱齿轮

由于尺寸不能表示模数、齿数、压力角等参数和配对齿轮的信息，需要在边框的右上角列表注明，如图 6-20(b) 所示。

2. 两啮合齿轮的画法

一对齿轮在工作时，主动齿轮逐齿推动从动齿轮使其转动，称为啮合传动。这两个齿轮称为两啮合齿轮，如图 6-22(a) 所示。

下面是两个啮合齿轮轮齿部分的画法。

(1) 在投影方向平行于轴线的视图上，两个齿轮的节圆相切(标准齿轮的节圆与分度重合)，不画齿根圆，齿顶圆画为粗实线，如图 6-22(b) 所示。啮合区中的齿顶圆可以不画，如图 6-22(c) 所示。

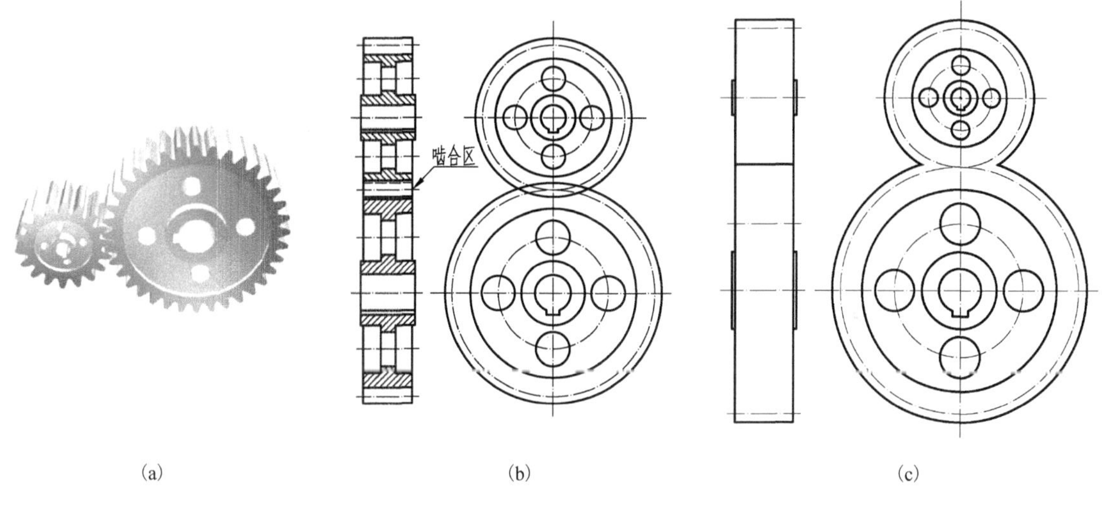

(a)　　(b)　　(c)

图 6-22　啮合齿轮

(2) 在投影方向垂直于轴线的视图上，两个齿轮的节线画为中心线。①如果画为剖视图，在啮合区，认为沿一个轮齿的对称面剖开，不画剖面线。认为这个齿轮是可见的(参见图 6-23(a))，齿顶线和齿根线都画为粗实线；另一个齿轮不可见，齿顶线为虚线，齿根线为粗实线，如图 6-22(b)、图 6-23(a) 所示。②如果不剖，在啮合区节线画为粗实线，不画齿顶线和齿根线；非啮合区不画齿根线，如图 6-22(c) 所示。

(a) 齿轮啮合区画法　　(b) 弹簧

图 6-23　常用件

6.6　弹　　簧

弹簧用于减振、夹紧、测力、储存能量等。圆柱螺旋弹簧分为压缩弹簧、拉伸弹簧、扭转弹簧，如图 6-23(b) 所示。还有板弹簧、涡卷弹簧、蝶形弹簧等种类，如图 6-24 所示。本节介绍圆柱螺旋压缩弹簧的参数和画法。

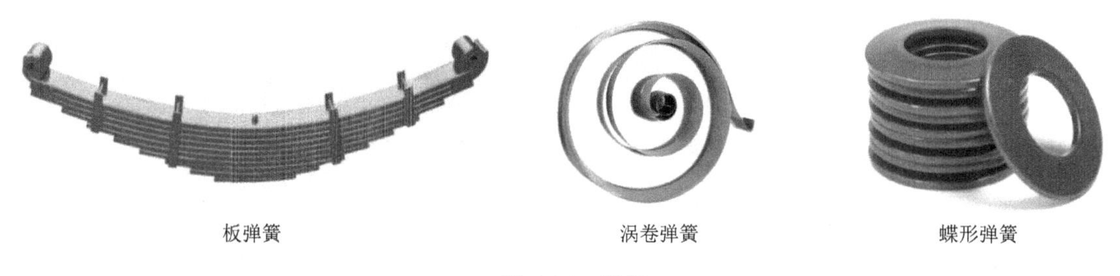

板弹簧　　涡卷弹簧　　蝶形弹簧

图 6-24　弹簧

6.6.1 圆柱螺旋压缩弹簧的参数

圆柱螺旋压缩弹簧有如下参数，参见图 6-25(a)。

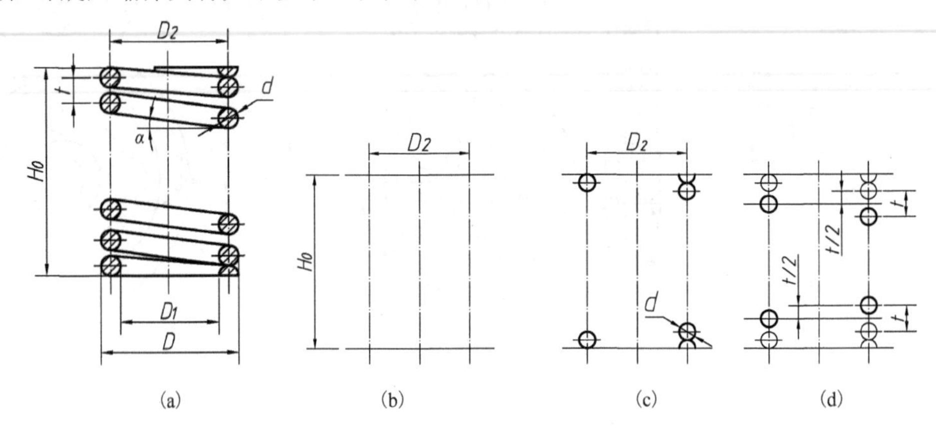

图 6-25　螺旋压缩弹簧画法

(1) 簧丝直径 d，制作弹簧的钢丝直径。

(2) 弹簧外径 D、内径 D_1，分别是与弹簧丝外侧、内侧相切圆柱的直径。中径 $D_2=D_1+d$。

(3) 节距 t，除支撑圈外相邻两圈的轴向距离。

(4) 自由高度 H_0，弹簧不受力时的高度。$H_0=nt+(n_0-0.5)d$。

(5) 支撑圈 n_0，为了弹簧承受的压力方向与轴线平行，使弹簧端面与轴线垂直，将弹簧两端并紧(相邻两圈的轴向距离小于节距)磨平，形成与轴线垂直的面。两端并紧磨平的圈数，称为支撑圈，常用 2.5 圈。

(6) 有效圈数 n，除支承圈外的圈数(相邻两圈轴向距离等于节距)。

(7) 总圈数 n_1，支承圈与有效圈之和，即 $n_1=n_0+n$。

(8) 螺旋升角 α，有效圈中的弹簧丝与端面所夹的锐角。

(9) 展开长度 L，形成弹簧的弹簧丝长度。$L=\pi Dn_1/\cos\alpha\approx\pi Dn$。

螺旋弹簧分为左旋和右旋两种。判断方法与螺纹的相同：将弹簧轴线铅垂放置，有效圈内的弹簧丝右端高为右旋，左端高为左旋。

6.6.2 圆柱螺旋压缩弹簧的规定画法

1. 单个弹簧的画法

对圆柱螺旋弹簧的画法有如下规定，如图 6-25 所示。

(1) 在投影方向垂直于弹簧轴线的视图中，各圈的弹簧丝轮廓画成直线。

(2) 有效圈数 4 圈以上的弹簧，中间部分可以省略，此时允许缩短图形的长度。所有弹簧的支撑圈均按 2.5 圈画。

(3) 右旋弹簧应画成右旋。左旋弹簧无论画成左旋或右旋，都要标注旋向“左”。

弹簧可画为剖视图或视图，分别如图 6-25(a)、图 6-26(a)所示。

可以按如下步骤画弹簧的剖视图。

(1) 根据弹簧中径 D_2 和自由高度 H_0 画三条中心线和两条水平线，如图 6-25(b)所示。当弹簧长度较大时，可以参照细长件的画法，使两水平线之间的距离小于弹簧长度。

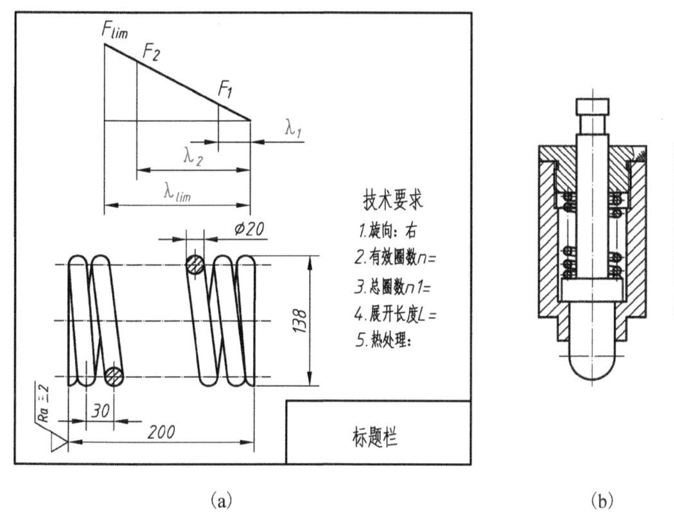

(a)

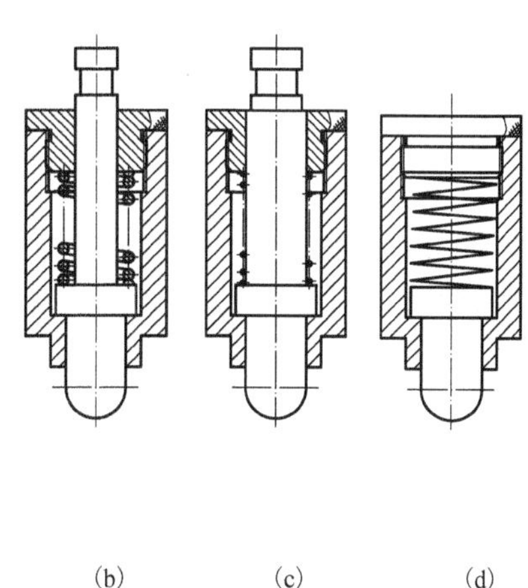

(b)　(c)　(d)

图 6-26　弹簧画法

(2) 画支撑圈部分。根据弹簧丝直径 d 画弹簧丝被剖切后形成的四个圆和两个半圆，如图 6-25 (c) 所示。

半圆的圆心在中心线和水平线的交点上，圆与半圆相切。

(3) 画有效圈部分，如图 6-25 (d) 所示。

右面圆的圆心到相邻圆的圆心的距离等于节距 t。左面圆的圆心与右面相应圆的圆心的上下距离等于 $t/2$。

(4) 画圆的切线、剖面线，加深，完成作图，如图 6-25 (a) 所示。

在弹簧零件图中，弹簧的参数应直接标注在图形上。若有困难，可以在技术要求中说明；当需要表明弹簧的力学性能时，必须用图解表示，如图 6-26 (a) 所示。

2. 螺旋弹簧在装配图中的画法

在装配图中弹簧被遮挡部分一般不画，如图 6-26 (b) 所示。当被剖切弹簧的簧丝直径或厚度≤2mm 时，可以涂黑表示，或示意画法，如图 6-26 (c)、(d) 所示。

6.7　滚 动 轴 承

滚动轴承是一种标准部件，其作用是减小摩擦，支承旋转轴及轴上的零件。滚动轴承的规格、类型很多，都已标准化，由专业厂家生产，一般不画零件图，只在装配图中画出。

根据轴承的承载情况，分为：①向心轴承，主要承受径向载荷；②向心推力轴承，可同时承受径向和轴向的载荷；③推力轴承，承受轴向载荷，如图 6-27 所示。

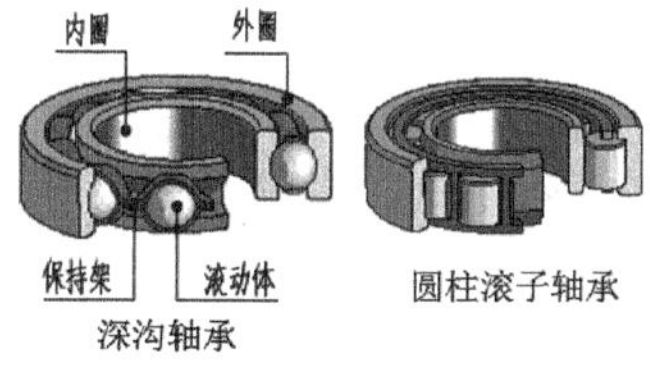

深沟轴承　圆柱滚子轴承

(a) 向心轴承

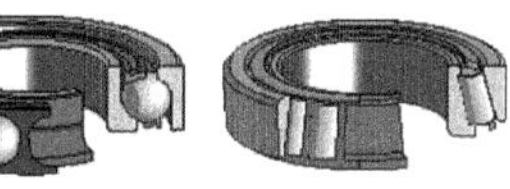

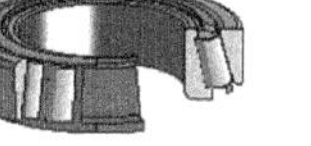

角接触球轴承　圆锥滚子轴承

(b) 向心推力轴承

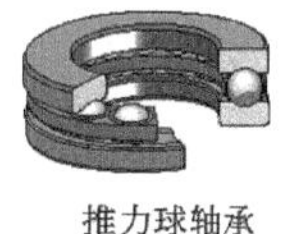

推力球轴承

(c) 推力轴承

图 6-27　滚动轴承的种类

滚动轴承由内圈、外圈、保持架、滚动体组成，如图 6-27(a)所示。滚动轴承在装配图中可以画为简图或示意图，分别如图 6-28(a)、(b)所示。

尺寸 D、B 根据轴承代号查表确定。深沟轴承规定的画法：①画表示内、外圈的矩形。②画表示滚子的圆，圆心在矩形 AB 的中心，直径=$A/2$。③过圆心画 60° 的倾斜线与圆相交，过交点画水平线，画对称线。④画剖面线。

滚动轴承的简化画法分为特征画法和通用画法，特征画法如图 6-28(b)所示，表示滚动体的十字线的交点在矩形 AB 的中心。在装配图中轴承可以采用简化画法。

其他轴承的画法与此相似，可以参照标准中的图例画图。

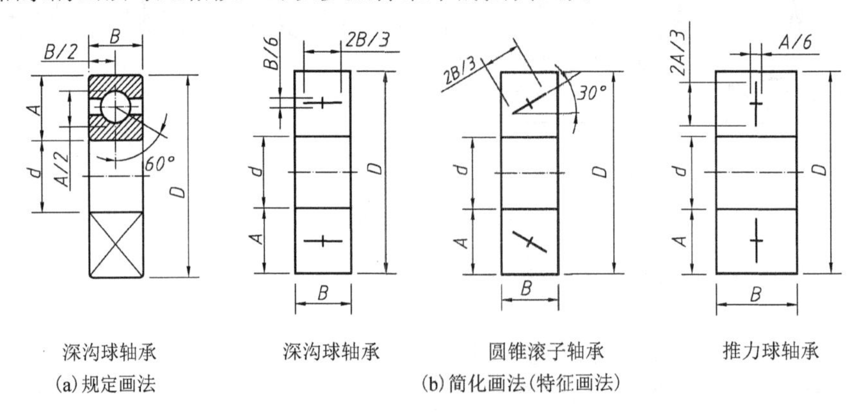

图 6-28　滚动轴承画法

思考题、预习题

6-1 判断下列各命题，正确的在(　)内打“√”，不正确的在(　)内打“×”

(1)现代工业发展的最大成就之一是产品的标准化。(　　)

(2)牙型是在纵向剖面上，螺纹的截面形状。(　　)

(3)线数是生成螺纹的螺旋线数。(　　)

(4)螺纹五要素相同的内、外螺纹旋合到一起称为螺纹连接，重合部分的长度称为旋合长度。(　　)

(5)用于连接的内、外螺纹的大径、小径分别相等，对应投影分别对齐；剖面线画到细实线。(　　)

(6)螺纹紧固件的类型很多，用户只需要参照标准进行设计。(　　)

(7)螺纹紧固件由专业厂家生产，一般不画零件图，只在装配图中按简化画法绘制。(　　)

(8)确定螺栓和双头螺柱的长度时，需要查表。(　　)

(9)键及键槽尺寸需要查表确定。(　　)

(10)剖切面通过销的轴线时，销画剖面线；垂直于销的轴线时不画剖面线。(　　)

(11)齿轮的模数越大，轮齿越大，强度越高。(　　)

(12)在投影方向平行于齿轮轴线的视图上，齿根圆可以省略不画。(　　)

(13) 在齿轮的零件图中，需要在边框的右上角列表注明齿轮的模数、齿数、压力角等参数，以及配对齿轮的信息。（　）

(14) 在零件图中，需要表明弹簧的力学性能时，必须在技术要求中注明。（　）

(15) 在零件图中，弹簧可以用示意画法。（　）

(16) 在装配图中，滚动轴承可以用简化画法。（　）

6-2 不定项选择题(在正确选项的编号上画“√”)

(1) 下列参数属于螺纹五要素的有：

A．牙型　　B．大径　　C．线数　　D．倒角

(2) 对螺纹紧固件画法表述正确的有：

A．可以不画倒角和圆角

B．螺纹部分按规定画法，其余部分采用比例画法

C．查表确定螺栓长度

D．查表确认螺柱长度

(3) 对键连接画法表述正确的有：

A．键的侧面、下底面都与轴、毂上的键槽面接触，画一条线

B．键的上端面与毂的键槽顶面不接触，有间隙，画两条线

C．键的投影用比例画法画

D．键为实心件，剖切面通过纵向对称面时不画剖面线，横向剖切时画剖面线

(4) 对圆柱螺旋弹簧的画法有如下规定：

A．在投影方向垂直轴线的视图中，弹簧丝轮廓画成直线

B．有效圈数 4 圈以上的弹簧，中间部分可以省略

C．所有弹簧的支撑圈均按 2.5 圈画

D．左旋弹簧可以按右旋画

(5) 对轴承的画法表述正确的有：

A．轴承画法是比例画法

B．在装配图中可以采用简化画法

C．轴承是标准件，不画零件图

6-3 归纳与提高题

(1) 在螺纹投影图中，牙顶线、牙底线、牙顶圆、牙底圆各用什么线表示？

(2) 走访往届同学，了解画螺纹连接图、螺纹标准件装配图出错的原因。

(3) 归纳画螺纹连接图、螺纹标准件装配图的作图要点。

(4) 归纳画普通平键、销连接图的作图要点。

(5) 归纳画齿轮零件图的作图要点。

(6) 归纳画圆柱螺旋弹簧零件图的作图要点。

6-4 第 7 章预习题

(1) 选择零件表达方案的基本原则。

(2) 确定零件表达方案的难点。

(3) 如何确定零件表达方案的第一个视图、第二个视图？

(4) 表达轴套类零件主要使用的图形。

(5) 表达轮盘类零件主要使用的图形。

(6) 如何确定叉架类零件、箱体类零件表达方案的完整性。

(7) 零件草图与正式零件图的异同。

(8) 表面粗糙度的概念，标注表面粗糙度需要注明的参数。

(9) 尺寸公差、几何公差的概念及标注方法。

第7章　零　件　图

产品由零件组成。零件是组成产品的独立个体，是最小加工单元。如图 7-1(a)所示的电风扇，由网罩、风叶、摇头调节按钮等零件组成。表达零件的图样称为零件图，如图 7-1(b)所示。

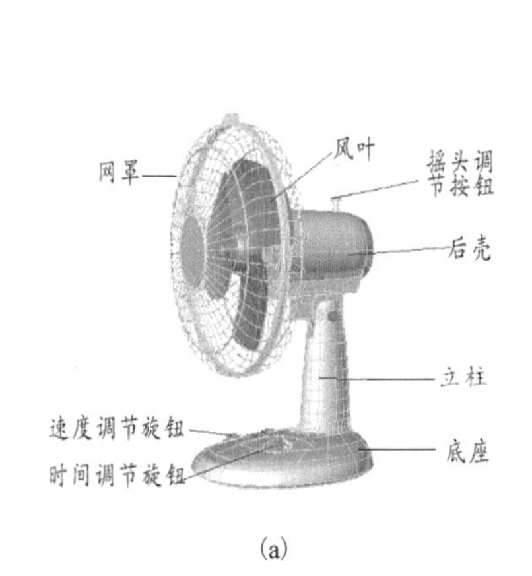

(a)

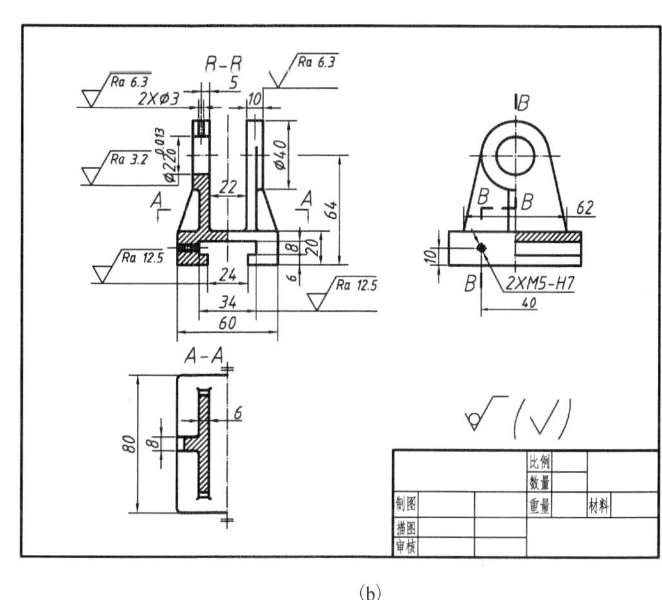

(b)

图 7-1　零件图

7.1　零件图的作用和内容

1. 零件图的作用

零件图是加工、制造、检验零件的依据。技术人员、工人师傅通过图样构思零件的形状，根据图中标注的尺寸和技术要求进行加工与检验。是否符合图纸要求是判断零件合格与否的唯一依据。

2. 零件图的内容

(1) 完整、清晰、简洁地表达零件形状的一组视图。

(2) 确定零件大小的全部尺寸。

(3) 保证零件加工精度的技术要求。

(4) 简明、扼要的标题栏。

7.2　选择零件表达方案

确定零件的表达方案，就是要灵活运用各种表达方法，选取一组恰当的视图，在完整、清晰地表达零件形状的前提下，力求图形精练，作图简便。要达到这一要求，首先要尽可能多地搜集零件的有关资料，如零件在机器中的安装位置、加工方法(影响主视图的摆放位置)等。由于条件限制，现阶段很难收集这些资料，但在以后的工作中应当尽量做好这些准备工作。

在选择表达方案之前，先对零件进行形体分析，熟知组成零件的各基本体的形状和相对位置，以及结合部位的形状。选择表达方案相当于作文，需要多借鉴好的表达实例，多做练习。表达方案需要满足如下要求。

(1) 齐全。所用图样完整、唯一地确定零件形状及各部分之间的相对位置。

(2) 正确。视图无投影错误。

(3) 清晰。便于看图。例如，构成零件的每一个柱体都要有一个图反映端面实形；看不见的孔和空腔要做剖视，基本不使用虚线等。

7.2.1　选择主视图

1. 选择主视图的投影方向

选择反映形体特征最多的方向作为主视图的投影方向。反映“特征最多”的方向，许多零件是明显的，唯一的，如图 7-2(a)所示零件 *A* 向反映形体特征最多，而图 7-2(b)所示零件，*A* 向和 *B* 向较 *C* 向反映形体特征多，但 *A* 向和 *B* 向各有特点。如果选择 *B* 向，主视图如图 7-1(b)所示，能够反映基本体 1(图 7-2(b))的端面实形，投影重叠少，能更好地反映各基本体之间的相对位置。如果选择 *A* 向，主视图如图 7-2(c)所示，能反映基本体 2、4、5、6 的端面实形，但基本体 2 与 5、3 与 7、4 与 6 的投影分别重叠在一起，表达相对位置不如 *B* 向视图好。

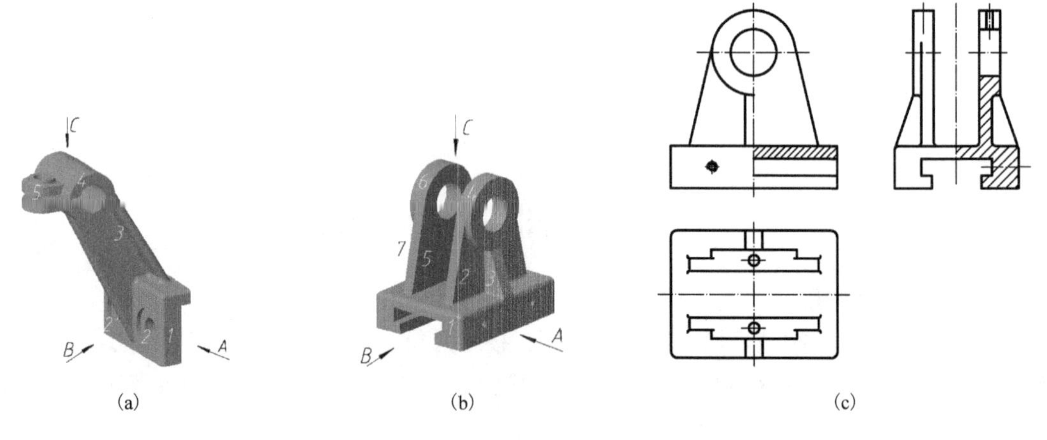

图 7-2　选择主视图

2. 确定主视图的摆放位置

确定主视图的投影方向以后，零件有无穷多个摆放位置(绕平行于投影方向的直线旋转一个角度，得到一个位置)。摆放于哪个位置，需要按如下原则确定。

1) 工作位置原则

工作位置是零件所在机器正常工作时，该零件与地面的相对位置。主视图的位置与工作位置一致，便于想象零件的工作状况，有利于安装、维修人员阅读图样。如图 7-1(a)所示电风扇的风叶，其主视图轴线水平放置，即符合工作位置。

2) 加工位置原则

主视的方位与零件加工时所处位置一致时，方便加工工人看图。

加工位置是零件在机床上加工时摆放的位置。例如，回转体类零件的主视图，轴线水平摆放，符合加工位置，参见图 7-3。

图 7-3 加工回转体零件

3) 自然摆放稳定原则

该原则有如下两个方面的含义。

(1) 按工作位置或加工位置摆放时，还要兼顾作图方便，使主要轴线或端面垂直或平行于投影面。

(2) 零件加工工序多，加工位置变化时，或运动零件的工作位置不固定时，按自然摆放和稳定原则，将小端置于前方(主视图虚线少)、上方(俯视图虚线少，处于稳定方位)、左侧(左视图虚线少)，使主要轴线或端面平行或垂直于投影面。

图 7-2(a)、(b)所示的两个零件，放置于图示位置，都符合自然摆放原则、稳定原则。

7.2.2 选择第二个视图

选择主视图以后，再从俯视图(仰视图)、左视图(右视图)中选择一个反映特征多、虚线少的视图，并把倾斜部分去掉，画为局部视图。倾斜部分单独用局部斜视图表达。例如，第 5 章图 5-6、图 5-7(a)都选择了俯视图，并去掉了倾斜部分的投影；图 5-10、图 5-20 都选择了左视图。

7.2.3 选择其他视图

在前面作形体分析时，已经将零件分为若干基本体：包括锥、柱、球、环四种形式(主要是直柱体)。选择了上述两个视图以后，再选择其他视图，实现每一基本体用两个图表达形状和相对位置。一般只要在两个图上画出基本体及相邻基本体的投影，就可以表达三个方向的相对位置；但在表达形状方面，各种基本体有所差异。分为图 7-4 所示的几种情况：①直柱体和正棱锥，用一个图表达端面实形(倾斜的用斜视图或斜剖视)，一个图表达厚度或孔深。②正圆柱、正圆锥、球可以用一个视图和一个直径尺寸表达形状。③斜圆柱、斜棱柱、斜圆锥、斜棱锥需要一个图表达端面实形，一个或以上图形表达端面与轴线或顶点的相对位置。

选择表达法，需要灵活运用局部视图、斜视图、剖视图(全剖、半剖、局部剖)、断面图、简化画法等表达方法，使表达方案完整、清晰、简洁。

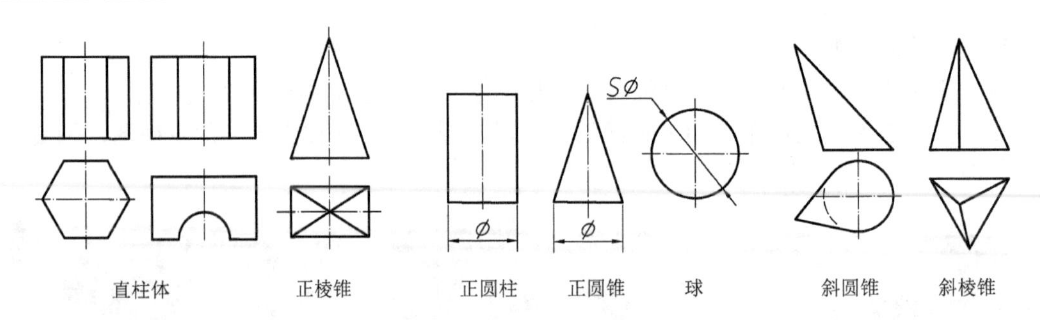

图 7-4　表达基本体形状

7.2.4　典型零件表达方案举例

可以按如下方法和步骤确定表达方案。

1) 形体分析

当零件复杂时，如果分解为柱、锥、球、环进行分析，显得过于零散，不便于选择视图。可以先将同轴的、对称的一起考虑，选择完视图后，再分析、查找没有表达的元素，补充其他视图。例如，将图 7-2(a)所示零件分为 5 部分。先将 5 处的三个柱体，1 处的一个柱体和两个孔 2 和 2'，分别作为一部分选择表达方案。为了简化叙述，下面分析时，仍将每一部分称为基本体。

2) 确定主视图的投影方向和放置方位

A 向投影反映形体特征最多，作为主视图投影方向。

按工作位置原则、自然摆放原则，将主视图置于图 7-2(a)所示位置，使右下角的安装面与投影面平行或垂直。

3) 选择第二个视图，参见图 7-5(a)

选择主视图以后，从俯视图、左视图中选择反映特征多的左视图。左视图作局部剖，表达孔 4 的深度；切掉 5 的投影(与主视图重复，都表达其厚度)。

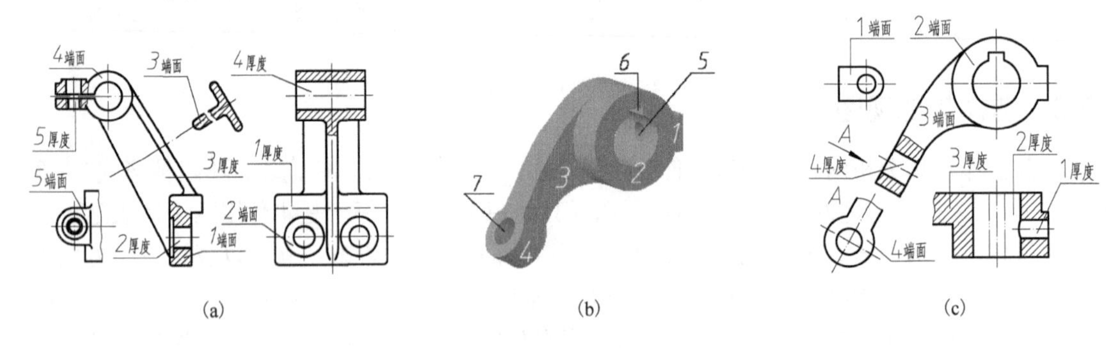

图 7-5　叉架零件

4) 分析各基本体形状的表达情况，选择其他视图，如图 7-5(a)所示

基本体 1，主视图反映端面实形，左视图表达厚度。

基本体 2 和 2'(图 7-2(a))，左视图反映端面实形，主视图用局部剖表达孔深。相同的孔只需要剖一个。

基本体 3，主视图、左视图都表达“厚度”；添加断面图表达截面实形。由于棱线倾斜方向分为两组，需要用两个平面剖切。

基本体 4，主视图反映端面实形，左视图表达厚度，用局部剖表达孔深。

基本体 5，俯视图反映端面实形，主视图表达厚度(局部剖表达孔深)。俯视图只保留 5 以及基本体 4 的局部(用以表达相对位置)。其余部分的投影仅表达厚度，与主视图重复，省略不画。

5) 确定各基本体的相对位置表达方案

确定了形状的表达方案以后，再分析所选视图对相对位置的表示情况，看是否需要添加其他视图，或调整局部视图的大小等。一般在两个图上表达了基本体的形状，就表达三个方向的相对位置，不需要添加视图。但如果局部视图没有画相邻基本体的投影，则需要用其他图表达相对位置。如图 7-5(b)、(c)所示的基本体 1 的右视图。

图 7-5(a)的主视图表达各基本体的左右、上下位置，左视图表达了除 5 之外的前后位置，俯视图表达 5 与 4 的前后位置。通过共有部分 4，左、俯视图一起表达各部分的前后位置。

对于图 7-5(b)所示零件，5.1.5 节选择了图 5-7(a)所示的表达方案。由于当时还没有学习剖视和简化表达方法，该方案不是最终方案。可以按下述方法和步骤确定表达方案，如图 7-5(c)所示。

① 形体分析，用反映形状特征最多的方向作为投影方向，按工作位置原则、自然摆放原则，确定主视图的放置方位，用局部剖表达小孔 7 的深度。

孔 5 在俯视图上用局部剖表达深度，在主视图上省略，用中心线表达其位置。

② 从俯、左视图中选择反映特征多的俯视图，去掉倾斜部分 4 的投影，画为局部剖表达孔 2 和孔 5 的深度。键槽 6 被剖掉，采用假想画法，用双点画线画投影，表达深度。

③ 根据形体分析选择其他视图，表达各基本体的形状和相对位置，见 5.1.5 节。

7.3　常见零件的表达方案分析

零件按形状特点，分为轴套类、轮盘类、叉架类、箱体类四种。下面分别介绍它们的结构特点和表达方案。

7.3.1　轴套类零件

轴套类零件由位于同一轴线上的数段回转体组成，一般轴向尺寸大于径向尺寸，常有键槽、销孔、螺纹、退刀槽、越程槽、中心孔、油槽、倒角、圆角、锥度等结构，如图 7-6(a)所示。键槽是中间为平面、两端是半圆柱面的孔；销孔是圆柱或圆锥孔；退刀槽、越程槽是环形凹槽；中心孔是同轴圆柱、圆锥构成的孔；倒角是圆锥面，圆角是圆环面；锥度是圆台面。

套类零件是空心的同轴回转体，或有非圆截面的简单零件，如图 7-6(b)所示。

确定轴套类零件的表达方案可遵循如下原则。

(1) 主视图：水平摆放(符合加工位置)，投影方向垂直于轴线。

(2) 用断面图、局部放大图、局部剖视图、局部视图表达端面形状和小结构，如图 7-7(a)所示。

(3) 因为主体是同轴的，一个图即可以表达各部分的相对位置。

(4) 形状简单、轴向尺寸较长的部分，可以断开绘制，参见图 5-30。

(5) 空心轴一般采用全剖、半剖或局部剖表达内部结构，如图 7-7(a)所示。

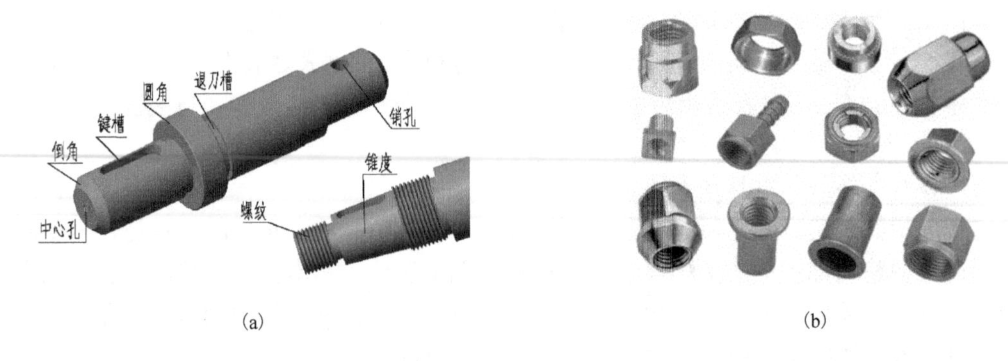

(a)　　(b)

图 7-6　轴套类零件

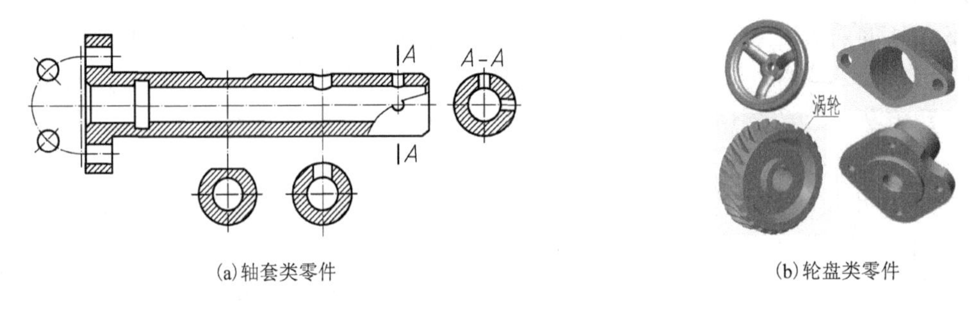

(a)轴套类零件　　(b)轮盘类零件

图 7-7　常用零件

提示　图 7-7(a)采用局部剖，可以清晰地表达轴的右端前面有孔，后面无孔。

7.3.2　轮盘类零件

轮盘类零件的主体，大多由直径不同的回转体组成，一般径向尺寸大于轴向尺寸，如图 7-7(b)所示。常有退刀槽、凸台、凹坑、倒角、圆角、轮齿、轮辐、筋板、螺孔、键槽、定位或连接用的孔等结构。常见的有齿轮、皮带轮、飞轮、手轮、法兰盘、端盖等。

盘类零件常称为法兰盘。“法兰”是英文“flang”的音译，意为凸缘或轮缘，分为法兰零件和法兰结构。法兰零件称为法兰盘，就是连接两个管件或其他零件的盘状零件；法兰结构，是零件上对接用的凸缘。它们的周边常有孔，以便安装螺栓或双头螺柱。

确定轮盘类零件的表达方案可遵循如下原则，参见图 7-8(a)。

(1)主视图：投影方向垂直于轴线，轴线水平摆放，剖开表达内部结构。

(2)从左视图或右视图中选择一个虚线少的，表达轮盘上连接孔或轮辐、筋板等的形状、数目和分布情况。

(3)用局部视图、局部剖视、断面图、局部放大图等作为补充。

如果零件是同轴回转体，直径尺寸中的 ϕ 可以表达形状，左视图可以只画需要表达的局部，如图 7-8(b)所示。如果是均匀厚度的薄板冲压件，可以只画主视图，用尺寸 t 表达厚度，如图 7-8(c)所示。

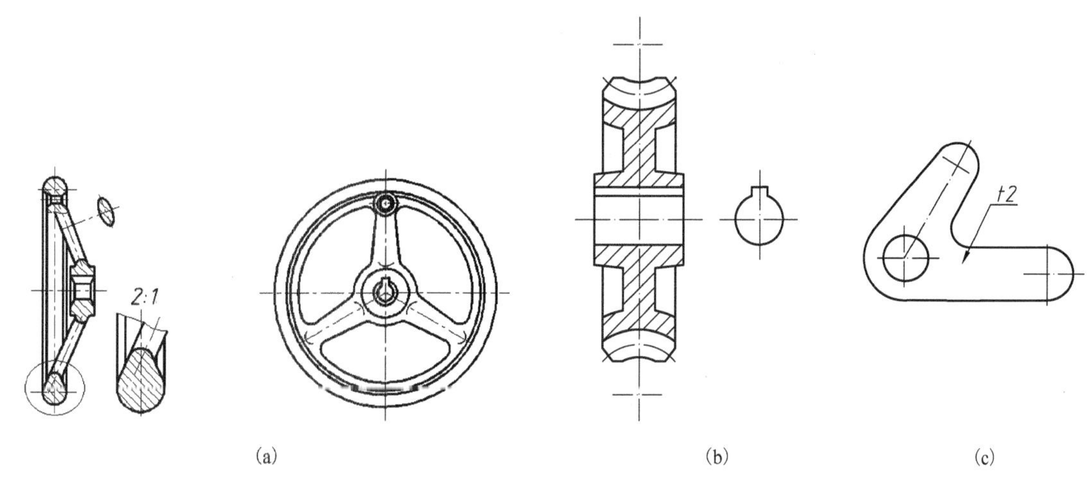

图 7-8　轮盘类零件图

7.3.3　叉架类零件

叉架类零件分为拨叉、连杆、摇杆、支架、支座等，如图 7-9 所示。结构大都比较复杂，分为工作部分、固定部分、连接部分。

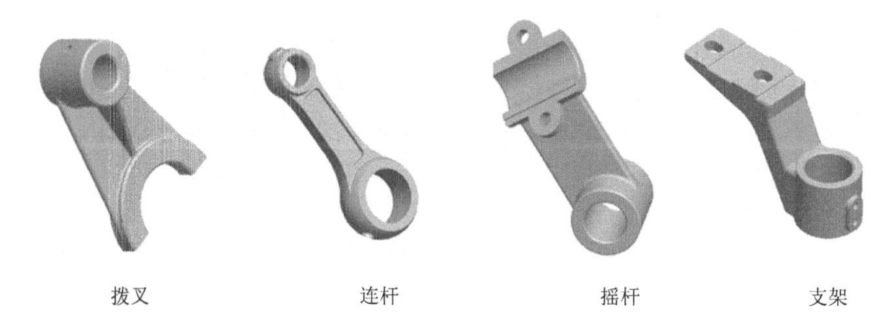

图 7-9　叉架类零件

前面已经介绍过多个此类零件的表达方案，例如图 7-2 和图 7-5 所示零件。此类零件简繁适中，便于阐述表达方案的选择要领。下面以图 7-10(a)所示支架为例，归纳一下选择此类零件表达方案的方法。

1) 形体分析，确定主视图

此类零件一般按工作位置原则、自然摆放原则放置。将图 7-10(a)所示零件分为四个基本体，将基本体 3 的轴线水平放置，选择 *B* 向作为主视图投影方向。

2) 选择第二个视图

选择反映特征多、虚线少的右视图作为第二个视图。由于基本体 3 倾斜于投影面，将其投影省略，画为局部视图，如图 7-10(b)所示。

3) 分析各基本体形状的表达情况，选择其他视图

对每一个基本体，从端面、厚度(孔的深度)两个方面分析形状的表达情况，选择其他视图。

① 基本体 1，主视图表达厚度，局部剖表达孔深，4 个相同的孔 1 只需要剖一个，画出其他孔的中心线，表达孔的位置。由于端面倾斜于投影面，用 *A* 向斜视图表达端面实形。

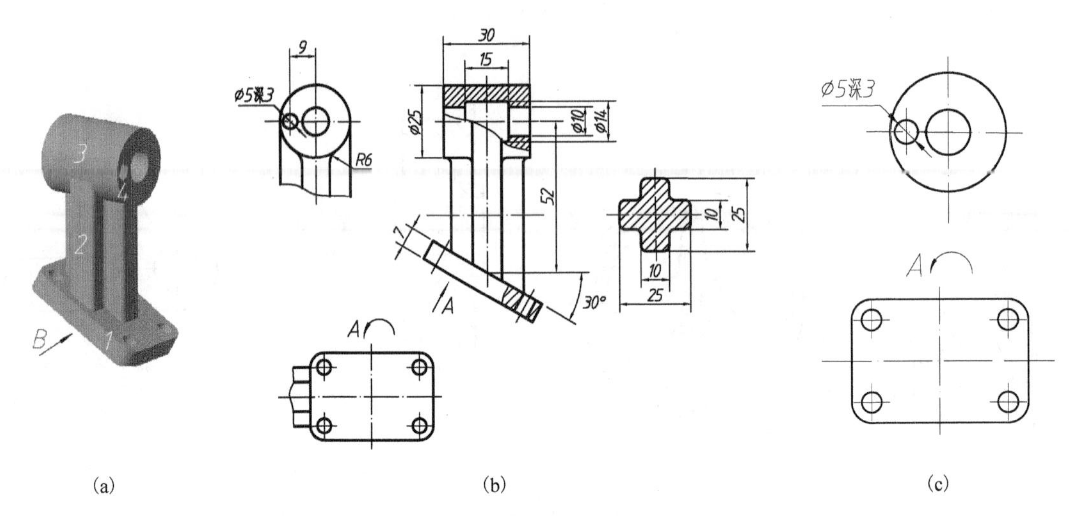

图 7-10　支架表达方案

② 十字筋板 2，主视图表达厚度，选择断面图表达截面形状。

③ 基本体 3，主视图表达厚度，局部剖反映孔深，右视图表达端面实形。

④ 小孔 4，右视图表达端面形状，用尺寸表达深度。

4) 确定各基本体相对位置的表达方案

主视图表达各基本体的左右、上下位置；右视图表达 2、3 的前后位置，*A* 向视图表达 1、2 的前后位置，这两个视图通过共有部分 2，一起表达各部分的前后位置。小孔 4，右视图表达前后、上下位置，通过可见性表达左右位置，即从 3 的右端面开始加工孔。

如果将右视图和 *A* 向视图画为图 7-10(c) 所示形状，将不能表达 1、3 与其他部分的前后位置。

用同样方法可以确定图 7-11(a) 所示零件的表达方案。在这里强调的是，为了表达孔的深度，尽量将孔全部剖出；不能全部剖时，要连续剖出孔的两端，如图 7-11(b) 所示。

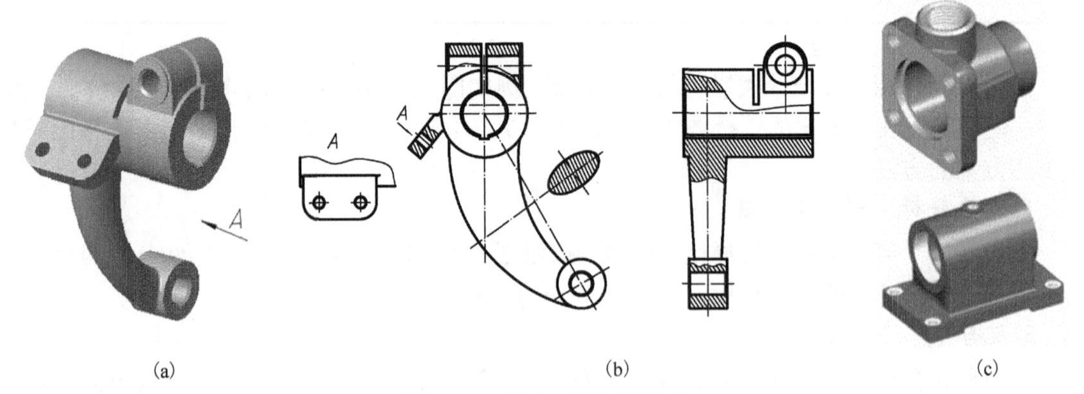

图 7-11　支架、箱体类零件

7.3.4　箱体类零件

箱体类零件具有容纳运动零件和储存润滑液等功能，如图 7-11(c)、图 7-12(a) 所示。大多有厚薄均匀的壁部、支撑孔、凸台(或凹坑)、螺纹孔、安装孔、加强筋、润滑油孔、油槽、放油螺纹孔等典型结构。

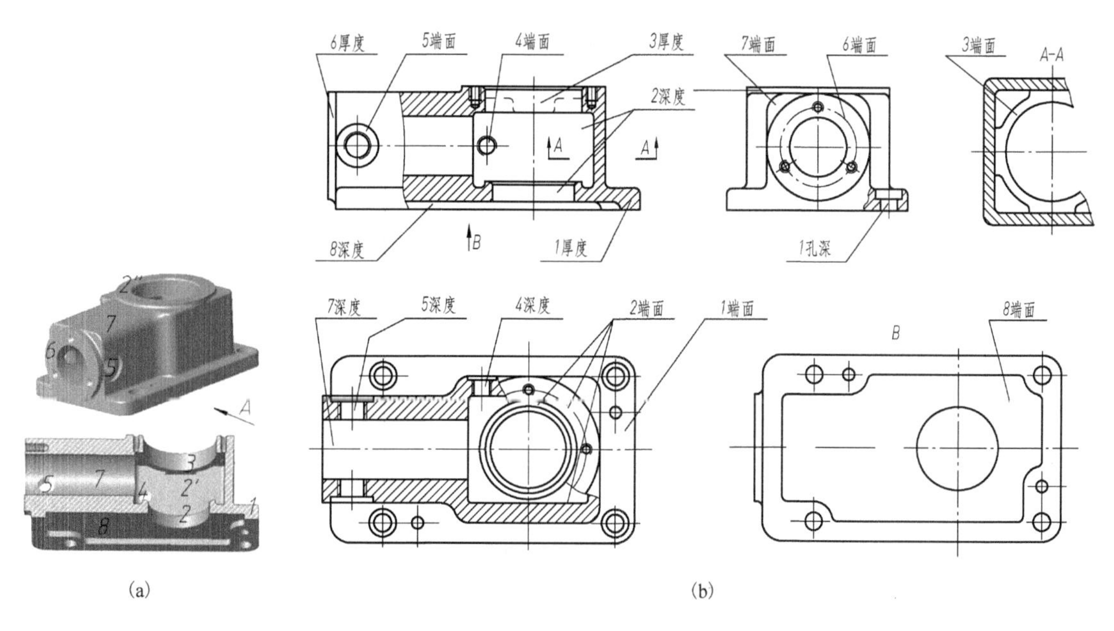

(a) (b)

图 7-12 箱体类零件

下面以图 7-12(a)所示箱体为例说明选择确定此类零件表达方案的原则和方法。

1)形体分析，确定主视图

该类零件虽然复杂，每一基本体仍然用两个图分别表达端面和厚度，以及三个方向的相对位置。如上所述，作形体分析时，先将同轴的基本体，或基本体与附着在其上的孔、凸台、凹坑等作为一个整体选择表达方案，然后再分析、查找其中没有表达的元素，补充其他视图。例如，将图 7-12(a)所示箱体，分为图示的 8 部分。

按工作位置原则、自然摆放原则，底面水平放置，选择 *A* 向作为主视图投影方向。用局部剖表达 2、2'、2"、3、8 的深度，不剖部分表达 5 的端面和 6 的厚度。根据“尽量将基本体全剖出、尽量集中剖视”确定剖切范围。

2)选择第二个视图

选择反映特征多、虚线少的俯视图作为第二个视图。局部剖表达 4、5、7 的深度，2、2'的端面；不剖部分表达 1、2"的端面。

> **提示** 箱体类、叉架类零件都按工作位置原则、自然摆放原则确定主视图的放置方位，都需要作剖视表达内部形状。

3)按上述 8 个基本体进行分析，选择其他视图

① 基本体 1，包括底板和 6 个孔，如图 7-12(a)、(b)所示，俯视图表达端面；主视图表达 1 的厚度，添加左视图用局部剖表示孔深。左视图画为全视图还是局部视图，根据是否需要表达其他基本体的形状而定。

② 基本体 2，包括同轴的两个圆孔 2、2"，一个方孔 2'，两个凸台 2、2"，四个螺纹孔。主视图剖开表达深度。由于剖开后不能表达凸台 2"的厚度，在已选左视图表达其厚度。俯视图剖开表达凸台 2、矩形空腔 2'的端面，不剖部分表达凸台 2"的端面和螺纹孔的分布情况。

③ 基本体 3，包括圆形空腔和筋板。主视图剖开表达深度(虚线表达筋板厚度)，添加局部剖 *A*—*A* 表达端面。

④ 基本体 4，是一个带螺纹的阶梯孔，主视图表达端面，俯视图表达厚度。

⑤ 基本体 5，是前后对称的两个带螺纹的阶梯孔，主视图表达端面，俯视图剖开表达深度。

⑥ 基本体 6，是带有螺纹孔的凸台，主视图表达厚度，左视图表达端面和螺纹孔的分布情况。用尺寸表达螺纹孔的深度。例如，标注为：3-M6-H7 深 13 孔深 18。

⑦ 基本体 7，是外方(有两个圆角)内圆的空腔，左视图表达端面，俯视图剖开表达深度。

综上所述，左视图需要表示 6、7 的端面，1 上孔的深度，2"的厚度，左视图需要画为全视图。

⑧ 基本体 8，是底板上的凹槽，主视图剖开表达深度，添加 *B* 向视图表达端面。

4)确定各基本体的相对位置的表达方案

除了基本体 3、8，其余基本体都分别在主、俯、左三个视图的两个视图上出现过，已经将它们之间的相对位置表达清楚，而 3、8 只在主视图中有它们的投影，需要用其他图(三视图之外的)表达它们的前后位置。*B* 向视图、*A*—*A* 剖视，分别表达 8 与 1、3 与 2'的前后位置。通过 1、2'表达 3、8 与其他基本体的前后位置。

7.4 常见零件结构

零件上一些小的结构，包括圆角、倒角、锥面、斜度、凸台、凹台等，如表 7-1 所示。它们对保证零件的性能、方便使用、有利于加工等方面，有至关重要的作用，一定要将它们表达清楚。即便采用了简化画法，也要用尺寸或在技术要求中表达出来。

为了便于理解铸造圆角和拔模斜度，先科普一点铸造知识。零件的铸造过程大致分为如下几步：①零件模型放入下砂箱，填实型砂，如图 7-13(a)所示。②翻转砂箱，放上上箱，填实型砂，做出浇注口和通气孔，如图 7-13(b)所示。③移开上箱，取出模型，如图 7-13(c)所示。④放上上箱，上、下箱一起形成与零件形状相同的空腔，如图 7-13(d)所示。⑤浇注铁水，冷却成型。取模时，如果没有铸造圆角和拔模斜度，会造成刮砂、落砂或塌陷等意外。

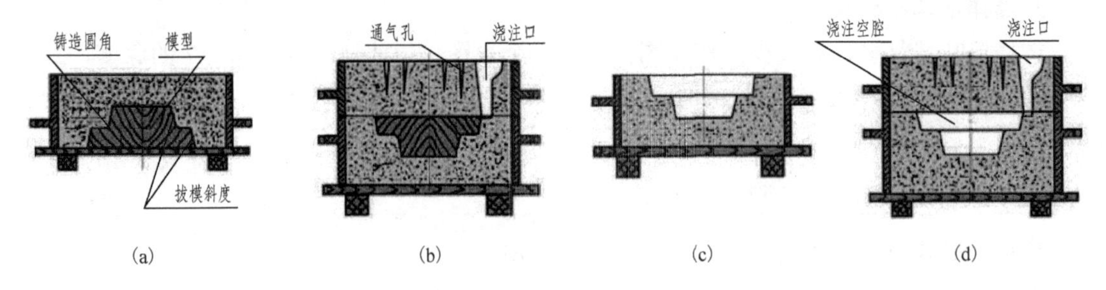

图 7-13 铸造零件

常见零件结构见表 7-1。

当两个零件相交处用小圆角过渡时，交线不明显。但为了区分不同的表面，仍然用细实线画出交线，如图 7-14(a)所示。这种交线称为过渡线。过渡线不与轮廓线相交，画得比相贯线短一点即可。当相贯线是椭圆，投影是直线时，过渡线在切点处断开，断开距离与原图大小相协调即可，如图 7-14(c)所示。

表 7-1 常见零件结构

名称	图例	功用
铸造圆角、拔模斜度	拔模斜度 铸造圆角	铸造圆角，可以防止取模时刮砂、落砂，避免铸件冷却时产生裂纹 拔模斜度，铸件壁沿起模方向的斜度。由于倾角较小，通常按小端尺寸无斜度画图(右图)，但要在技术要求中注明拔模角
壁厚均匀	缩孔 错误 正确	铸件浇注后从外向内逐渐冷却凝固。如果壁厚不均，引起冷却速度不匀，产生较大的内应力，导致铸件开裂，如果壁厚过大，外层凝固定形，内部继续冷却，体积变小形成缩孔
凸台与凹台	凸台 凹台	零件装配后与其他零件接触的表面一般都要加工。为了减少加工面积，降低加工费用，提高接触面的精度(面越大，累计误差越大)，在零件的接触表面处常设计凸台或凹台
倒角与退刀槽	退刀槽 倒角 轴肩 车刀 车刀	倒角(锥面)可以引导装配；锐角变钝防止划伤工件或工作人员；热处理时防止在尖角处产生裂纹 车削轴时，刀具沿轴向移动，到达加工面尽头需要立刻停止进刀。但由于惯性及操作者反应的滞后，如果没有退刀槽，车刀会撞到前面的轴肩上

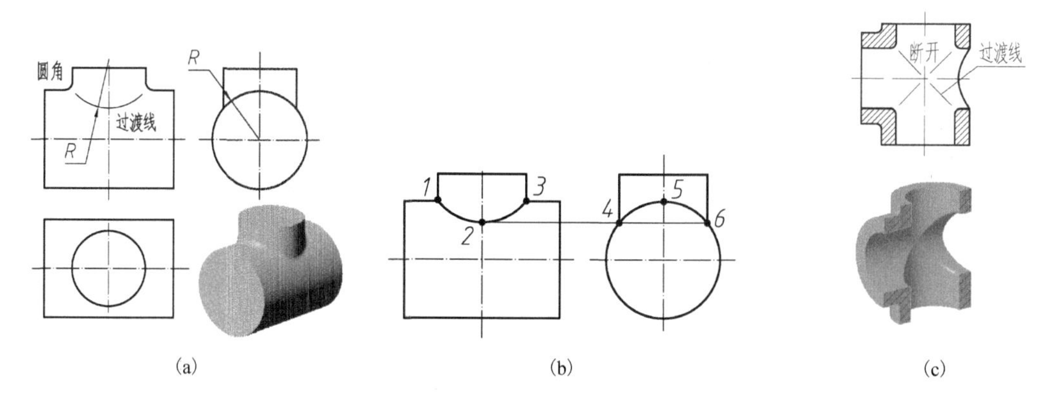

(a) (b) (c)

图 7-14 过渡线

当两圆柱的轴线垂直相交时，过渡线可以用圆弧代替，如图 7-14(b)所示。圆弧的半径等于大圆柱的半径。因为该圆弧通过轮廓线的交点 1、2、3，而 1、2、3 与 4、5、6 的相对位置相同，所以圆弧 123 与圆弧 456 半径相同。

平面与平面、平面与曲面相交产生的过渡线，也用细实线表示，两端也要画得短一点，如图 7-15(a)所示。平面与圆柱面相交形成的小椭圆弧，可以简化为直线，见图 7-15(a)的左视图。

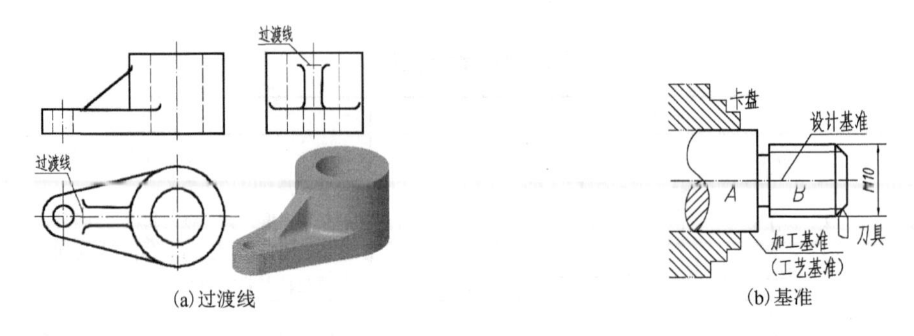

图 7-15　过渡线和基准

7.5　零件图的尺寸标注

零件图上的尺寸是加工和检验零件的依据，是图样中指令性最强的部分。在零件图上标注的尺寸，必须做到正确、完整、清晰、合理。前三项与组合体的要求相同。本节着重讨论尺寸标注的合理性和常见结构的尺寸标注方法。要真正达到合理性的要求，需要一定的专业知识和实际工作经验。

7.5.1　零件图尺寸标注的基本原则

零件的尺寸基准包括设计基准和工艺基准。设计基准是机器工作时确定零件位置的基准(安装面、对称面、回转体的轴线等)。工艺基准是加工或测量时确定零件位置的基准。例如，图 7-15(b)所示零件，螺纹 *B* 的设计基准是轴线，加工时工艺基准是圆柱面 *A*。圆柱面 *A* 的误差会影响螺纹的精度。因而加工螺纹 *B* 之前要先对圆柱面 *A* 进行精加工。当设计基准与工艺基准不重合时，主要尺寸应从设计基准直接标注。

标注零件图的尺寸要遵循如下四条原则。

1. 主要尺寸从设计基准直接标注

图 7-16(a)所示齿轮轴，需要严格控制齿轮两端与箱体的间隙，齿轮宽度 20 是影响上述间隙的主要尺寸，必须直接标出。由于每一个实际尺寸都有误差，直接标注的只有一次误差，间接算出的尺寸误差等于所有参与计算的尺寸误差之和。例如，尺寸 68 的实际值等于 111-23-20 外加三个误差。误差抵消，总误差变小是绝小概率事件，因而主要尺寸要从设计基准直接标注。

同理，图 7-16(b)所示箱体零件，底面是安装面，是高度方向的基准。尺寸 32 一定从该基准直接标注。

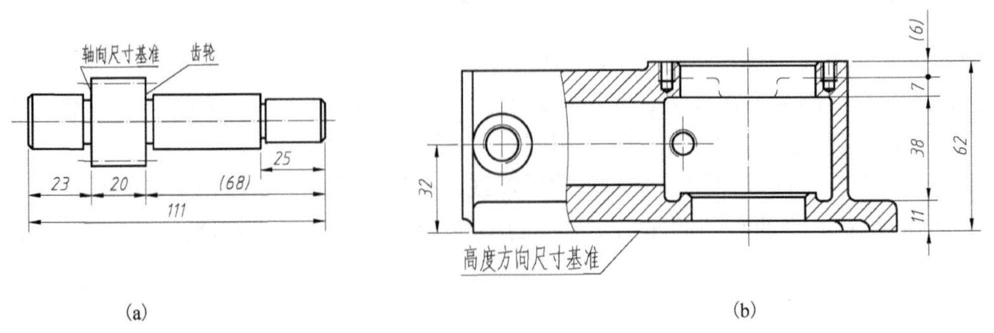

图 7-16　主要尺寸标注方法

主要尺寸是指影响产品性能、工作精度和配合性能的尺寸。例如，配合使用(直径相同轴和孔装配在一起使用)的轴和孔的直径，孔、轴的轴线位置等定位尺寸。

另外，尺寸的重要性是相对的，如图 7-16(b)右侧的 5 个尺寸，相对而言尺寸 6 最不重要，标注其他 4 个尺寸，不标注尺寸 6。这样会有 4 个尺寸误差影响尺寸 6 的实际值。

2. 尺寸不能形成封闭链

图 7-16 如果标注尺寸 6，将形成封闭链。这样的结果是，没有表达哪些是必须直接测量的主要尺寸，变为让工作人员自己决定，不能保证主要尺寸的精度。

3. 符合加工顺序

零件按一定的顺序进行加工。标注的尺寸应尽量与加工顺序一致，以便于加工时看图、测量，易于保证加工质量。如图 7-17(a)所示零件，按图 7-17(b)所示顺序加工。如果标注图 7-17(a)上图所示尺寸，符合加工工序，标注图 7-17(a)下图所示尺寸，则不符合加工工序。

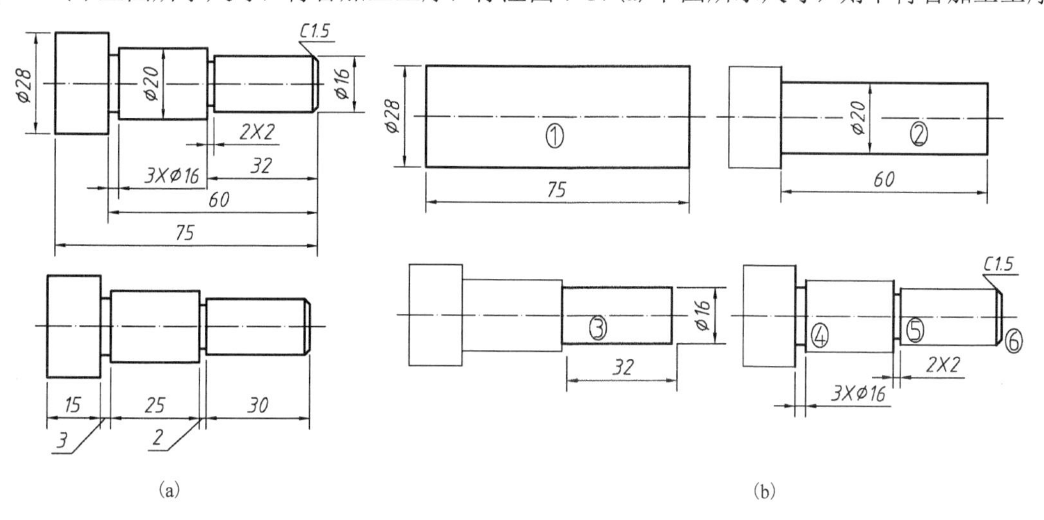

(a) (b)

图 7-17 按加工顺序标注尺寸

4. 便于测量

图 7-18(a)所示零件，标注两个尺寸 65 便于测量；图 7-18(b)标注尺寸 200 不便于测量。

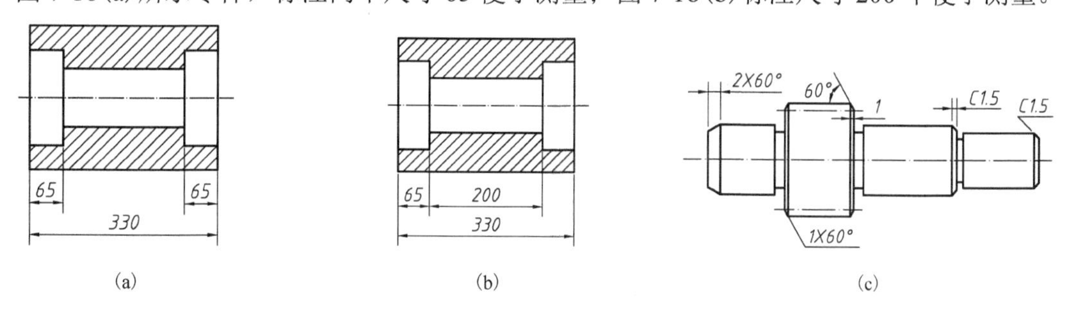

(a) (b) (c)

图 7-18 便于测量原则标注尺寸

7.5.2 零件上常见典型结构的尺寸注法

零件上常见典型结构的尺寸标注方法，见表 7-2。

7.6 零件测绘

零件测绘即根据零件实物画出零件图，并标注出尺寸，制定合理的技术要求等。测绘零件时，首先要画出零件草图，再根据零件草图，画正式零件图。在生产实践中，设计人员会先把设计方案画为草图，再逐步整理成装配图(第 8 章)、正式零件图。在机器维修等特殊的情况下，也可以将草图直接交付使用。

表 7-2　常见典型结构的尺寸标注方法

典型结构	图例		标注项目及说明
退刀槽	图 7-17(b)④、⑤处		槽宽×直径或槽宽×深度
倒角	图 7-18(c)		直接标注或引出标注宽度和角度；使用最多的 45°倒角一般引出标注：C 宽度值
	直接标注	引出标注	
光孔	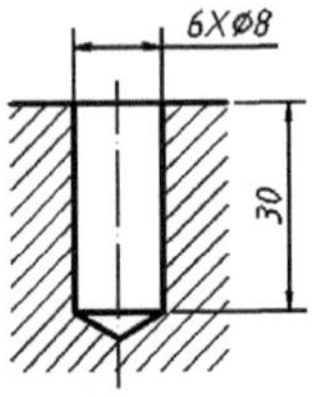 6XΦ8　30	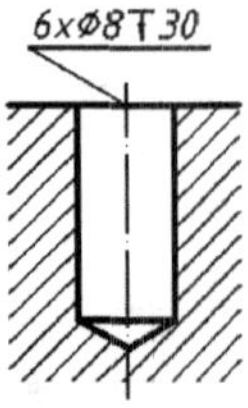 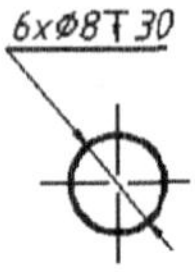 6xΦ8↧30　6xΦ8↧30	6 个直径 8、深 30 的孔，均匀分布。可以直接标注或引出标注
沉头孔	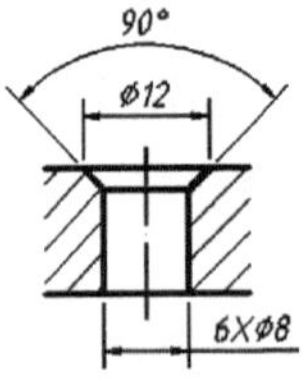 90°　Φ12　6XΦ8	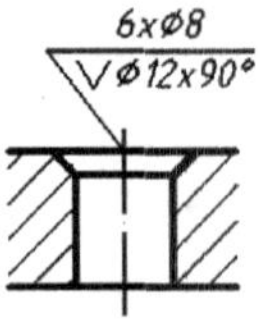 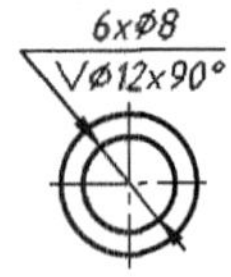 6xΦ8 ∨Φ12x90°　6xΦ8 ∨Φ12x90°	6 个均匀分布的沉头孔。圆柱孔直径 8，锥形孔大端直径 12、锥角 90°
	直接标注	引出标注	
圆柱沉孔	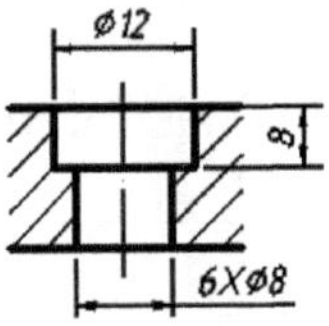 Φ12　8　6XΦ8	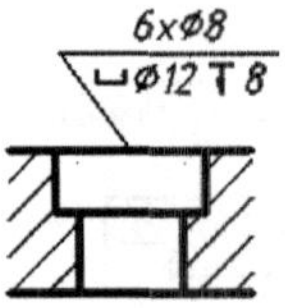 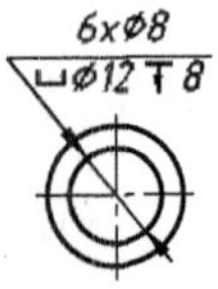 6xΦ8 ⌴Φ12↧8　6xΦ8 ⌴Φ12↧8	6 个均匀分布的圆柱沉孔。小孔直径 8；大孔直径 12、深 8
锪平沉孔	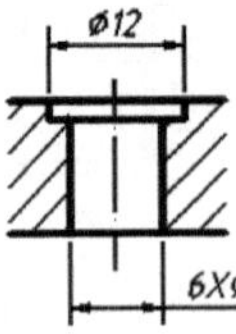 Φ12　6XΦ8	 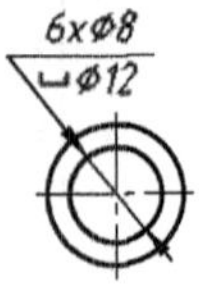 6xΦ8 ⌴Φ12　6xΦ8 ⌴Φ12	锪平孔 ϕ12 不标深度，即锪到光面为止。6 个孔均匀分布
螺纹孔	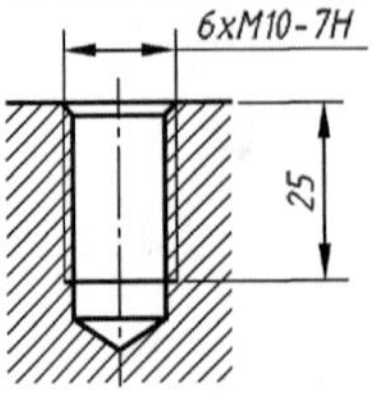 6xM10-7H　25	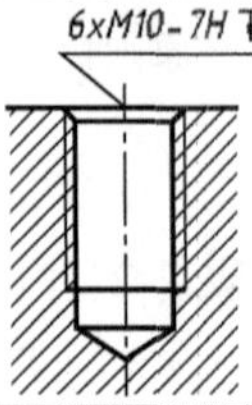 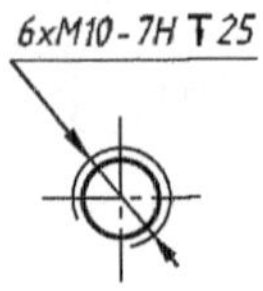 6xM10-7H↧25　6xM10-7H↧25	6 个 M10-7H 的螺纹孔，螺纹深度 25

7.6.1 常用测量工具的使用方法

1. 内、外卡钳

内、外卡钳，分别用以测量内径、外径、壁厚和中心距等，如图 7-19 所示。内卡钳测量内径(图 7-19(a))，将其沿与轴线平行的方向放入圆柱孔中，撑到最多，轻轻移出后用直尺测量两顶尖的距离。将卡钳绕孔的轴线旋转约 120°，再测量直径，共测量三次，取平均值。

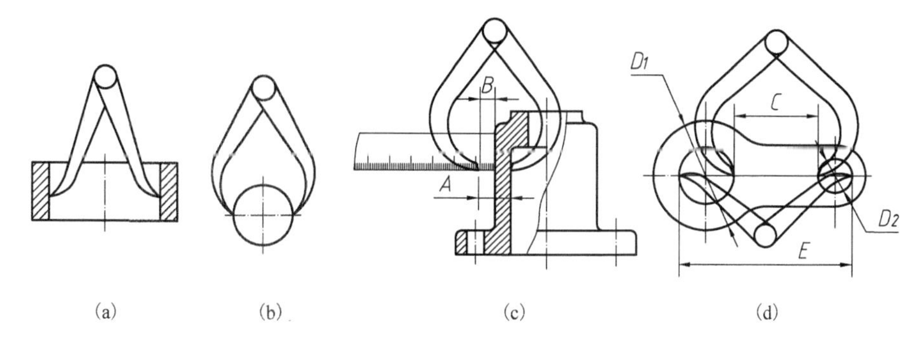

图 7-19 内、外卡钳

外卡钳测量外径(图 7-19(b))，使两顶尖的距离小于直径，将圆柱插入卡钳中，沿与圆柱轴线垂直的方向轻轻拉出卡钳，测量两顶尖的距离。将圆柱绕轴线旋转约 120°，再测量直径，共测量三次，取平均值。

外卡钳测量壁厚(图 7-19(c))：测量尺寸 B，移出后测量尺寸 A，壁厚=$A-B$。

内卡钳测量中心距(图 7-19(d))：用内卡钳分别测量距离 E、内径 D_1、D_2，中心距=$E-(D_1+D_2)/2$；或用外卡钳测量距离 C，中心距=$C+(D_1+D_2)/2$。

2. 游标卡尺和千分尺

可以用它们测量长度、内径、外径等，如图 7-20 所示。

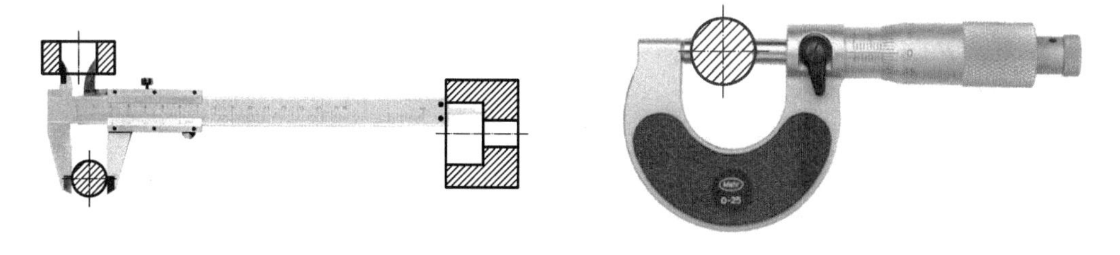

图 7-20 游标卡尺和千分尺

3. 测量螺纹

螺纹测量，需要测量螺纹的直径和螺距。内、外螺纹分别测量小径和大径。螺纹的旋向和线数可以直接观察。

测量螺距可以用图 7-21(a)所示螺纹规。测量时，从螺纹规中比对出一片与螺纹牙型吻合得最好的，其上面的刻度值就是螺距的测量值，如图 7-21(b)所示。

还可在纸上压出螺纹的印痕，在印痕上量取 5 个或 10 个螺距的长度，算出螺距的平均值，如图 7-21(c)所示。

用前述工具测出大径、螺或小径距后，需要查阅手册，选取与之相近的标准值。

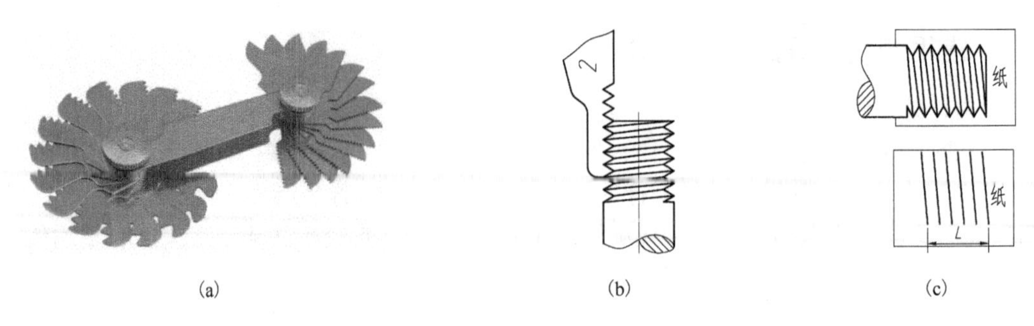

(a) (b) (c)

图 7-21 测量螺纹

4. 测量圆角

测量圆角可以用图 7-22(a)所示圆角规。测量时，从圆角规中找一片与圆角吻合得最好的，其上面的刻度值就是圆角的测量值，如图 7-22(b)所示。

5. 测量齿轮

测量齿轮需要先确定模数，测量步骤和方法如下。

(1)直接数出齿数 z。

(2)确定齿顶圆的直径。当齿数为偶数时，直接测出齿顶圆直径 d_a；当齿数为奇数时，需要测量 H 和 D，$d_a=2H+D$，如图 7-22(c)所示。

(3)模数 $m=d_a/(z+2)$，查表取标准值。

(4)根据模数、齿数计算所需尺寸，例如，分度圆直径 $d=mz$，齿顶圆直径 $d_a=m(z+2)$，齿根顶圆直径 $d_f=m(z-2.5)$。

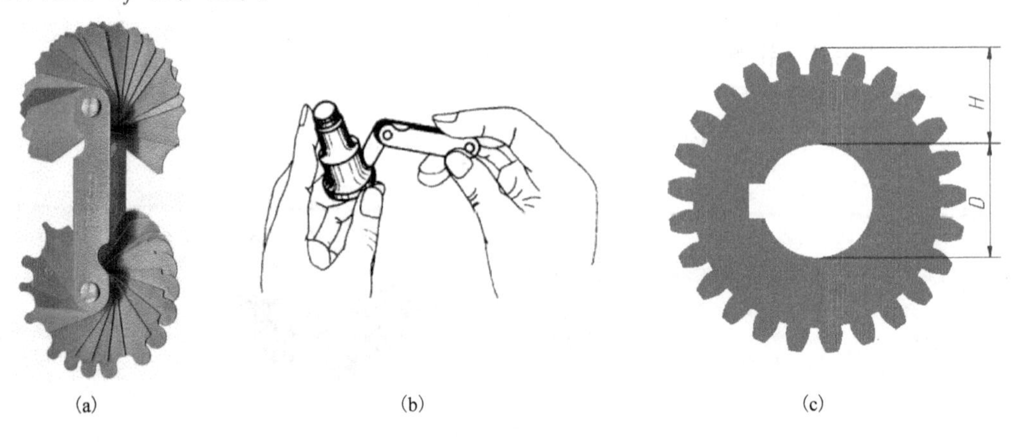

(a) (b) (c)

图 7-22 测量圆角

7.6.2 画零件草图

零件草图与正式零件图的画法完全相同，区别仅在于草图徒手或部分使用仪器画线，目测确定尺寸，根据需要决定是否标注技术要求。画草图可以按以下顺序进行。

(1)分析零件。先了解零件用途、结构特点、主要加工方法等，为零件测绘做好准备。

(2)确定表达方案。方法见本书 5.1.5 节、7.2 节、7.3 节。

(3)根据零件的大小、视图的数量，选择图纸幅面，布置各视图的位置，画出中心线、轴线及其他定位线，如图 7-23(a)所示。

(4)按形体分析的方法，用细实线依次画出零件各基本体的投影，如图 7-23(b)、(c)所示。

提示 考虑到后面要做剖视，在不至于引起混乱时，可以把虚线画为细实线。

(5)画圆角等小结构；添加截交线、相贯线；删除多余的图线(图 7-23(d))。包括：①重复表达的图线，如孔 1 的侧面投影、孔 2 的水平投影；②两共面平面的分界线，如直线 3，还有作剖视需要去掉的图线等。

提示 最好在画图前，多分析表达方案，尽可能多地了解选用的图形，少画这些需要删除的图线。

(6)画出全部尺寸的尺寸线、尺寸界线、箭头，如图 7-23(e)所示。

(7)测量尺寸，填写尺寸数字，画剖面线，参见图 7-23(f)。

画剖面线时遇到尺寸数字要断开，避免剖面线穿过尺寸数字。

先画出全部尺寸的尺寸线、尺寸界线、箭头，再测量尺寸，填写尺寸数字，可以显著提高工作效率。

对于标准要素，如螺纹、键槽、销孔、倒角、退刀槽等，需要测量后查阅有关标准，取相近的标准数据。

(8)检查无误后加深，如图 7-23(f)所示。填写技术要求和标题栏。

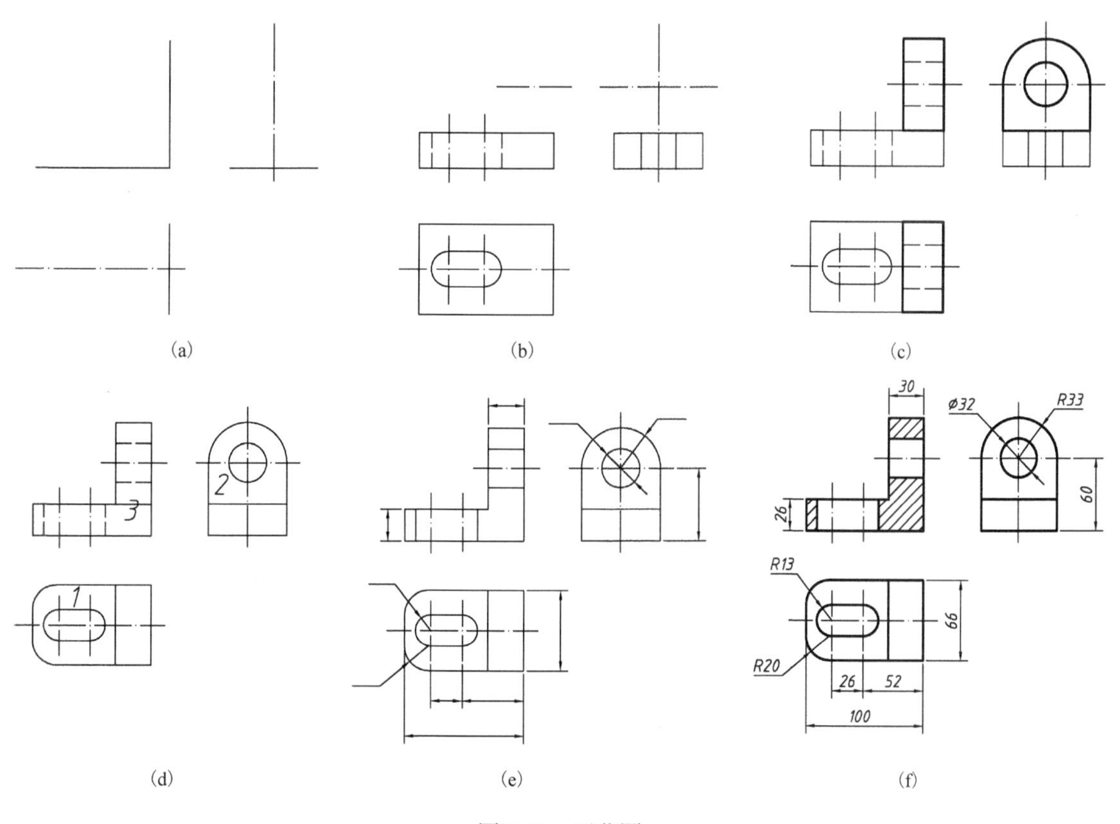

图 7-23 画草图

7.7 标注表面结构

表面结构是指零件加工后的粗糙度和波纹度等，都是微观几何形状误差。它们影响机器的工作质量和使用寿命。图 7-24(a)是某零件的截面，称为实际轮廓，从中提取的粗糙度轮廓、波纹度轮廓、形状轮廓，分别如图 7-24(b)、(c)、(d)所示。

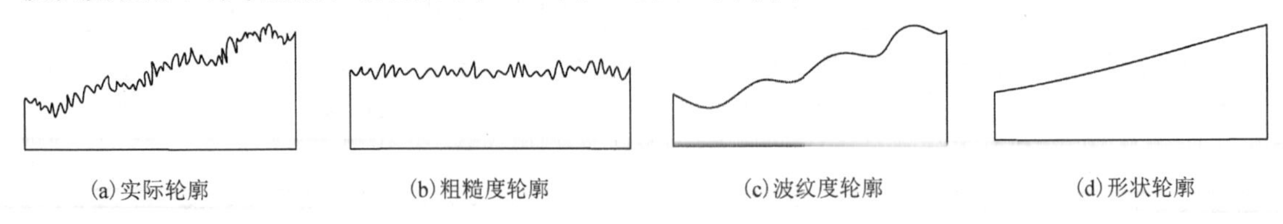

(a)实际轮廓　(b)粗糙度轮廓　(c)波纹度轮廓　(d)形状轮廓

图 7-24　表面结构

区分粗糙度轮廓、波纹度轮廓的基础，是测量这些参数所用轮廓仪的波长。测量粗糙度的波长比波纹度的短。粗糙度轮廓是滤波器从零件实际轮廓截面中，抑制掉波长大于 λc 的波之后形成的曲线，如图 7-24(b)所示。

7.7.1　表面粗糙度的基本知识

在各种表面结构评判参数中，使用最多的是表面粗糙度。本节主要介绍表面粗糙度的相关知识。评定粗糙度常用 Ra 和 Rz 两种参数。Ra 是轮廓算术平均偏差，其测量原理是，将粗糙度轮廓曲线放入平面坐标系中，如图 7-25(a)所示，Ra 是在一个取样长度 L 内 $Z(x)$绝对值的算术平均值，$Ra=\frac{l}{L}\int_{0}^{L}|Z(x)|\,\mathrm{d}x$。

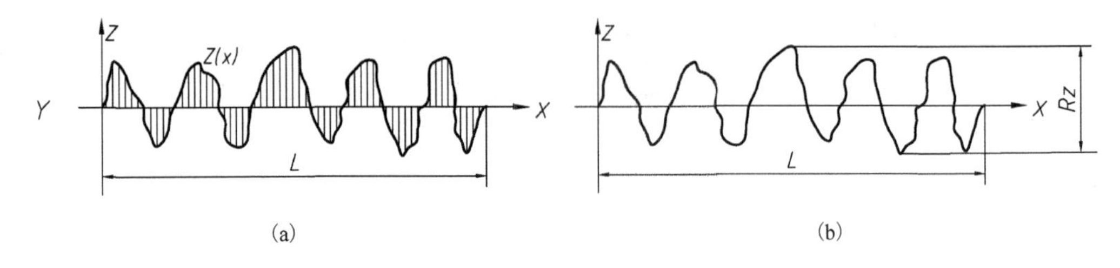

(a)　(b)

图 7-25　粗糙度参数

在实际工作中，用轮廓仪测量粗糙度，操作者不需要建立坐标系。

粗糙度的另一个评定参数是轮廓最大高度 Rz，是在取样长度 L 内，轮廓最大峰高和谷深之间的距离，如图 7-25(b)所示。

标注粗糙度使用表 7-3 所示符号。因为这些符号还用来标注波纹度等其他表面结构参数，因而标注粗糙度时需要注明 Ra 或 Rz。

表 7-3　表面结构图形符号

符号	意义
	零件表面可用任意加工方法获得
	零件表面用去除材料的方法获得
	零件表面用不去除材料的方法获得
	在上述三个符号的长边上加一横线，用于标注有关说明和参数
	加一小圆，表示所有表面具有相同的表面粗糙度

表面结构图形符号的尺寸，见图 7-26(a)。$H_1\approx\sqrt{2}\,h$，h 是图中数字、字母的高度，$H_2\approx 3h$。

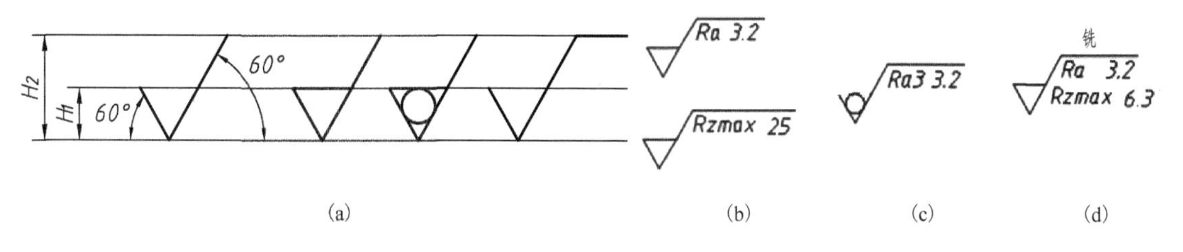

(a) (b) (c) (d)

图 7-26 表面结构图形符号

粗糙度是否合格有16%和最大值两种评判标准。前者允许不多于16%的测量值超过标注值；后者要求所有测量值都不超过标注值。前者为默认评判标准不用注明，后者需要注明。如图7-26(b)所示的两个符号，分别表示：*Ra*的测量值超过0.0032mm的不多于16%，*Rz*的所有测量值都不超过0.025mm。

由于取样长度很小，实际测量时默认用5个取样长度，这个长度称为评定长度，不用标注，图7-26(c)表示评定长度为3个取样长度。

图7-26(d)表示粗糙度需要同时满足*Ra*、*Rz*两个指标，采用铣削加工；图7-26(c)表示用不除去材料的加工方法获得表面。图7-26(b)、(d)表示用除去材料的加工方法获得表面。

粗糙度的评定是一项非常复杂的工作，用到许多参数和术语。例如，滤波器抑制的波长称为传输带，如果不采用默认值也需要标注。

7.7.2 表面粗糙度的标注方法

标注表面粗糙度需要遵循如下规定。

(1)表面粗糙度数值的字体大小、字头方向与尺寸数字的规定相同。

(2)在同一图样上每一表面只标注一次。可以标注在可见轮廓线、尺寸界线、尺寸线、引出线或它们的延长线上，并尽可能靠近有关尺寸线，如图7-27所示。

(3)符号的尖端必须从材料外指向表面，横线与标注面平行。在图线上方、左面、倾斜线的左上方的符号可以直接标注，其他方向的引出标注，如图7-27(a)所示。

(4)当圆柱、棱柱表面粗糙度相同时，只标注一次，如图7-27(b)所示。

(5)当多个表面具有相同的粗糙度，或图纸空间较小时，可以在符号上把数值用一个字母表示，在标题栏附近用等号说明字母代表的数值，如图7-27(c)所示。

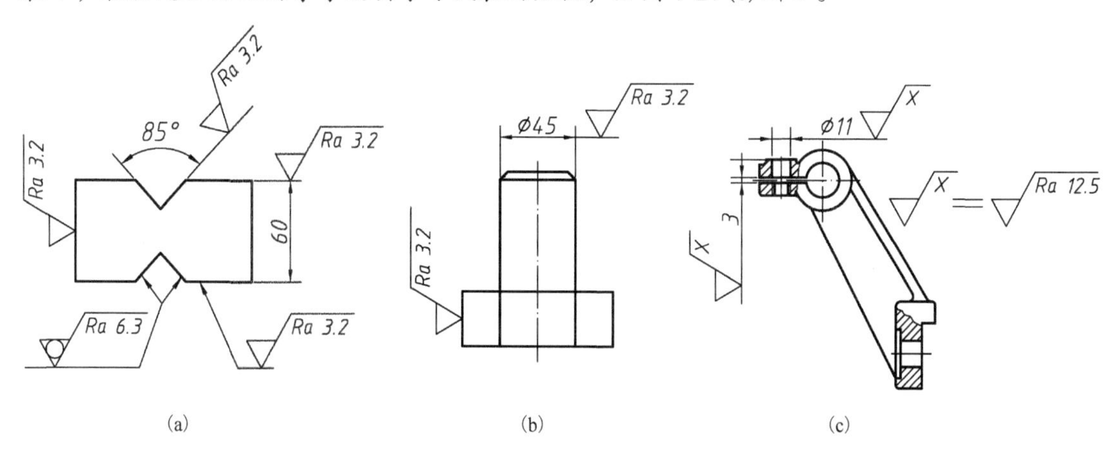

(a) (b) (c)

图 7-27 标注粗糙度

7.8　极限与配合

在批量或大批量生产中，要求零件具有互换性，即同一批零件，不需要挑选或辅助加工，任取一个都能顺利地装到机器上，并且满足性能要求。零件具有互换性，便于装配、维修，有利于专业化生产，可以极大地缩短生产准备时间，提高经济效益。建立互换性的必要前提是建立极限与配合制度。

7.8.1　公差

公差是基本尺寸的最大允许变动量。按国家标准规定分为 20 个级别：IT01，IT0，IT1，…，IT18。随着 IT 值增大，公差值变大，精度降低。一般机器的配合中，孔常用 IT6～IT12，轴常用 IT5～IT12。同一公差等级认为具有相同的精度。但由于尺寸越大，越难保证加工质量，因而同一公差等级，尺寸越大，公差值越大，例如，IT8，基本尺寸等于 10 时，公差值 0.022mm，基本尺寸等于 180 时，公差值 0.063mm，详见表 7-4。

表 7-4　标准公差等级

基本尺寸		公差等级																			
		IT01	IT0	IT1	IT2	IT3	IT4	IT5	IT6	IT7	IT8	IT9	IT10	IT11	IT12	IT13	IT14	IT15	IT16	IT17	IT18
大于	至	μm													mm						
—	3	0.3	0.5	0.8	1.2	2	3	4	6	10	14	25	40	60	0.1	0.14	0.25	0.40	0.60	1.0	1.4
3	6	0.4	0.6	1	1.5	2.5	4	5	8	12	18	30	48	75	0.12	0.18	0.30	0.48	0.75	1.2	1.8
6	10	0.4	0.6	1	1.5	2.5	4	6	9	15	22	36	58	90	0.15	0.22	0.36	0.58	0.90	1.5	2.2
10	18	0.5	0.8	1.2	2	3	5	8	11	18	27	43	70	110	0.18	0.27	0.43	0.70	1.10	1.8	2.7
18	30	0.6	1	1.5	2.5	4	6	9	13	21	33	52	84	130	0.21	0.33	0.52	0.84	1.30	2.1	3.3
30	50	0.6	1	1.5	2.5	4	7	11	16	25	39	62	100	160	0.25	0.39	0.62	1.00	1.60	2.5	3.9
50	80	0.8	1.2	2	3	5	8	13	19	30	46	74	120	190	0.30	0.46	0.74	1.20	1.90	3.0	4.6
80	120	1	1.5	2.5	4	6	10	15	22	35	54	87	140	220	0.35	0.54	0.87	1.40	2.20	3.5	5.4
120	180	1.2	2	3.5	5	8	12	18	25	40	63	100	160	250	0.40	0.63	1.00	1.60	2.50	4.0	6.3
180	250	2	3	4.5	7	10	14	20	29	46	72	115	185	290	0.46	0.72	1.15	1.85	2.90	4.6	7.2
250	315	2.5	4	6	8	12	16	23	32	52	81	130	210	320	0.52	0.81	1.30	2.10	3.20	5.2	8.1
315	400	3	5	7	9	13	18	25	36	57	89	140	230	360	0.57	0.89	1.40	2.30	3.60	5.7	8.9
400	500	4	6	8	10	15	20	27	40	63	97	155	250	400	0.63	0.97	1.55	2.50	4.00	6.3	9.7

基本尺寸、公差、极限尺寸、偏差、公差带的概念，如图 7-28(a)所示。详见本书 6.2.4 节。

7.8.2　偏差

偏差是极限尺寸与基本尺寸之差，用字母表示。它决定公差带的位置，反映零件偏大或偏小；用来控制孔与轴装配后的松紧程度。

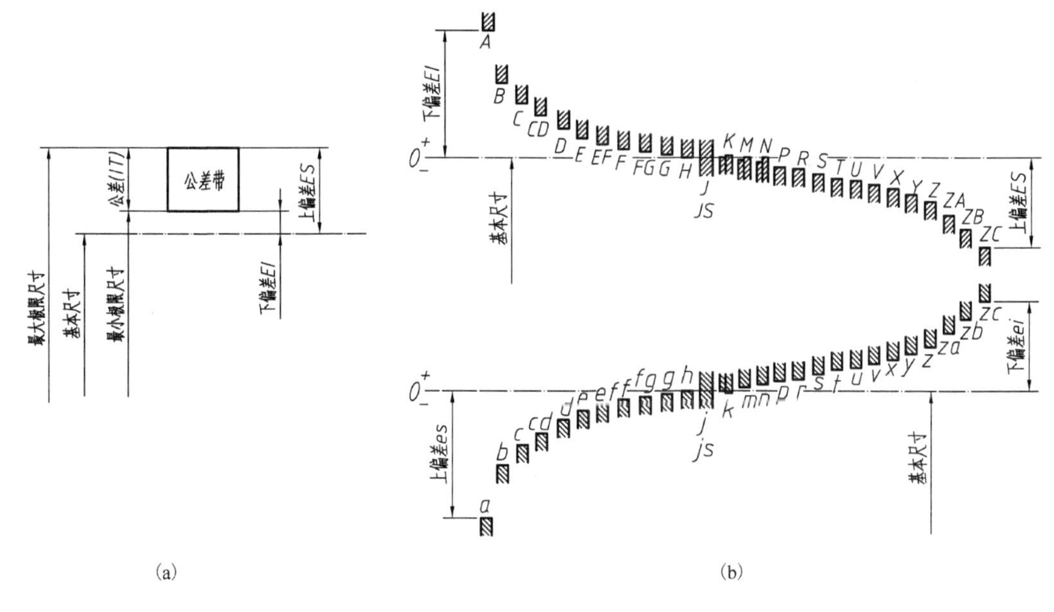

(a) (b)

图 7-28 偏差

在国家标准中对孔和轴各规定了 28 种偏差，如图 7-28(b)所示。图中水平线表示基本尺寸，代表偏差零线，正偏差在上，负偏差在下。将靠近零线的偏差称为基本偏差，用拉丁字母(I、L、O、Q、W 除外)表示。其中 7 个用双字母：CD、EF、FG、JS、ZA、ZB、ZC 表示。孔的用大写字母，轴的用小写字母。孔的基本偏差 A～H 为下偏差，J～ZC 为上偏差，JS 为上偏差或下偏差，其值是公差值的一半。轴的基本偏差 a～h 为上偏差，j～zc 为下偏差，js 的规定与孔的相同。原则上基本偏差与公差无关，但孔的偏差 K、M、N 和轴的偏差 k 的偏差值随公差等级变化取不同的值。

这里的孔与轴，可以是柱体或锥体，端面可以为圆形或方形等。

基本偏差的值可以查阅 GB/T 1800.2—2009。当基本偏差是下偏差 EI(ei)时，上偏差 ES(es) = EI(ei) + IT；当基本偏差是上偏差时，下偏差 EI(ei) = ES(es) −IT。

为了方便引用，国家标准提供了极限偏差表，可以直接通过基本尺寸、基本偏差、公差代号，查出上下偏差。本书附表 16、附表 17 分别是其优先选用轴、孔的极限偏差表。例如，轴 Φ50g6，查表得，下偏差 EI =− 0.025mm，上偏差 ES = − 0.009 mm，最小限尺寸 = 50 − 0.025 = 49.975，最大极限尺寸 = 50 − 0.009 = 49.991；孔 Φ30K7，查表得，下偏差 EI = − 0.015mm，上偏差 ES = 0.006mm，最小限尺寸= 30－0.015 = 29.985，最大极限尺寸 = 30 + 0.006 = 30.006。

7.8.3 配合与基准制

配合是指基本尺寸相同的孔和轴装配后的精度与松紧程度。在国家标准中定义为基本尺寸相同的孔和轴，装配后公差带之间的关系，分为间隙配合、过盈配合、过渡配合三种，如图 7-29 所示。

间隙配合：孔径大于轴径。孔的公差带完全在轴的之上，如图 7-29(a)所示。

过盈配合：孔径小于轴径。孔的公差带完全在轴的之下，如图 7-29(b)所示。

过渡配合：孔径大于或小于轴径。孔和轴的公差带部分或全部重叠。装配后可能有间隙，也可能有过盈，如图 7-29(c)所示。

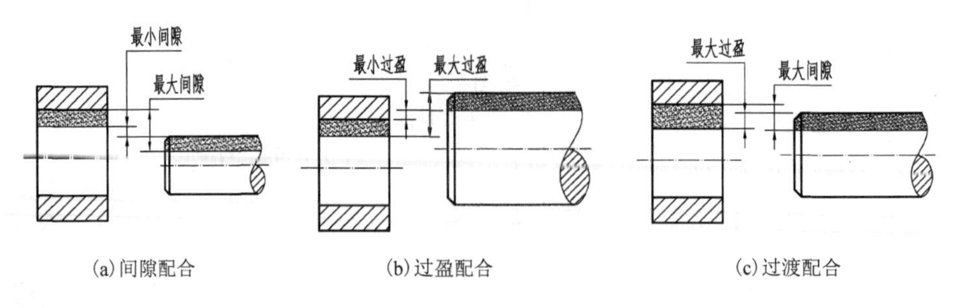

(a) 间隙配合　(b) 过盈配合　(c) 过渡配合

图 7-29　配合种类

配合的代号由孔和轴的公差带代号组成，写成分数形式，孔的在分子上，轴的在分母上。例如，Φ50G7/h6，Φ30H8/g7。

要改变配合的孔和轴的松紧度，可以改变孔或轴的偏差。为了方便使用，国标确定了基孔制和基轴制两种配合制度。基孔制是基本偏差固定的孔，与不同基本偏差的轴配合。基孔制的孔称为基准孔，基本偏差为 H(下偏差为零)。基轴制是基本偏差固定的轴，与不同基本偏差的孔配合。基轴制的轴称为基准轴，基本偏差为 h(上偏差为零)。

在基孔制中，基本偏差是 a～h 的轴用于间隙配合，j～zc 的轴用于过渡配合或过盈配合；在基轴制中，基本偏差是 A～H 的孔用于间隙配合，J～ZC 的孔用于过渡配合或过盈配合。

基轴制优先和常用配合、基孔制优先和常用配合分别见附表 18、附表 19。

7.8.4　公差与配合的标注方法

1. 在零件图中的标注方法

在零件图中，按下列三种形式之一标注公差，如图 7-30 所示。①在基本尺寸后面标注公差带代号。孔的用大写字母，轴的用小写字母。②在基本尺寸后面标注极限偏差值。偏差数字略小于尺寸数字，上偏差在上，下偏差在下，小数位数相同(0 除外)，小数点对齐。③二者同时标注。

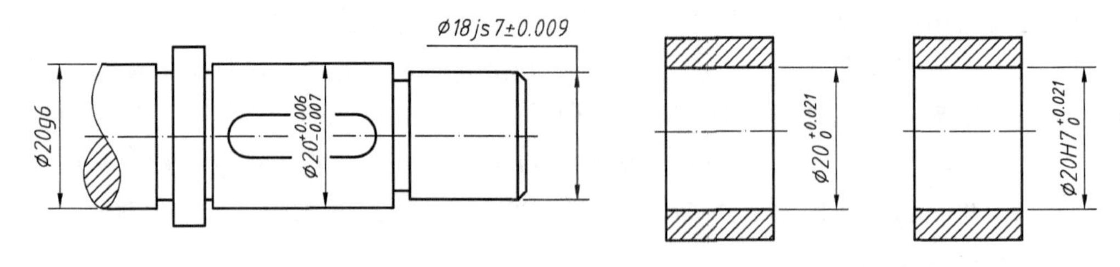

图 7-30　标注公差与偏差

2. 在装配图上的标注方法

在装配图上，①配合代号标注在基本尺寸的后面，以分数形式填写。分子为孔的公差带代号，分母为轴的公差带代号，如图 7-31(a)、(b)所示。②配合零件之一是标准件时，不标注其公差代号。例如，安装滚动轴承的轴和孔，如图 7-31(c)所示。

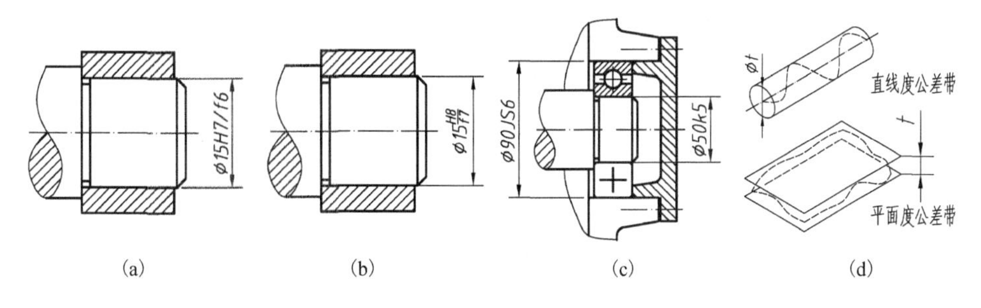

图 7-31 公差与配合

7.9 几 何 公 差

实际零件不仅有尺寸误差，还有几何误差。例如，圆柱的轴线不可能是理想直线，零件的平面不可能是理想平面，如图 7-31(d)所示。几何公差用来限制零件的形状或位置误差，评定项目见表 7-5。

对于位置公差还需要一个测量基准。例如，垂直度公差需要指定与哪个面垂直，平行度公差需要指定与哪个面平行，用作参照的面称为基准面。标注这种公差需要同时标注基准。需要标注基准的公差，见表 7-5。

表 7-5 几何公差

公差类型	项目	符号	基准要求	公差类型	项目	符号	基准要求
形状公差	直线度	—	无	位置公差	位置度	⌖	有
	平面度	▱			同心(轴)度	◎	
	圆度	○			对称度	⌯	
	圆柱度	⌭		方向公差	平行度	//	有
	线轮廓度	⌒	无		垂直度	⊥	
	面轮廓度	⌓			倾斜度	∠	
位置公差	线轮廓度	⌒	有	跳动公差	圆跳动	↗	有
	面轮廓度	⌓			全跳动	⌰	

各种形状和位置公差(简称几何公差)的公差带和测量方法见“互换性与技术测量”课程相关教材，本节仅介绍标注方法。需要注意的是，有的公差值有直径符号，有的没有，如图 7-31(d)所示。这是因为，直线度误差需要将直线限制在以公差值为直径的理想圆柱之内；平面度误差需要将平面限制在以公差值为间距的两个理想平行面之间。

完整的几何公差符号包括带箭头的引线，方框中的公差类型符号、公差值、基准(几何公差无)；基准符号包括黑三角、方框、字母(基准名称)，如图 7-32 所示。

几何公差符号要求标注在如下位置，参见图 7-32。

(1) 零件表面或轮廓线的公差，标注在其投影或延长线上，与尺寸线明显错开，如公差 1 和 2。

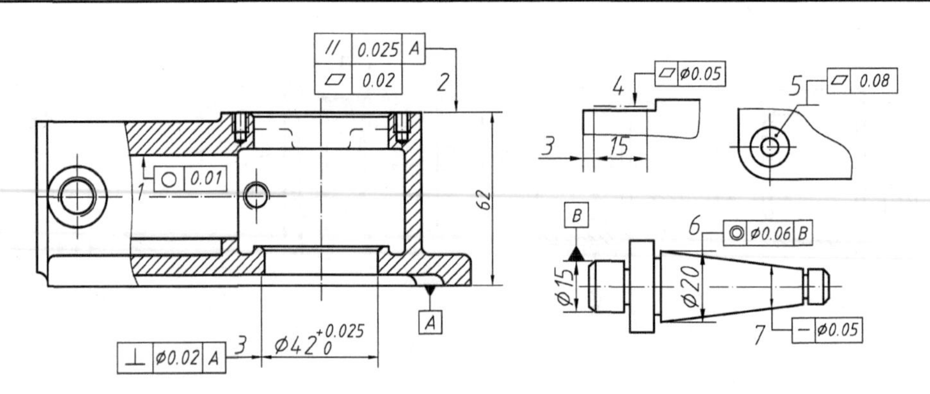

图 7-32　标注几何公差

(2) 同一要素有多个公差时，将所有方框画在一起，左端对齐，如公差 2。

(3) 轴线、对称面的公差符号的箭头位于尺寸线的延长线上，如公差 3、6。

(4) 被测要素的局部公差用粗点画线标出，并标注相应尺寸，如公差 4。

(5) 公差可以标注在被测平面的引出线上，引出线端点带有黑点，如公差 5。

(6) 圆锥轴线的公差，与大端或小端尺寸线对齐，如公差 6；或从空白尺寸线引出，如公差 7。

基准符号的位置要求与几何公差的基本相同，参见上述 (1) (3) 条，如图 7-32 所示。基准 *A* 的基准面是底面，基准 B 的基准线是轴线。

思考题、预习题

7-1 判断下列各命题，正确的在（　）内打“√”，不正确的在（　）内打“×”

(1) 确定零件的表达方案，就是选取一组视图，在完整、清晰地表达零件形状的前提下，力求图形精练，作图简便。（　　）

(2) 选择表达方案相当于作文，需要多借鉴好的表达实例，多做练习。（　　）

(3) 对复杂零件进行形体分析时，如果分解为柱、锥、球、环进行分析，显得过于零散，不便于选择视图。可以先将同轴的、对称的部分一起考虑，选择完视图后，再分析、查找没有表达的元素，补充其他视图。（　　）

(4) 零件图中不可见部分一般做剖视，绝少出现虚线。（　　）

(5) 箱体类、叉架类零件都按工作位置原则、自然摆放原则确定主视图的放置方位，用剖视表达内部形状。（　　）

(6) 铸造圆角，可以防止取模时落砂，避免铸件冷却时产生裂纹。（　　）

(7) 倒角可以引导装配，防止划伤工件或工作人员，热处理时防止产生裂纹。（　　）

(8) 实际尺寸都有误差，直接标注的只有一次误差；间接算出的尺寸，误差等于所有组成尺寸的误差之和。（　　）

(9) 主要尺寸从设计基准直接标注。（　　）

(10) 主要尺寸是指影响产品性能、工作精度和配合性能的尺寸。（　　）

(11) 圆角规测量圆角的方法是从圆角规中找一片与圆角吻合得最好的，其上面的刻度值就是圆角的测量值。（　　）

(12) 齿轮齿数为偶数或奇数时测量的参数不同。（　　）

(13)零件草图与正式零件图的画法完全相同，区别仅在于草图徒手画线，目测确定尺寸，根据需要决定是否标注技术要求。　　(　　)

(14)表面结构是指零件加工后的粗糙度和波纹度等，是微观几何形状误差。　　(　　)

(15)因为表面结构符号用来标注粗糙度、波纹度等表面结构参数，因而标注粗糙度时需要注明 *Ra* 或 *Rz*。　　(　　)

(16)表面粗糙度有 16%和最大值两种评判标准。前者为默认评判标准不用注明，后者需要注明。　　(　　)

(17)表面粗糙度的评定长度默认为 5 个取样长度，不用标注。　　(　　)

(18)建立互换性的必要前提是建立极限与配合制度。　　(　　)

(19)公差是基本尺寸的最大允许变动量，决定零件的加工精度。　　(　　)

7-2　不定项选择题(在正确选项的编号上画“√”)

(1)确定主视图的摆放位置，遵守如下原则：

A．工作位置原则　　B．虚线最少原则

C．自然摆放原则　　D．加工位置原则

(2)选择主视图以后，选择第二个视图应遵循的原则：

A．从俯视图(仰视图)、左视图(右视图)中选择一个反映特征多、虚线少的视图

B．如果有倾斜部分，将其去掉，余下部分画为局部视图

C．对不可见结构作剖视

D．优先选用局部视图或斜视图

(3)选择了两个视图以后，再选择其他视图，实现每一基本体用____个图表达形状和相对位置。

A．1　　B．2　　C．3

(4)对表达基本体形状表述正确的有：

A．直柱体和正棱锥，用一个图表达端面实形，一个图表达厚度或孔深

B．正圆柱、正圆锥、球可以用一个视图和一个直径尺寸表达形状

C．斜的圆柱、棱柱、圆锥、棱锥需要一个图表达端面实形，一个或以上图形表达端面与轴线或顶点的相对位置

D．上述表述都不确切

(5)确定轴套类零件的表达方案应当遵循的原则：

A．主视图：水平摆放，投影方向平行于轴线

B．用断面图、局部放大图、局部剖视图、局部视图表达端面形状和小结构

C．形状简单、轴向尺寸较长的部分，可以断开绘制

D．空心轴一般采用全剖、半剖或局部剖表达内部结构

(6)确定轮盘类零件的表达方案应当遵循的原则：

A．主视图：投影方向垂直于轴线，轴线水平摆放，剖开表达内部结构

B．从左视图或右视图中选择一个虚线少的，表达轮盘上连接孔或轮辐、筋板等结构的形状、数目和分布情况

C．用局部视图、局部剖视、断面图、局部放大图等作为补充

D．形状对称的轮盘类零件可以只画 1/2 或 1/4

(7) 零件上一些小的结构，对保证零件的性能、方便使用、利于加工等方面，有至关重要的作用，一定要将它们表达清楚。即便采用了简化画法，也要用尺寸或在技术要求中表达出来。这些小结构包括：

A．圆角　　B．倒角　　C．凸台　　D．凹台

(8) 零件图上的尺寸是加工和检验零件的依据，是图样中指令性最强的部分。在零件图上标注的尺寸，必须做到：

A．正确　　B．完整　　C．清晰　　D．合理

(9) 标注零件图的尺寸要遵循如下原则：

A．主要尺寸从设计基准直接标注　　B．尺寸不能形成封闭链

C．符合加工顺序　　D．便于测量

(10) 零件测绘包括：

A．画出零件图　　B．标注出尺寸

C．制定合理的技术要求　　D．画出轴测图

(11) 偏差决定公差带的位置，表述正确的有：

A．反映零件偏大或偏小　　B．控制孔与轴装配后的松紧程度

C．影响零件的加工难易　　D．影响零件成本

(12) 几何公差符号的标注位置：

A．零件表面或轮廓线的公差，标注在其投影或延长线上，与尺寸线对齐

B．同一要素有多个公差时，将所有方框画在一起，左端对齐

C．轴线、对称面的公差符号的箭头位于尺寸线的延长线上

D．圆锥轴线的公差，与大端或小端尺寸线对齐

7-3 归纳与提高题

(1) 归纳零件表达方案的选择要点。

(2) 简述轴套类零件表达方案的选择要点。

(3) 简述轮盘类零件表达方案的选择要点

(4) 归纳、总结叉架类零件表达方案的选择要点。

(5) 归纳、总结箱体类零件表达方案的选择要点。

(6) 简述画零件草图的作图要点。

(7) 归纳标注表面粗糙度需要遵循的有关规定。

(8) 归纳、总结几何公差的标注要点。

7-4 第 8 章预习题

(1) 比较装配图和零件图的作用与内容。

(2) 如何判定装配图表达方案的完整性？

(3) 画装配图的步骤。

(4) 读装配图的难点与要点。

(5) 拆画零件图时如何确定其表达方案？

第8章　装　配　图

装配图是表达机器或部件的图样，如图 8-1 所示。本章将介绍装配图的作用、内容，选择表达方案、标注尺寸和技术要求的方法，装配结构的合理性，画装配图、读装配图、拆画零件图的方法等。

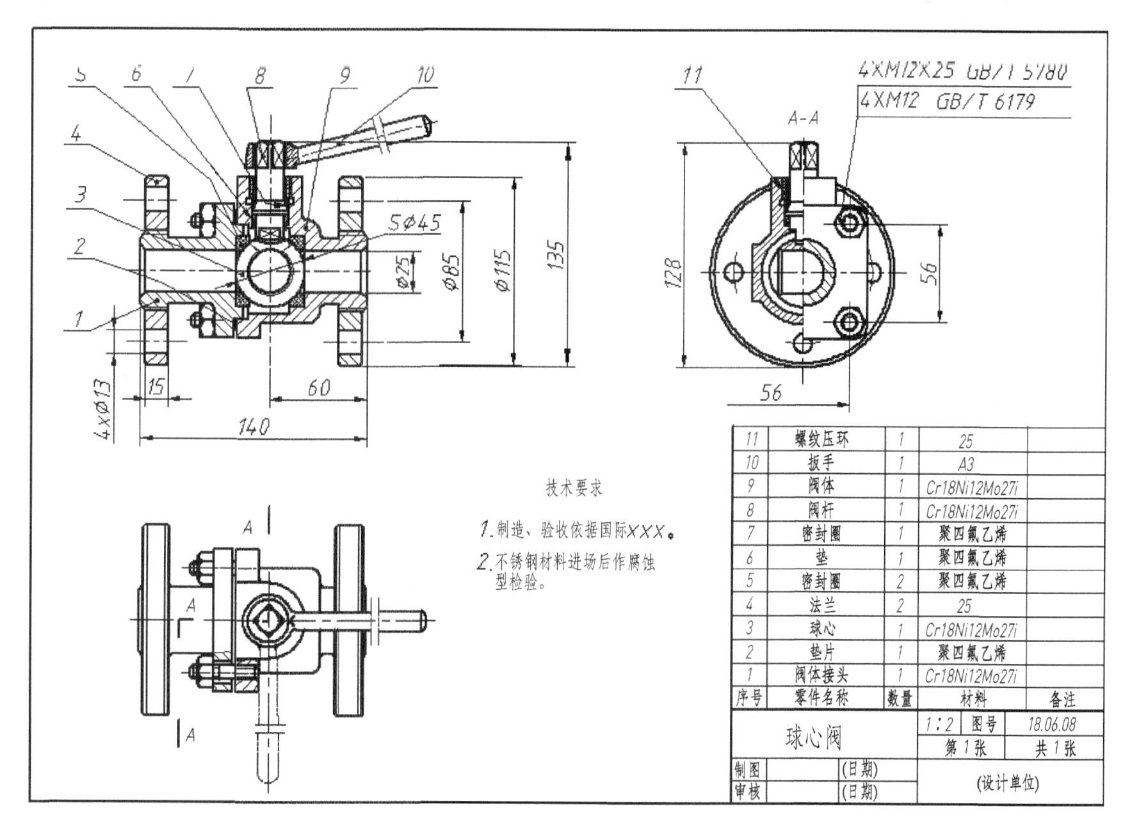

图 8-1　球心阀装配图

8.1　装配图的作用与内容

1. 装配图的作用

装配图广泛应用在机器的装配、调试、检验和维修等工作中。设计新产品时需要先画装配图，再根据装配图画零件图。

装配图主要反映：①各零件之间的相对位置、连接关系；②主要零件的主要结构；③机器或部件的工作原理。

2. 装配图的内容

装配图包括以下内容。

(1) 一组视图：满足装配图作用需要的视图。

(2) 必要的尺寸：与装配、安装有关的尺寸，机器的规格尺寸、外形尺寸。

(3) 技术要求：与部件或机器有关的性能、装配、检验等方面的要求。

(4) 零件编号、标题栏、明细表。每一个零件有一个编号；标题栏填写图名、图号、设计单位、制图者、审核人、日期、比例等信息；明细表填写零件的序号、名称、数量、材料、执行的标准代号等信息。

8.2　装配图的画法

零件图所采用的视图、剖视图、断面图等图形，都可以用在装配图中。但由于装配图与零件图表达的对象和侧重面不同，装配图需采用一些规定画法、简化画法和特殊画法。

8.2.1　规定画法

(1) 相邻零件的接触面只画一条线，如图 8-2(a) 中两处的三个零件。不接触面画两条线。间隙很小时，将两线之间的间隙(计算机绘图是打印后的)放大到 0.7mm，如图 8-2(a) 中 1、3 处的两个零件。

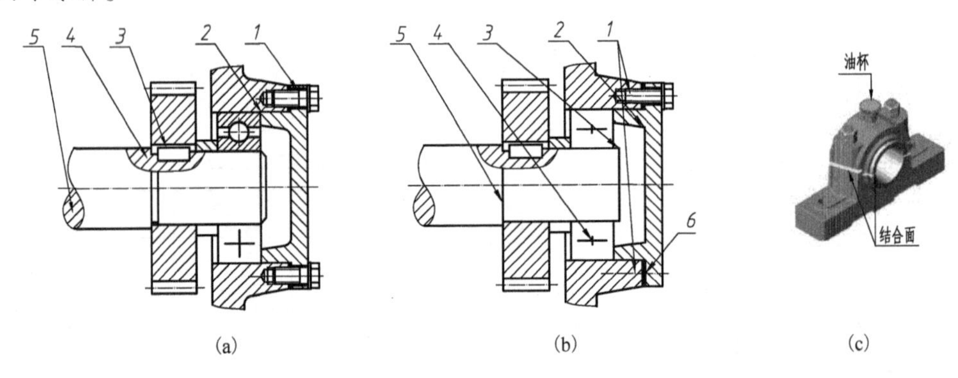

(a)　(b)　(c)

图 8-2　规定画法图例

(2) 两个或以上邻接的金属零件，它们的剖面线倾斜方向相反；一致时，间隔不同，且明显错开，如图 8-2(a) 中两处的三个零件。同一个零件，在同一视图、不同视图中剖面线方向、间隔要一致，如图 8-2(a) 中 4、5 两处剖面线。

(3) 紧固件以及轴、键、销等实心零件，剖切平面通过其轴线或对称平面时，按不剖画，上面的凹坑、凹槽、键槽、销孔等结构，可采用局部剖，如图 8-2(a) 中 3、4 处的轴和键槽。

(4) 厚度小于或等于 2mm 的狭小剖面，可用涂黑代替剖面符号，如图 8-2(b) 中的垫圈 6。

8.2.2　简化画法

(1) 螺栓连接、滚动轴承等可采用简化画法。螺钉连接的螺纹孔可以不画螺纹终止线，或只画中心线，参见图 8-2(b)-1(其中 1 是标注 1 的箭头指向的零件或结构，下同)；轴承可采用示意画法，参见图 8-2(b)-4。

(2) 零件的工艺结构(如圆角、倒角、退刀槽等)可以不画，参见图 8-2(b)-2、3、5。图 8-2(b) 是图 8-2(a) 的简化画法。

(3) 对于标准组件(无论空心还是实心的)，或已有其他图表达清楚组合件，当剖切平面通过它们的轴线时，可以只画外形。如图 8-2(c) 所示的油杯是标准组件，只画外形，如图 8-3(a) 所示。

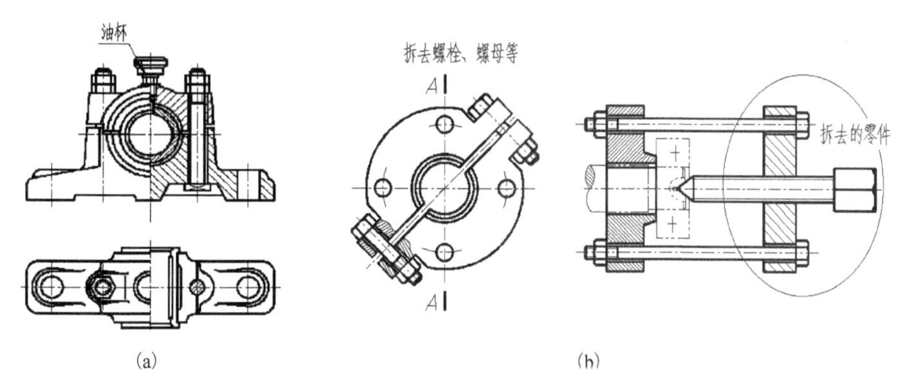

(a) (b)

图 8-3 简化画法

8.2.3 特殊画法

(1)沿结合面剖切。假想沿零件结合面剖切，结合面不画剖面线，但被剖切到的零件画剖面线。如图 8-2(c)所示轴承座，其俯视图(图 8-3(a))沿结合面剖切，不画剖面线；螺栓被剖断，画剖面线。

(2)拆卸画法。为了简化作图，将某些其他图已经表达清楚的零件拆去，只画剩余部分的投影。需要说明时，在视图的正上方加注“拆去××”，如图 8-3(b)所示。不要求标注左视图上的“拆去的零件”。

(3)夸大画法。对薄片零件、小直径弹簧丝、较小间隙等，按实际尺寸画难以表达时，可以夸大画，如图 8-2(b)-6 所示垫圈。

(4)假想画法。①为了表达运动件的运动范围和极限位置，将运动件画在一个极限位置，另一个极限位置用双点画线画出，如图 8-4(a)所示。②为了表达工作原理、安装方法等，用双点画线画出相邻零件或部件的外形，如图 8-4(b)所示。

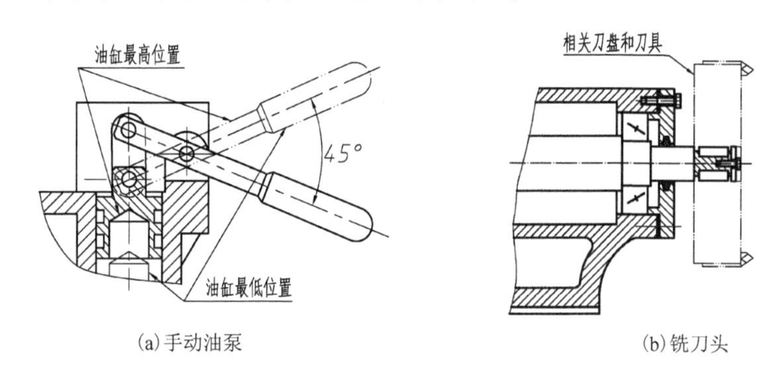

(a)手动油泵 (b)铣刀头

图 8-4 假想画法

(5)单独表达某个零件。当某个零件的某些结构(主要是安装时用到的连接面)没有表达清楚，对理解装配关系有影响时，可以单独画该零件的投影，表达此结构，如图 8-5 所示的俯视图和 D 向视图。单独表示某个零件可采用向视图、剖视图、断面图等表达方式。

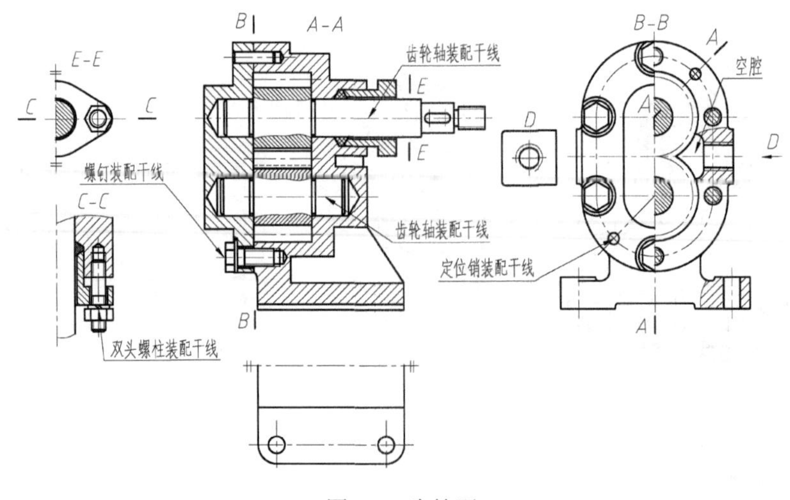

图 8-5　齿轮泵

8.3　确定装配图表达方案

装配图用来表达各零件之间的相对位置和连接关系，主要零件的主要结构，装配体的工作原理，这就是确定表达方案的原则和依据。

将同一轴线上的所有零件称为一条装配干线。其重要性和作用与零件图的基本体相同。确定表达方案要以装配干线为单元进行分析，选择视图。一条装配干线可能有多个零件或一个零件。如图 8-5 所示齿轮泵共有 12 条装配干线。6 条装配干线由螺钉和垫圈组成，2 条由双头螺柱、垫圈和螺母组成，2 条由单个定位销组成，2 条由齿轮轴及安装在上面的零件组成。齿轮轴是在轴上加工出齿轮形成的。

1. 调研表达对象

确定表达方案之前，首先要了解装配体的用途、工作原理、结构特点、零件间的装配关系及技术要求等。用途决定工作原理和结构，结构决定表达方案。例如，齿轮泵的工作原理是，由两个齿轮、泵体和端盖、密封圈组成两个封闭空腔(参见图 8-5 的左视图)，当齿轮转动时，齿轮脱开侧的空间体积从小变大，形成真空，将液体吸入，另一侧的空间的体积从大变小，而将液体挤入管路排出，如图 8-6(a)所示。由此可以断定齿轮泵的主要结构是一对装在密闭箱体中的齿轮。其装配图应当重点表达两齿轮轴的连接关系，齿轮与箱体、箱盖之间无间隙的部位。

在上述调研、分析的基础上，才能有的放矢地选择视图，确定表达方案。

2. 选择主视图

根据如下三条原则选择主视图。

(1)投影方向垂直于主要装配干线的轴线，以表达该干线上零件的轴向位置和连接方法。

连接关系包括螺纹连接、键连接、粘接、焊接、承插连接等。

(2)按工作位置放置。

为了便于组装、维修人员看图，主视图按工作位置放置，并使主要轴线、主要安装面水平或铅垂。

(3)一般画为剖视图。

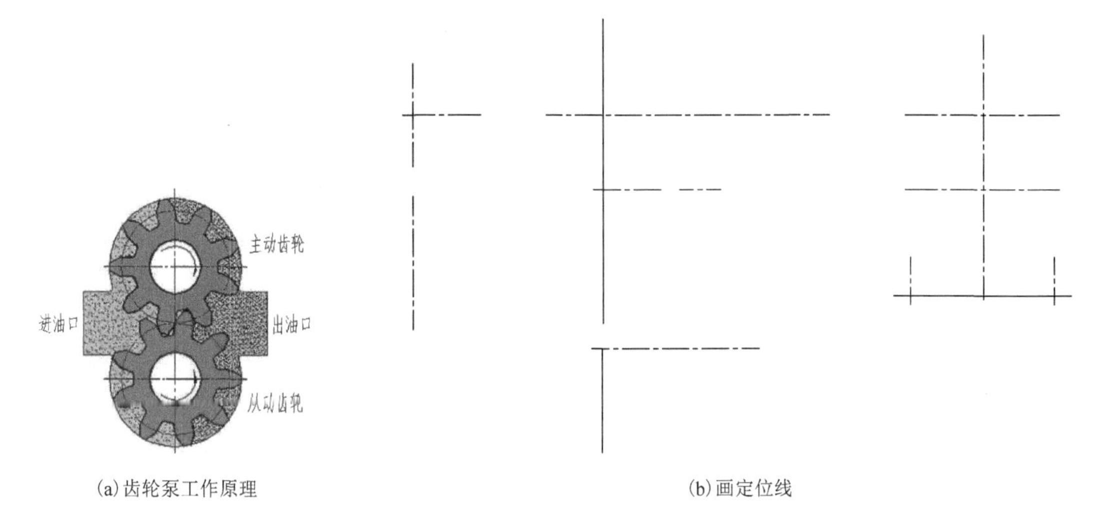

(a)齿轮泵工作原理

(b)画定位线

图8-6 装配图用图

3. 选择其他视图

选择其他视图的基本原则是，以装配干线为单元进行选择，使每一装配干线都有两个图。在投影方向垂直于装配干线轴线的视图上采用剖视，表达各零件的相对位置和连接关系；在投影方向平行于轴线的视图上与前者一起表达该干线在三个方向的空间位置。最后分析是否需要用局部视图等图样表达连接面的形状。

如图8-5所示齿轮泵的装配图，主视图按工作位置放置，将主要装配干线放入水平位置。采用全剖视，表达两条齿轮轴装配干线(图8-5)上零件的轴向位置和连接关系，与左视图一起表达三个方向的空间位置。6条螺钉、2条定位销装配干线，都是在主视图剖开表达零件的轴向位置和连接关系，与左视图一起表达空间位置。2条双头螺柱钉装配干线，用*C*—*C*局部剖表达轴向位置和连接关系，与右视图*E*—*E*一起表达空间位置。12条装配干线分别用两个图进行表达，没有重复。俯视图和*D*向视图用以表达连接面的形状。

8.4 画装配图的方法和步骤

绘制装配图是一项细致、烦琐的工作，可以按如下方法和步骤绘制。

(1)选择表达方案。

(2)确定图纸幅面。根据视图数目、装配体的大小、复杂程度，选择适当比例，确定图纸幅面。这既要考虑各视图所占的面积，又要为标注尺寸、零件序号、明细表、标题栏以及填写技术要求留出足够的空间。

(3)布置视图。与画零件图相同，先画出各视图的主要定位线，如图8-6(b)所示。

如果用计算机绘图，可以按1∶1的比例绘图，通过设置打印比例控制打印出的图形大小；可以随时用移动命令调整图形的位置，但移动时要保持“长对正、高平齐”。

(4)用细实线画各视图的轮廓底稿，如图8-7所示。

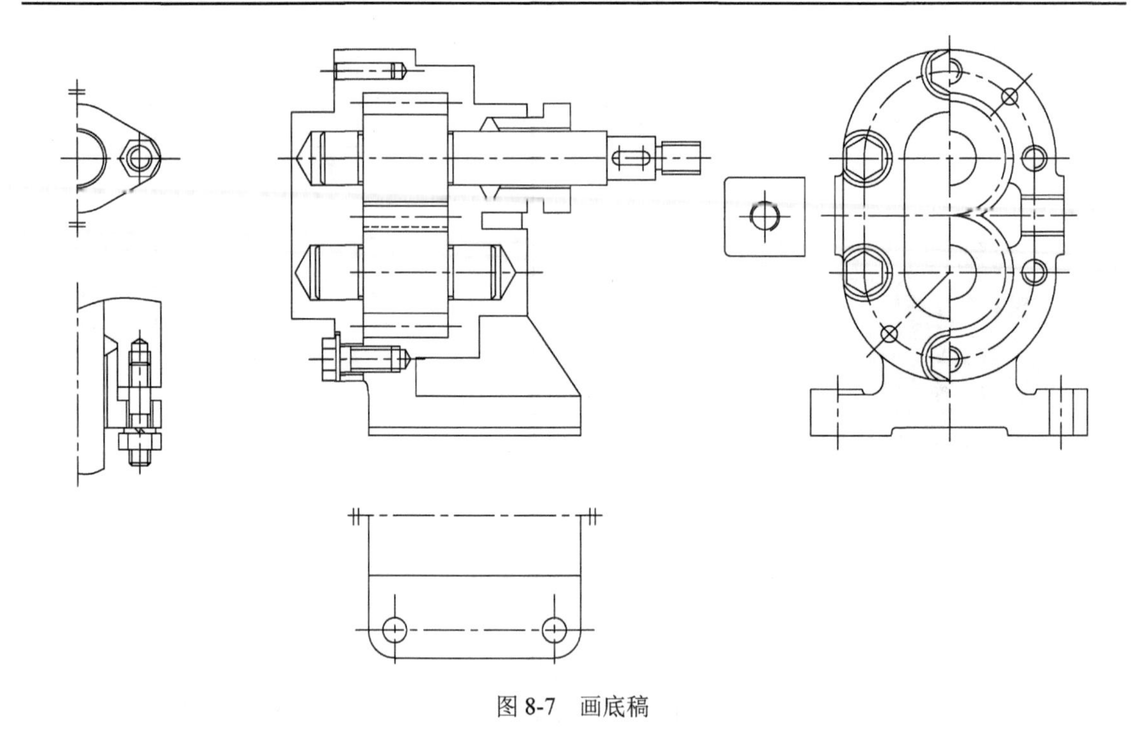

图 8-7　画底稿

画底稿时，先画基本视图，后画辅助视图。每一个图都要沿装配干线，从一端开始，根据实物或装配示意图和零件图依次画各零件的投影。画下一个零件时，用上一个或已画出的其他零件定位。要注意遵守前面介绍的装配图画法的有关规定，如接触的面与非接触面的画法、简化画法、特殊画法等。装配图一般不画虚线。

(5) 画剖面线、标注尺寸、编写零件序号，并对底稿进行逐项检查，擦去多余的作图线，加深图线，填写技术要求、标题栏和明细表等。

(6) 对装配图进行一次全面校核，完成装配图。

8.5　装配图的标注

装配图需要标注尺寸、技术要求、序号、标题栏、明细表。

8.5.1　装配图的尺寸

装配图与零件图的作用不同，决定了它们标注的尺寸各有分工。装配图仅标注与装配体的性能、外形、装配和安装有关的几种尺寸，不标注仅仅影响零件大小的尺寸。

1. 规格尺寸

表示机器或部件的性能和规格的尺寸。例如，58 英寸(1 英寸=2.54 厘米)电视机，58 英寸表示屏幕对角线长度；28 英寸自行车，表示车轮直径为 28 英寸。在它们的装配图中需要标注这些相应规格尺寸。

2. 装配尺寸

装配尺寸包括配合尺寸、影响装配体性能的重要相对位置尺寸。

(1) 配合尺寸。直径相同的孔和轴装配在一起使用，需要标注它们的直径尺寸和公差代号，如图 8-8(a) 所示。公差代号，孔的用大写字母写在分子上，轴的用小写字母写在分母上。

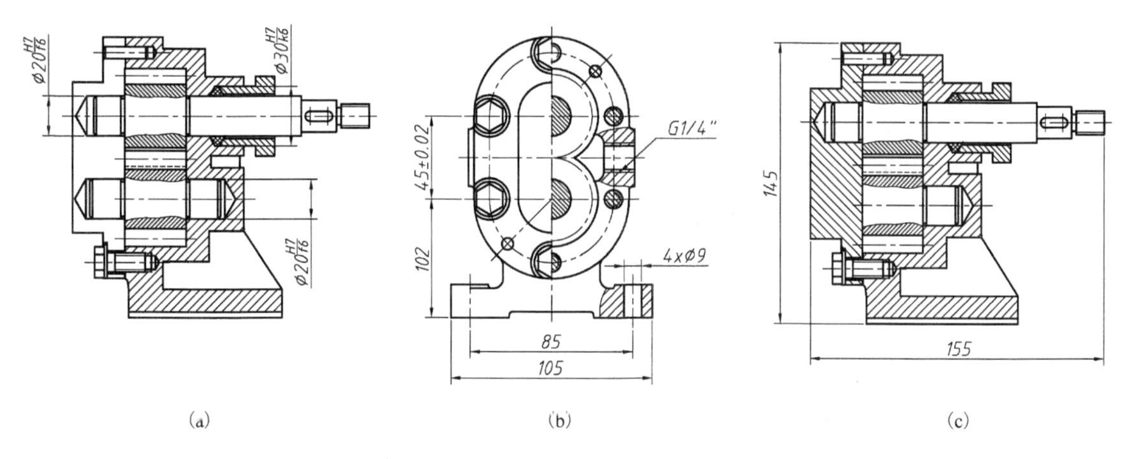

(a)　　　(b)　　　(c)

图 8-8　装配中的尺寸

(2) 重要的相对位置尺寸。平行轴之间的距离尺寸，例如图 8-8(b) 的尺寸 45±0.02；主要轴线与安装面间的距离尺寸，例如图 8-8(b) 的尺寸 102。

(3) 连接尺寸。重要的螺纹、花键、销、齿轮等连接处的尺寸，如图 8-8(b) 中的螺纹尺寸 G1/4″ 。

3. 安装尺寸

将装配体安装到机座上或其他机件上时用到的尺寸。如图 8-8(b) 的孔径尺寸 4× ϕ9，孔距尺寸 85。

图 8-5 的俯视图、*D* 向视图就是用来表达安装面的形状，标注安装尺寸的。

4. 外形尺寸

装配体的总长、总宽、总高尺寸。如图 8-8(c) 的 155、145，图 8-8(b) 的 105。

像 155 这样由多个零件构成的尺寸需要计算求出。

5. 其他重要尺寸

包括经过强度计算、实验确定的重要尺寸及运动零件的极限位置尺寸等。

8.5.2　装配图的技术要求

当技术要求在视图上不能表达清楚时，用文字说明，填写在标题栏上方或左面空白处，并将条文编写顺序号，如图 8-1 所示。在装配图上一般应注写以下几方面的技术要求。

(1) 装配过程中的注意事项和装配后应满足的要求。例如，保证的间隙、精度要求、润滑方法、密封要求等。

(2) 检验、试验规范以及操作要求。

(3) 部件的性能、规格参数，包装、运输、使用中的注意事项，涂饰要求等。

8.5.3　零件序号

在装配图中，每一个零件都要有一个序号，便于读图时根据序号从明细表 (8.5.4 节) 中找出其名称、材料、件数等信息，或查找明细表中的零件在装配图中的位置，便于图样的管理和查阅。

装配图上标注的零件序号要与明细表中的一致。在同一装配图中，一个零件、相同零件 (在明细表中注明件数) 只编写一个序号，标注零件序号有如下规定和注意事项。

(1) 零件序号用引线形式标注。引线包括黑点、引线、数字、横线或圆圈等，如图 8-9 所示。序号数字比尺寸数字大一号，高度是尺寸数字高度的 1.4 倍；引线不应与剖面线平行。

(2) 当零件很薄或剖面涂黑时，在指引线的末端的黑点改画为箭头，并指向该零件的轮廓线，如图 8-9(a) 的 4 号零件。

(3) 一组紧固件或装配关系清楚的零件组，可以用公共引线标注序号。例如图 8-9(a) 的 2 号和 3 号零件。序号可以水平或竖直排列，参见图 8-9(a)、(c)。

(4) 所有零件序号应按顺时针或逆时针方向顺序编号，在水平方向或垂直方向整齐排列，参见图 8-9(a)、图 8-1。

(5) 进行零件编号时，最好先在零件上画出引线，检查无重复、无遗漏后，再一起填写序号。

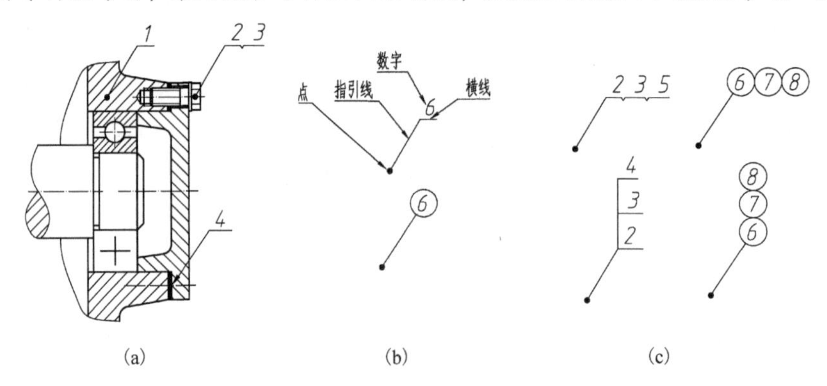

(a) (b) (c)

图 8-9　零件序号

8.5.4　零件明细表

零件明细表画在标题栏的上方，包括的项目有零件的序号、零件名称、数量、材料、备注等，可以按需要增加或减少，如图 8-10 所示。

序号	零件名称	数量	材料	备注
11	螺纹压环	1	25	
10	扳手	1	A3	
9	阀体	1	Cr18Ni12Mo2Ti	
8	阀杆	1	Cr18Ni12Mo2Ti	
7	密封圈	1	聚四氟乙烯	
6	垫	1	聚四氟乙烯	
5	密封圈	2	聚四氟乙烯	
4	法兰	2	25	
3	球心	1	Cr18Ni12Mo2Ti	
2	垫片	1	聚四氟乙烯	
1	阀体接头	1	Cr18Ni12Mo2Ti	

球心阀			1:2	图号	18.06.08
			第 1 张		共 1 张
制图		(日期)	(设计单位)		
审核		(日期)			

图 8-10　明细表

明细表的数量栏填写该零件在本装配图中的件数；材料栏填写零件材料的牌号，如 45、HT200 等；备注栏填写标准件适用的国标代号，零件的来源(如外购件、借用件等)，必要的参数(如模数、齿数等)，或工艺说明(如发蓝、渗碳等)。

明细表中的零件序号应与装配图上标注的序号一致，由下往上填写。有遗漏时，可以在上方进行补充。应当先标注零件序号再填写明细表。当标题栏的上方空间不够时，可以将一部分移到标题栏左边。

8.6 装配结构的合理性

零件上的装配结构需要满足如下基本要求。

(1) 零件结合处应精确可靠，保证装配质量。

(2) 便于装配和拆卸。

(3) 零件的结构简单，加工工艺性好。

常见装配结构的合理性说明见表 8-1。

表 8-1 装配结构的合理性

条目	举例		说明
	正确	错误	
	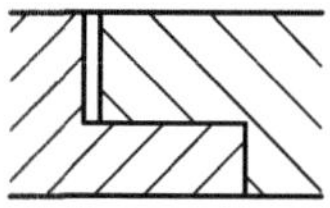	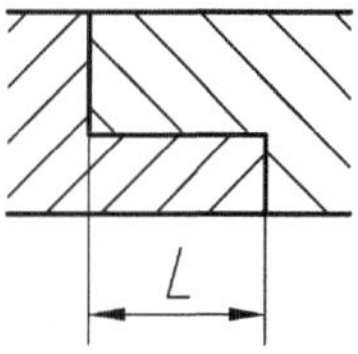 L	由于尺寸 L 存在加工误差，在同一方向不能做到两对平面同时接触
两配合件接触面：在同一个方向上，只能有一个接触面	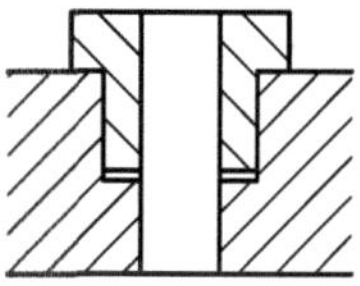	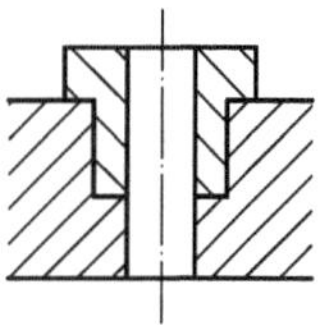	在轴向，不能有两对端面同时接触
	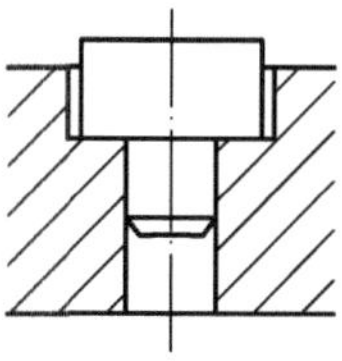	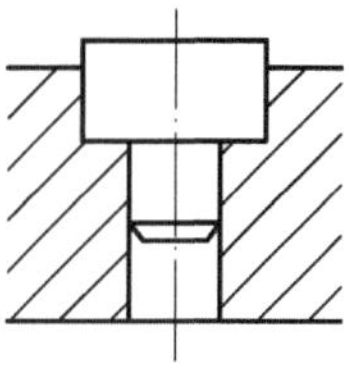	在径向，不能有两对圆柱面同时接触
两配合件接触面的转折处：零件上的孔要有倒角或圆角，轴要有退刀槽或倒角、圆角等	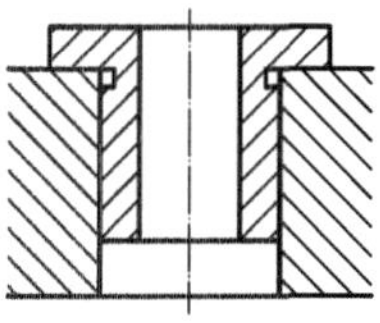 退刀槽 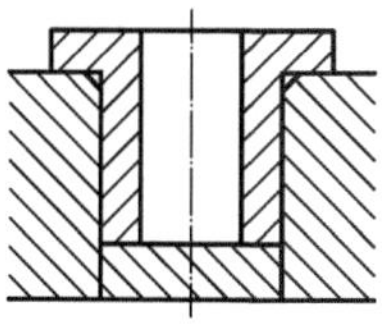 倒角	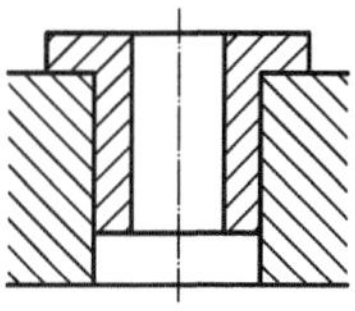	由于加工误差等，如果无退刀槽、倒角、圆角，零件装配后的转折处，不能保证良好接触
锥面配合：配合圆锥体的端面不能接触	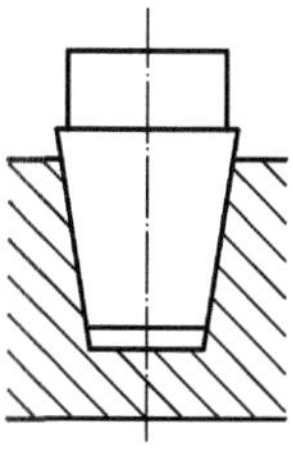	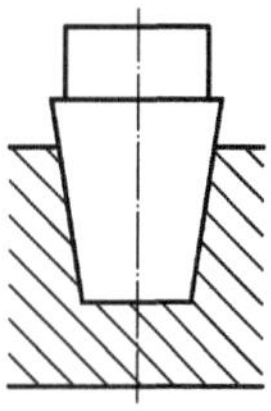	配合的圆锥孔与轴，同时确定了轴向和径向两个方向的位置，圆锥面接触，端面不能接触

8.7 看装配图

在装配、安装、使用、维修机械设备时，根据装配图拆画零件图等场合，都需要研读装配图。讨论设计方案，学习、交流设计经验，也离不开装配图。

8.7.1 看装配图的方法

可以按如下方法看装配图。

1. 了解装配体

了解装配体包括：①通过总体尺寸、绘图比例、图形大小感知装配体的大小。②通过名称了解装配体的用途和工作原理。例如，泵是输送液体的，阀是控制液体流量的，台钳是夹持工件的等。但由于装配图主要表达各零件的相对位置和连接关系，如果没有其他资料或相关专业的知识储备，仅凭装配图很难确定机器的工作原理。本课程涉及的装配体都是最基本的。百度即可搜到相关资料。

2. 了解零件

从明细表中了解各零件的名称、材料、数量，在装配图中的位置等信息。零件名称可以反映其主要结构特点，如轴的主体为同轴的数段回转体，支架分为工作、固定、连接三部分，箱体是壁厚均匀的空心件，有支撑孔、凸台等典型结构。

零件的材料会影响零件的结构形状，如铸造件和锻压件，实现相同功能，会使用不同材料，形状也不尽相同。

3. 深入分析

这一步的基本要求是弄清楚各视图的投影关系、表达重点，确定各零件的相对位置与连接关系，与装配相关的零件结构。

看装配图要以“装配干线”为单元进行。每一装配干线一般用两个图进行表达：一个图表达各零件的相对位置和连接关系，与另一个图一起表达该干线的空间位置。在第一个图上分析相关零件的相对位置和连接方法，与另一个图一起确定该干线及组成零件的空间位置。

零件的连接关系，有螺纹连接、承插连接、粘接、铆接、焊接等。分析零件的连接方法，可以沿装配干线的一端，依次分析各零件主要结构。需要借助三角板、分规等绘图仪器，参考同一金属零件在不同的剖视图上剖面线方向、间隔一致的原则，根据“高平齐、长对正、宽相等”的投影规律，确当零件的其他投影，再根据第 3 章介绍的看组合体视图的方法，确定其形状。遇到某一零件难以看懂时，可以跳过该零件，先分析其他关联零件，再回来分析该零件。

4. 拓展分析

拓展分析包括：①技术要求；②零件的装、拆顺序；③密封和润滑情况等。

5. 综合归纳，通盘分析

当装配图较为复杂时，需要反复研读，反复对比，才能做到没有疏漏。特别是相关联的运动件，独立看没有问题，装配后可能会相互干涉。又因为到目前为止还没有分析零件的全部形状，当进行到“从装配图拆零件图”这个环节后，可能会发现新的问题，要及时更正。最好在画出所有零件图以后，再按上述方法分析一遍装配图。

8.7.2 看装配图举例

本节以图8-1所示球心阀为例，介绍有关内容。

1. 了解装配体

浏览标题栏、明细表和所有视图可知，此装配体是球心阀，装在管路中控制液体流量。球心阀由13种(个)零件组成。其主要结构是由阀体、阀体接头、密封圈构成一个封闭的球形空腔，将“球心”密封在其中。球心为球形零件，中间一个圆柱孔，如图8-11(a)所示。其工作原理是，当“球心”转到其圆柱孔的轴线与管道轴线垂直时，“球心”无孔的侧面正对管道，球心阀关闭，如图8-11(b)所示；当球心转到上述两轴线重合时，圆柱孔正对管道，球心阀流量最大，如图8-11(c)所示；当球心转到上述两个极限位置之间时，液体流量随旋转角度的变化而变化。

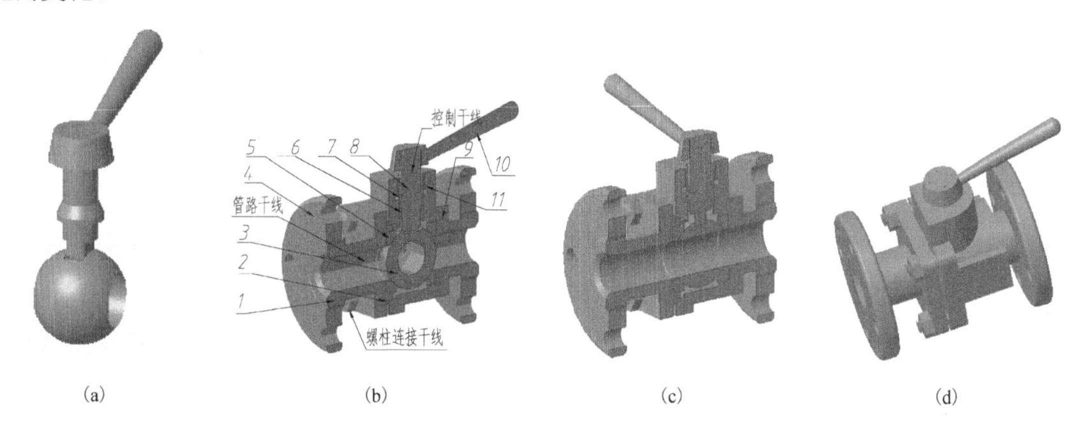

图8-11 球心阀

2. 了解零件

从明细表和视图可知，球心阀由13种(个)零件组成。9号零件阀体，是箱体类零件，形状较为复杂，其形状在装配图上表达得较为完整；5号零件阀体接头是轮盘类零件；8号零件阀杆、4种垫圈零件都是轴套类零件；3号零件球心、10号零件扳手不便于归类。没有序号的是双头螺柱和螺母。材料有不锈钢、碳钢、聚四氟乙烯三种。不锈钢防止生锈腐蚀，聚四氟乙烯具有弹性，实现密封。

总之，球心阀的组成零件不多，各零件形状较为简单。

3. 深入分析

球心阀分为图8-11(b)所示的管路干线、控制干线、四条双头螺柱与螺母组成的螺柱连接干线。

1)分析表达方案

表达方案见图8-1。①主视图全剖视，表达管路干线、控制干线上零件的轴向位置和连接关系，与左视图一起表达它们的空间位置；②俯视图表达球心阀处在全关、全开两个极限位置时扳手10的位置(扳手分别用粗实线、双点画线表示)，螺柱连接干线上零件的轴向位置和连接关系，与左视图一起表达四条装配干线的空间位置；俯视图表达阀杆与扳手连接处的截面形状是带圆角的正方形(属于连接结构)。左视图表达安装面、连接孔的形状和分布，阀体的截面形状(主要零件的主要结构)。

总之，该表达方案较为清晰、完整、简洁、无重复，是一个较好的表达方案。

提示 非圆截面的孔与轴装配在一起形成的连接，称为型面连接，用作周向固定，传递扭矩，见图 8-12(a)。

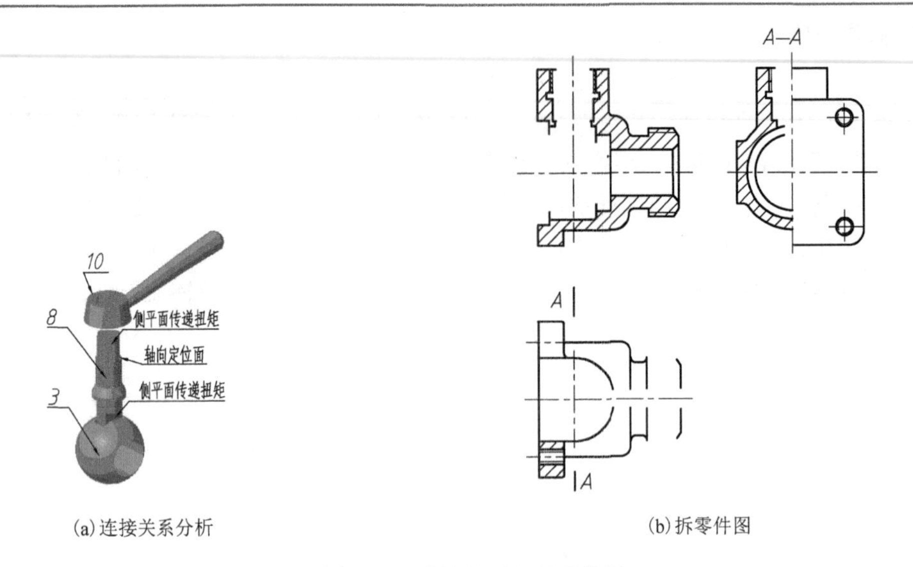

(a) 连接关系分析　　(b) 拆零件图

图 8-12　连接关系与拆零件图

2) 分析连接关系和零件的连接结构

对于管路干线，1(号零件)与 4、9 与 4 为螺纹连接，从左向右 1、2、5、3、5、9 为承插连接(柱插入相同形状的孔中)。1、2、5、5、9 由相等直径的内、外圆柱面确定径向位置，相邻零件端面接触确定轴向位置。3 与 5 的接触面是等径球面，同时确定径向和轴向位置。

对于控制干线，11 与 9 为螺纹连接确定径向位置，拧紧后与 7 端面接触确定轴线位置。其他零件为承插连接。6、8、9 由等径的内、外圆柱面确定径向位置，相邻零件端面接触确定轴向位置。7 与 8 接触面是等径锥面，同时确定径向和轴向位置。3 与 8、8 与 10 靠型面连接周向定位，通过侧面挤压传递扭矩，如图 8-12(a)所示。3 与 8 上下不接触，8 与 10 的轴向定位面，见图 8-12(a)。

4. 拓展分析

在球心阀的技术要求中，要求按国家标准制造和验收，需要找出国家标准仔细研读有关规定，找出加工、检验、装配的注意事项。对不锈钢材料的腐蚀性实验也要严格执行，并写到零件图的技术要求中。聚四氟乙烯是聚合而成的高分子化合物，俗称塑料王，是当今耐腐蚀性最好的材料之一。

球心阀标注如下尺寸，①规格尺寸 $\phi25$。表示该球心阀接到内径 $\phi25$ 的管道中使用。②外形尺寸 140、135、115。包装出厂时不安装把手，根据这三个尺寸制作包装箱。③组装时用到的装配尺寸：两个 56、双头螺柱、螺母的尺寸。④重要的相对位置尺寸 60。⑤用户使用时用到的安装尺寸：$\phi115$、$\phi85$、$4\times\phi13$、15。⑥其他重要尺寸 $S\phi45$。

装配顺序：①将一个密封圈 5 装入阀体 9 中，放入球心 3。②再依次装入密封圈 5，垫圈 2，阀体接头 1，双头螺柱，螺母。③将垫 6、密封圈 7 装到阀杆 8 的要求位置，再依次装入阀杆 8，螺纹压环 11，扳手 10，两个法兰 4。

装入球心 3 时，最好调到全关或全开位置，便于以后盲装阀杆 8。②③顺序可以颠倒。

球心阀依靠密封圈5、垫圈2、垫6、密封圈7的尺寸略大于空隙，压紧后实现密封。

拆卸顺序与上述顺序相反。

由于运动件球心3、阀杆8的运动速度低，球心阀需要密封，不需要也不能润滑。

5. 综合归纳，通盘分析

综合分析视图尺寸，看有无遗漏和相互矛盾的地方。

8.8 拆画零件图

拆画零件图，就是从装配图中将标准件以外的所有零件分离出来，想出形状，重新确定表达方案，画出正规零件图。

前面在分析零件的连接关系时，已经分析了零件的主要形状，特别是连接结构的形状。但由于装配图仅表达零件的主要结构，有时需要绘图者根据已有的专业知识，参考相近产品，查阅设计手册，或通过实验、计算等确定零件的详细结构。这些都超出了本课程的讲述范围。当然，拆画零件图是产品设计过程的一个重要环节，是设计团队的一项主要任务。绘图者要么是设计人员，要么在设计人员指导下进行，不会有太多障碍。

分析零件形状，可以按零件序号依次分析，以免遗漏，方法见本章8.7.1节。确定零件形状以后，再把每个零件与其他零件的装配关系、连接方法进一步分析，查看前面的分析有无偏差，及时订正。

8.8.1 画零件图

1. 分离零件

图8-1的阀体(9号零件)是球心阀中最复杂的零件。本节以拆画该零件为例，介绍有关内容。按前述方法，从装配图中分离出阀体的投影，如图8-12(b)所示。

2. 修补零件图

修补零件图包括：①装配图中有大量被其他零件遮挡而省略不画的图线，如图8-12(b)中中间断开的图线。这些图线如果在零件中可见，补画为粗实线；如果不可见，且其他视图已经表达清楚的省略不画，否则添加剖视图，使其变为可见。②在装配图中，螺纹连接处按外螺纹画。该阀体有三处螺纹，需要修改为内螺纹。

在装配图中省略的工艺结构，有的需要补画出来，如退刀槽。但小的倒角、圆角、拔模斜度，按5.6.3节介绍的简化画法，可以省略不画，但要标注尺寸，或在技术要求中统一注明。本例修补后的零件图，如图8-13(a)所示。

3. 构思零件形状

修补完零件图以后，根据第3章介绍的看组合体视图的方法和第7章介绍的零件典型结构等，构思零件形状。

阀体由阶梯状回转体(同轴、半径不同的几段圆柱或圆锥组成的轴或孔)和直柱体组成。将其分解为图8-13(b)所示的空心回转体，叠加一个盘状柱体，再加工上螺纹，如图8-14(a)所示；再叠加一个直柱体，如图8-14(b)所示；再挖一个回转体孔，如图8-14(c)所示，再加工上螺纹，并在圆柱的两个侧面各添加一个柱体，用来形成贴牌的平面，如图8-14(d)所示。

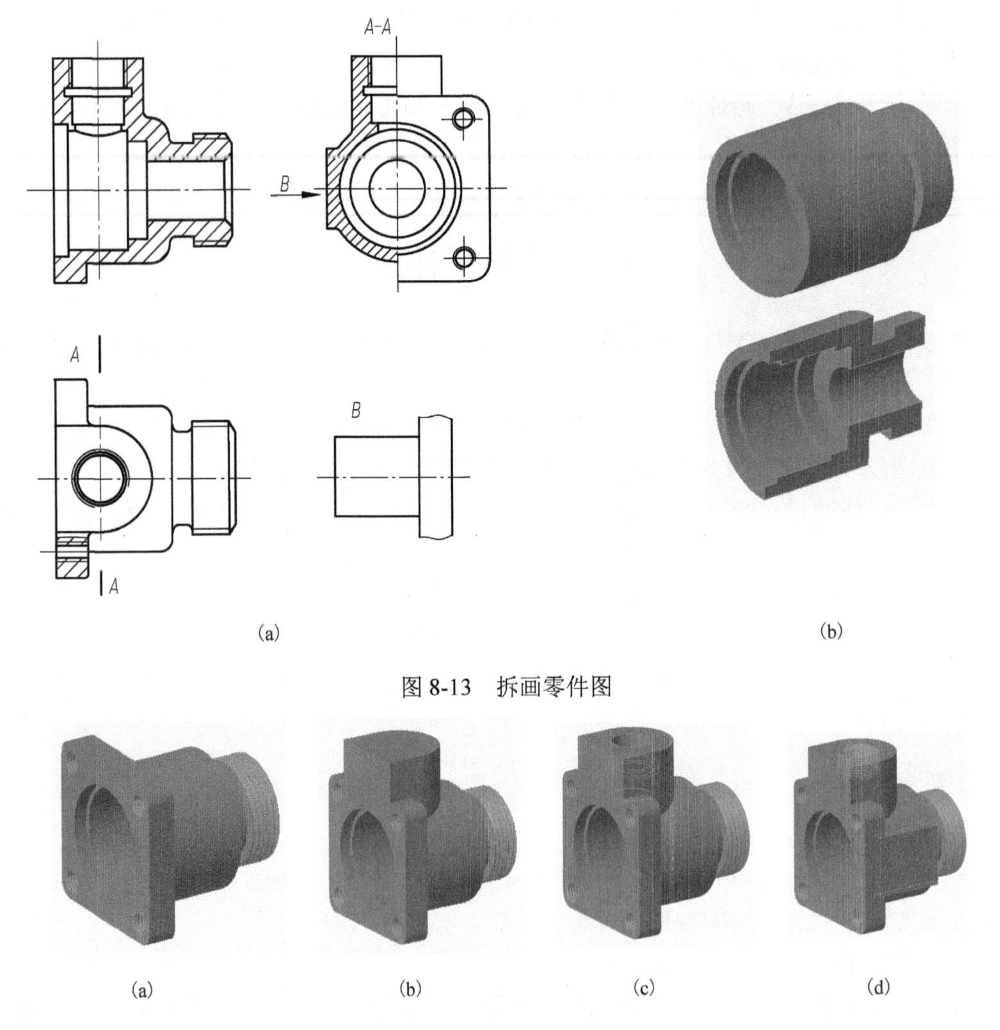

图 8-13　拆画零件图

(a)　(b)　(c)　(d)

图 8-14　构思零件形状

如果基本体是回转体，根据一个视图和尺寸 ϕ确定形状；如果是柱体找出端面投影和厚度想出形状。

提示　零件的主要结构与前面分析的连接关系是关联的，对它们的分析有时需要穿插进行。构思零件形状的方法见 3.8 节。

4. 确定零件图的表达方案

构思出零件的形状之后，再确定零件图表达方案。由于装配图与零件图表达的目的不同，两种图的表达方案没必然联系，需要独立考量。从装配图确定了零件的形状以后，就要根据 7.2 节介绍的方法，确定零件图的表达方案。

本例凑巧零件图的表达方案与装配图的采用三个相同的视图。修改一下俯视图中标注的剖切位置，再添加一个 B 向视图即可，如图 8-13(a)所示。

5. 画零件图

正式零件图的画法与画零件草图的差别在于，用仪器画线代替徒手画线。方法和步骤见 7.6.2 节。

8.8.2 标注尺寸

标注零件图尺寸的方法：①抄注。在装配图中标出的该零件尺寸，都是重要尺寸，都要抄注在零件图上。②查表。标准结构的尺寸，如退刀槽、齿轮模数、安装轴承的轴径、螺纹螺距等，需要查阅有关标准，确定尺寸；有配合要求的尺寸，应注出偏差代号或偏差值。偏差值、公差值需要查表确定。③计算。齿轮的分度圆直径、齿顶圆直径、弹簧的相关参数等都需要计算确定。④量取。在装配图上未注明的尺寸，直接从图上按比例量取，取整数，需要时转化为标准值，标注在零件图上。⑤协调。有装配关系的尺寸，例如，配合的孔与轴的直径和长度，螺栓孔的位置和直径等需要协调一致，避免在图上直接测量造成的偏差。

尺寸标注方法，见3.9节、7.5节。

8.8.3 标注技术要求

技术要求包括表面粗糙度、尺寸公差、几何公差、热处理、表面涂层、检验及测量要求等。技术要求是否合理，直接决定零件工作质量和加工成本。确定方法有类比法、计算法和实验法。计算法需要建立数学模型，非常复杂，实验法成本很高。目前使用最多的是类比法。类比法就是比照相近或类似产品，加上自己的实践经验和知识储备、产品定位，查阅相关设计手册，综合考量后确定。

1. 标注表面粗糙度

确定表面粗糙度的基本原则是，有相对运动、配合要求的表面，有密封、耐蚀、装饰要求的表面，粗糙度数值要小；而静止的表面或自由表面的粗糙度数值应大些。用类比法确定数值。标注方法见7.7节。

2. 标注尺寸公差与几何公差

公差值用类比法确定。标注方法见7.8节、7.9节。

3. 注写其他技术要求

其他技术要求包括热处理要求、表面涂层要求、检验及测量要求等。用文字注写在标题栏附近，条文应编写序号，参见图8-1。

思考题、预习题

8-1 判断下列各命题，正确的在（ ）内打“√”，不正确的在（ ）内打“×”

(1) 在装配图中，不会为了表达零件形状，单独表达该零件。（ ）

(2) 在装配图中，装配干线的重要性和作用与零件图中基本体的相同。确定表达方案要以装配干线为单元进行分析、选择。（ ）

(3) 选择表达方案之前，要尽可能多地搜集资料，了解装配体。（ ）

(4) 装配图主要标注与装配体的性能、外形、装配和安装有关的几种尺寸，不标注仅仅反映零件大小的尺寸。（ ）

(5) 两个配合件在同一个方向上只能有一个接触面。（ ）

(6) 在两个配合零件接触面的转折处，孔要有倒角或圆角，轴还要有退刀槽或倒角等。（ ）

(7) 两配合圆锥体的端面不能接触。（ ）

(8) 非圆截面的孔与轴装配在一起形成的连接，称为型面连接，用作周向固定，传递扭矩。（　）

(9) 零件的连接关系，有螺纹连接、承插连接、粘接、铆接、焊接等。（　）

(10) 承插连接是将截面形状相同的柱插入孔中，接触的端面确定横向位置，柱与孔的接触侧面确定纵向位置。（　）

(11) 拆画零件图，就是从装配图中将标准件以外的所有零件分离出来，想出形状，重新确定表达方案，画出零件草图。（　）

8-2 不定项选择题(在正确选项的编号上画"√")

(1) 装配图主要反映：

A．各零件之间的相对位置　　B．各零件之间的连接关系

C．零件的主要结构　　D．装配体的工作原理

(2) 装配图包括：

A．一组视图　　B．零件尺寸

C．技术要求　　D．零件编号、标题栏、明细表

(3) 由于装配图与零件图表达的对象和侧重面不同，装配图的常用画法有：

A．规定画法　　B．简化画法

C．拆卸画法　　D．特殊画法

(4) 装配图的规定画法包括：

A．相邻零件的接触面只画两条线

B．紧固件、实心零件剖切后不画剖面线

C．邻接的金属零件，剖面线倾斜方向相反

D．厚度小于或等于 2mm 的狭小剖面，可用涂黑代替剖面符号

(5) 装配图的简化画法包括：

A．螺栓连接可以不画螺纹终止线，或只画中心线

B．实心标准组件可以只画外形

C．其他视图表达清楚的组合件，剖切平面通过其轴线时，可以只画外形

D．零件小的工艺结构可以不画

(6) 装配图的特殊画法包括：

A．沿结合面剖切　　B．拆卸画法

C．夸大画法　　D．假想画法

(7) 对于装配图，选择主视图的原则

A．投影方向垂直于主要装配干线的轴线　　B．按工作位置放置

C．一般画为剖视图　　D．大都作全剖视

(8) 选择装配图表达方案的基本原则是：

A．以装配干线为单元

B．在投影方向垂直于装配干线轴线的视图上采用剖视，表达相关零件连接关系

C．在投影方向平行于装配干线轴线的视图上表达装配干线的空间位置

D．考虑是否需要用局部视图表达连接面的形状

(9)装配图的尺寸包括：

A. 规格尺寸　　B. 安装尺寸　　C. 外形尺寸

D. 装配尺寸　　E. 主要零件的重要尺寸

(10)装配图的技术要求包括：

A. 装配过程中的注意事项和装配后应满足的要求

B. 检验、试验规范以及操作要求

C. 重要连接部位的表面粗糙度

D. 部件的性能、规格参数，包装、运输、使用中的注意事项

(11)标注零件序号的注意事项有：

A. 零件序号用引线形式标注

B. 当零件很薄或剖面涂黑时，在指引线末端画箭头，并指向该零件的轮廓线

C. 一组紧固件或装配关系清楚的零件组可以用一个编号

D. 所有零件按顺时针或逆时针方向顺序编号，在水平方向或垂直方向整齐排列

(12)零件明细表画在标题栏的上方，包括的项目有零件的

A. 序号、名称　　B. 数量　　C. 材料及代号　　D. 备注

(13)零件上的装配结构，应满足的基本要求有：

A. 零件结合处应精确可靠　　B. 便于装配和拆卸

C. 易于加工　　D. 节约材料

(14)从装配图中拆画零件图，零件的表达方案：

A. 不考虑装配图中的表达方案　　B. 参考装配图中的表达方案

(15)从装配图中拆画零件图，标注尺寸的方法有：

A. 抄注　　B. 查表　　C. 量取　　D. 计算

8-3 归纳与提高题

(1)归纳确定装配图表达方案的关键点。

(2)简述选择装配图表达方案以前，着重从哪几个方面了解装配体？

(3)简述画装配图、拆画零件图的要点。

附录　相关国标编录

1. 螺纹

附表 1　普通螺纹直径与螺距系列、基本尺寸（摘自 GB/T 193—2003）（单位：mm）

公称直径 D、d		螺距 P		粗牙小径 D_1、d_1	公称直径 D、d		螺距 P		粗牙小径 D_1、d_1
第一系列	第二系列	粗牙	细牙		第一系列	第二系列	粗牙	细牙	
3		0.5	0.35	2.459		22	2.5	2，1.5，1，(0.75)，(0.5)	19.294
	3.5	(0.6)		2.850	24		3	2，1.5，1，(0.75)	20.752
4		0.7	0.5	3.242		27	3	2，1.5，1，(0.75)	23.752
	4.5	(0.75)		3.688	30		3.5	(3)，2，1.5，1，(0.75)	26.211
5		0.8		4.134		33	3.5	(3)，2，1.5，(1)，(0.75)	29.211
6		1	0.75，(0.5)	4.917	36		4	3，2，1.5，(1)	31.670
8		1.25	1，0.75，(0.5)	6.647		39	4		34.670
10		1.5	1.25，1，0.75，(0.5)	8.376	42		4.5	(4)，3，2，1.5，(1)	37.129
12		1.75	1.5，1.25，1，(0.75)，(0.5)	10.106					
	14	2	1.5，(1.25)，1，(0.75)，(0.5)	11.835		45	4.5		40.129
16		2	1.5，1，(0.75)，(0.5)	13.835	48		5		42.587
	18	2.5	2，1，(0.5)	15.294		52	5		46.587
20		2.5		17.294	56		5.5	4，3，2，1.5，(1)	50.046

注：① 优先选用第一系列螺纹，括号内的尽量不用。

② 第三系列、中径 D_2、d_2 本表均未列出。

附表 2　非密封的管螺纹（摘自 GB/T 7307—2001）　　（单位：mm）

尺寸代号	每 5.4mm 内的牙数 n	螺距 P	基本直径 大径 D、d	基本直径 小径 D_1、d_1	尺寸代号	每 5.4mm 内的牙数 n	螺距 P	基本直径 大径 D、d	基本直径 小径 D_1、d_1
1/8	28	0.907	9.728	8.566	$1\frac{1}{4}$	11	2.309	41.910	38.952
1/4	19	1.337	13.157	11.445	$1\frac{1}{2}$	11	2.309	47.803	44.845
3/8	19	1.337	16.662	14.950	$1\frac{3}{4}$	11	2.309	53.746	50.788
1/2	14	1.814	20.955	18.631	2	11	2.309	59.614	56.656
5/8	14	1.814	22.911	20.587	$2\frac{1}{4}$	11	2.309	65.710	62.752
3/4	14	1.814	26.441	24.117	$2\frac{1}{2}$	11	2.309	75.184	72.226
7/8	14	1.814	30.201	27.877	$2\frac{3}{4}$	11	2.309	81.534	78.576
1	11	2.309	33.249	30.291	3	11	2.309	87.884	84.926
$1\frac{1}{8}$	11	2.309	37.897	34.939	4	11	2.309	113.030	110.072

2. 螺栓

六角头螺栓—C 级(GB/T 5780—2016)六角头螺栓—A 和 B 级(GB/T 5782—2016)

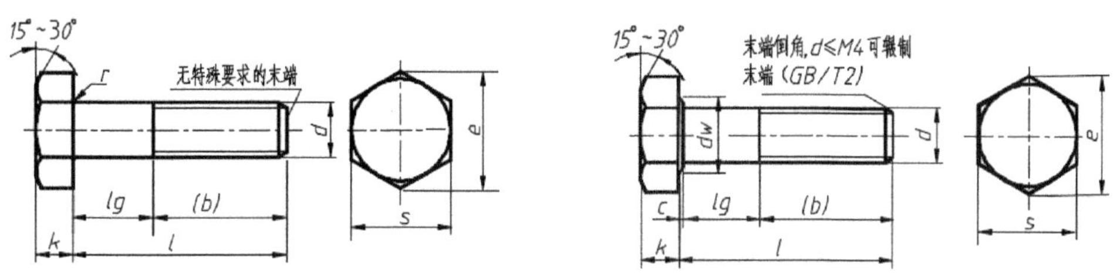

标记示例

螺纹规格 d=M12、公称长度 l=80、性能等级为 8.8 级，表面氧化、A 级六角头螺栓：

螺栓　GB/T 5782　M12×80

附表 3　六角头螺栓　　（单位：mm）

螺纹规格 d			M3	M4	M5	M6	M8	M10	M12	M16	M20	M24	M30	M36	M42
b 参考	l ≤125		12	14	16	18	22	26	30	38	46	54	66	—	—
	125< l ≤200		18	20	22	24	28	32	36	44	52	60	72	84	96
	l >200		31	33	35	37	41	45	49	57	65	73	85	97	109
c			0.4	0.4	0.5	0.5	0.6	0.6	0.6	0.8	0.8	0.8	0.8	0.8	1
d_w	产品等级	A	4.57	5.88	6.88	8.88	11.63	14.63	16.63	22.49	28.19	33.61	—	—	—
		B	4.45	5.74	6.74	8.74	11.47	14.47	16.47	22	27.7	33.25	42.75	51.11	59.95
e	产品等级	A	6.01	7.66	8.79	11.05	14.38	17.77	20.03	26.75	33.53	39.98	—	—	—
		B C	5.88	7.50	8.63	10.89	14.20	17.59	19.85	26.17	32.95	39.55	50.85	60.79	71.3
K(公称)			2	2.8	3.5	4	5.3	6.4	7.5	10	12.5	15	18.7	22.5	26
r			0.1	0.2	0.2	0.25	0.4	0.4	0.6	0.6	0.8	0.8	1	1	1.2
S (公称)			5.5	7	8	10	13	16	18	24	30	36	46	55	65
l(商品规格范围)			20~30	25~40	25~50	30~60	40~80	45~100	55~120	65~160	80~200	100~240	120~300	140~360	180~420
l 系列			12，16，20，25，30，35，40，45，50，55，60，65，70，80，90，100，110，120，130，140，150，160，180，200，220，240，260，280，300，320，340，360，380，400，420，440，460，480，500												

注：① A 级用于 d ≤24 和 l ≤10 或 d ≤150 的螺栓；B 级用于 d >24 和 l >10 或 d >150 的螺栓。

② 螺纹规格 d 范围：GB/T 5780—2016 为 M5~M64；GB/T 5782—2016 为 M1.6~M64。

③ 公称长度范围：GB/T 5780—2016 为 25~500；GB/T 5782—2016 为 12~500。

3. 螺母

六角螺母—C 级（GB/T 41—2016）　1 型六角螺母—A 和 B 级（GB/T 6170—2015）　六角薄螺母（GB/T 6172.1—2016）

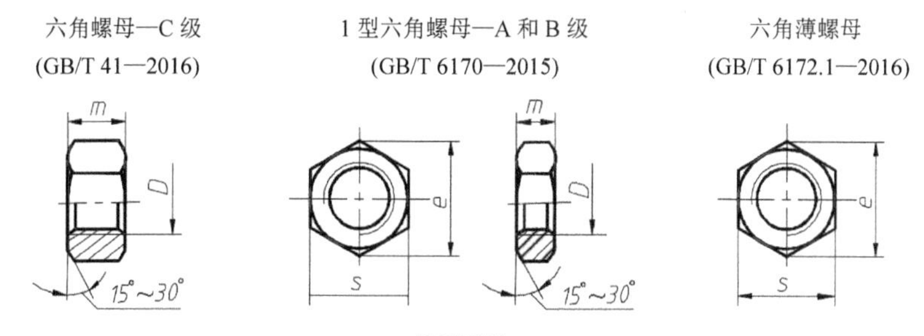

标记示例

螺纹规格 D = M10、性能等级为 5 级、不经表面处理、C 级的六角螺母：

螺母　GB/T 41　M10

螺纹规格 D = M8、性能等级为 8 级、不经表面处理、A 级的 1 型六角螺母：

螺母　GB/T 6170　M8

附表 4　螺母　　　　（单位：mm）

螺纹规格 *D*		M3	M4	M5	M6	M8	M10	M12	M16	M20	M24	M30	M36	M42
e	GB/T 41—2016			8.63	10.89	14.20	17.59	19.85	26.17	32.95	39.55	50.85	60.79	71.3
	GB/T 6170—2015	6.01	7.66	8.79	11.05	14.38	17.77	20.03	26.75	32.95	39.55	50.85	60.79	71.3
	GB/T 6172.1—2016	6.01	7.66	8.79	11.05	14.38	17.77	20.03	26.75	32.95	39.55	50.85	60.79	71.3
s	GB/T 41—2016			8	10	13	16	18	24	30	36	46	55	65
	GB/T 6170—2015	5.5	7	8	10	13	16	18	24	30	36	46	55	65
	GB/T 6172.1—2016	5.5	7	8	10	13	16	18	24	30	36	46	55	65
m	GB/T 41—2016			5.6	6.4	7.9	9.5	12.2	15.9	19	22.3	26.4	31.9	34.9
	GB/T 6170—2015	2.4	3.2	4.7	5.2	6.8	8.4	10.8	14.8	18	21.5	25.6	31	34
	GB/T 6172.1—2016	1.8	2.2	2.7	3.2	4	5	6	8	10	12	15	18	21

注：A 级用于 $D \leqslant 16$；B 级用于 $D > 16$。

4. 双头螺柱

A 型

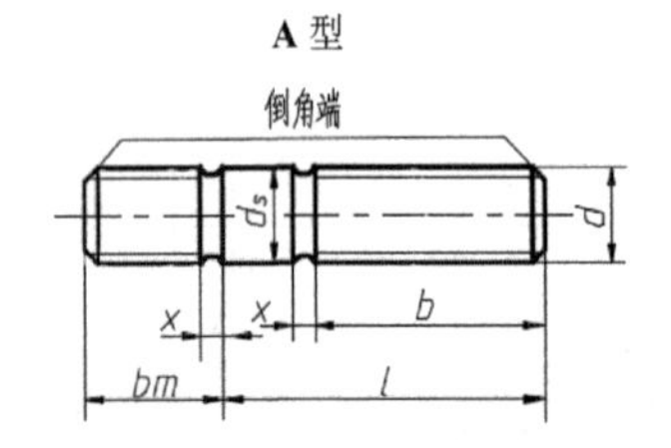

B 型

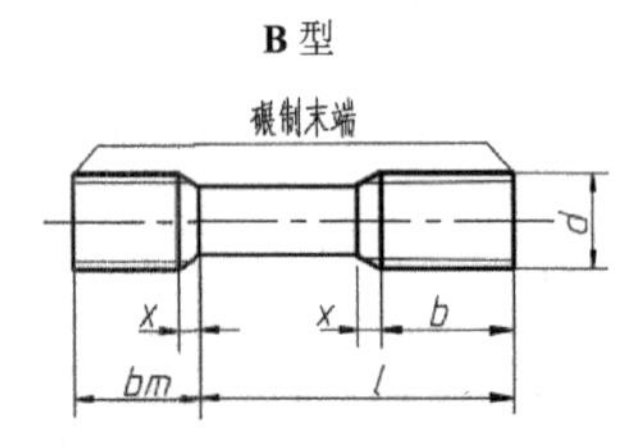

双头螺柱 b_m 取不同长度对应不同的国标，对应关系为：$b_m = 1d$(GB/T 897—1988)；$b_m = 1.25d$(GB 898—1988)）；$b_m = 1.5d$(GB 899—1988)；$b_m = 2d$(GB/T 900—1988)。

标记示例

双头螺柱两端均为粗牙普通螺纹，d=M10、l=50mm，性能等级 4.8 级、不经表面处理、b_m=1d、B 型：

螺柱　GB/T 897　　M10×50

双头螺柱的旋入机体端为粗牙普通螺纹，旋入螺母端为细牙普通螺纹，螺距 P=1mm，d=M10、l=50mm、性能等级 4.8 级、不经表面处理、A 型、b_m=1d：

螺柱 GB/T 897　AM10−M10×1×50

附表 5　双头螺柱　　　　（单位：mm）

螺纹规格		M5	M6	M8	M10	M12	M16	M20	M24	M30	M36	M42
b_m 公称	GB/T 897—1988	5	6	8	10	12	16	20	24	30	36	42
	GB 898—1988	6	8	10	12	15	20	25	30	38	45	52
	GB 899—1988	8	10	12	15	18	24	30	36	45	54	65
	GB/T 900—1988	10	12	16	20	24	32	40	48	60	72	84
d_s(max)		5	6	8	10	12	16	20	24	30	36	42
x(max)		2.5P										
$\frac{l}{b}$		$\frac{16\sim22}{10}$ $\frac{25\sim50}{16}$	$\frac{20\sim22}{10}$ $\frac{25\sim30}{14}$ $\frac{32\sim75}{18}$	$\frac{20\sim22}{12}$ $\frac{25\sim30}{16}$ $\frac{32\sim90}{22}$	$\frac{25\sim28}{14}$ $\frac{30\sim38}{16}$ $\frac{40\sim120}{26}$ $\frac{130}{32}$	$\frac{25\sim30}{16}$ $\frac{32\sim40}{20}$ $\frac{45\sim120}{30}$ $\frac{130\sim180}{36}$	$\frac{30\sim38}{20}$ $\frac{40\sim55}{30}$ $\frac{60\sim120}{38}$ $\frac{130\sim200}{44}$	$\frac{35\sim40}{25}$ $\frac{45\sim65}{35}$ $\frac{70\sim12}{46}$ $\frac{130\sim200}{52}$	$\frac{45-50}{30}$ $\frac{55-75}{45}$ $\frac{80-120}{54}$ $\frac{130-200}{60}$	$\frac{60\sim65}{40}$ $\frac{70\sim90}{50}$ $\frac{95\sim120}{60}$ $\frac{130\sim200}{72}$ $\frac{210\sim250}{85}$	$\frac{65\sim75}{45}$ $\frac{80\sim110}{60}$ $\frac{120}{78}$ $\frac{130\sim200}{84}$ $\frac{210\sim300}{91}$	$\frac{65\sim80}{50}$ $\frac{85\sim110}{70}$ $\frac{120}{90}$ $\frac{130\sim200}{96}$ $\frac{210\sim300}{109}$
l 系列		16，(18)20，(22)，25，(28)，30，(32)，35，(38)，40，45，50，(55)，60，(65)，70，(75)，80，(85)，90，(95)，100，110，120，130，140，150，160，170，180，190，200，210，220，230，240，250，260，280，300										

注：P 为粗牙螺纹的螺距。

5. 螺钉

1) 开槽圆柱头螺钉(摘自 GB/T 65—2016)

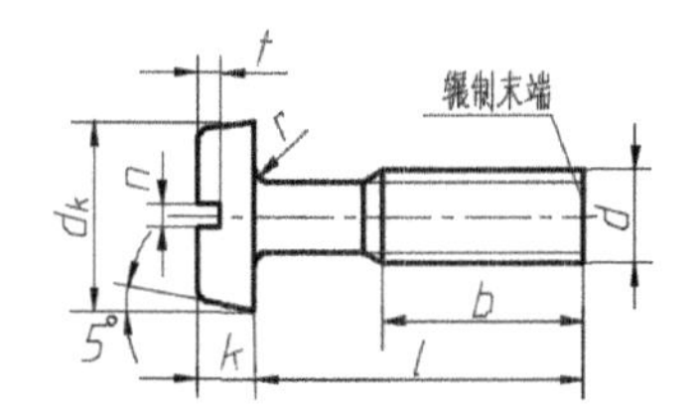

标记示例

螺纹规格 d = M8、公称长度 l = 30、性能等级为 4.8 级、不经表面处理的 A 级开槽圆柱头螺钉：

螺钉　GB/T 65　M8×30

附表 6　开槽圆柱头螺钉　　(单位：mm)

螺纹规格 d	M4	M5	M6	M8	M10
P(螺距)	0.7	0.8	1	1.25	1.5
b	38	38	38	38	38
d_k	7	8.5	10	13	16
k	2.6	3.3	3.9	5	6
n	1.2	1.2	1.6	2	2.5
r	0.2	0.2	0.25	0.4	0.4
t	1.1	1.3	1.6	2	2.4
公称长度 l	5～40	6～50	8～60	10～80	12～80
l 系列	5，6，8，10，12，(14)，16，20，25，30，35，40，45，50，(55)，60，(65)，70，(75)，80				

注：① 公称长度 l≤40 的螺钉，制出全螺纹。

② 括号内的规格尽可能不采用。

③ 螺纹规格 d=M1.6～M10；公称长度 l=2～80。

2) 开槽盘头螺钉(摘自 GB/T 67—2016)

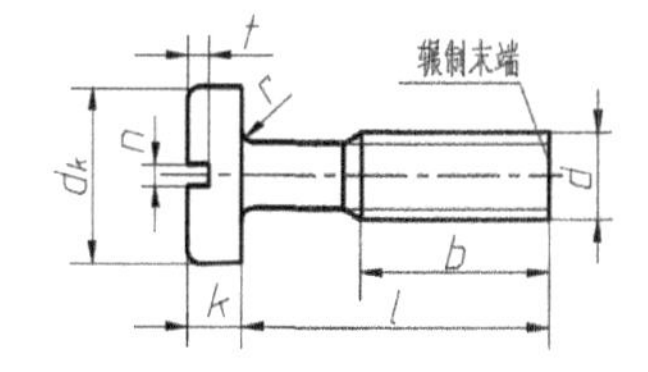

标记示例

螺纹规格 d = M8、公称长度 l = 30、性能等级为 4.8 级、不经表面处理的 A 级开槽盘头螺钉：

螺钉　GB/ T 67　M8×30

附表 7　开槽盘头螺钉　　(单位：mm)

螺纹规格 d	M1.6	M2	M2.5	M3	M4	M5	M6	M8	M10
P(螺距)	0.35	0.4	0.45	0.5	0.7	0.8	1	1.25	1.5
b	25	25	25	25	38	38	38	38	38
d_k	3.2	4	5	5.6	8	9.5	12	16	20
k	1	1.3	1.5	1.8	2.4	3	3.6	4.8	6
n	0.4	0.5	0.6	0.8	1.2	1.2	1.6	2	2.5
r	0.1	0.1	0.1	0.1	0.2	0.2	0.25	0.4	0.4
t	0.35	0.5	0.6	0.7	1	1.2	1.4	1.9	2.4
公称长度 l	2～16	2.5～20	3～25	4～30	5～40	6～50	8～60	10～80	12～80
l 系列	2，2.5，3，4，5，6，8，10，12，(14)，16，20，25，30，35，40，45，50，(55)，60，(65)，70，(75)，80								

注：① 括号内的规格尽可能不采用。

② M1.6～M3 的螺钉，公称长度 l≤30 的，制出全螺纹；M4～M10 的螺钉，公称长度 l≤40 的，制出全螺纹。

3) 开槽沉头螺钉(摘自 GB/T 68—2016)

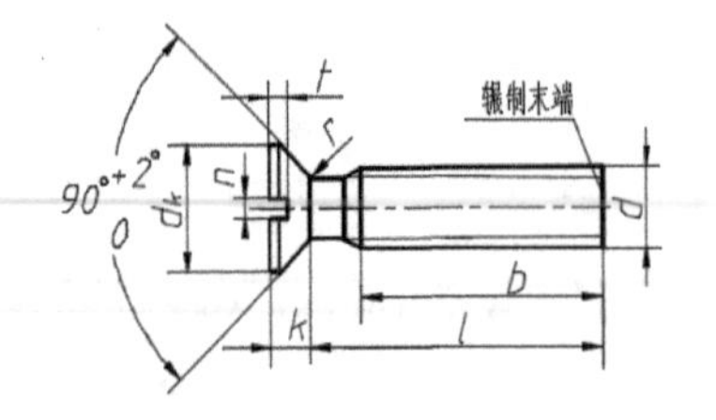

标记示例

螺纹规格 d = M8、公称长度 l = 20、性能等级为 4.8 级，不经表面处理的 A 级开槽沉头螺钉：

螺钉　GB/T 68　M8×20

附表 8　开槽沉头螺钉　(单位：mm)

螺纹规格 d	M1.6	M2	M2.5	M3	M4	M5	M6	M8	M10
P(螺距)	0.35	0.4	0.45	0.5	0.7	0.8	1	1.25	1.5
b	25	25	25	25	38	38	38	38	38
d_k	3.6	4.4	5.5	6.3	9.4	10.4	12.6	17.3	20
k	1	1.2	1.5	1.65	2.7	2.7	3.3	4.65	5
n	0.4	0.5	0.6	0.8	1.2	1.2	1.6	2	2.5
r	0.4	0.5	0.6	0.8	1	1.3	1.5	2.	2.5
t	0.5	0.6	0.75	0.85	1.3	1.4	1.6	2.3	2.6
公称长度 l	2.5～16	3～20	4～25	5～30	6～40	8～50	8～60	10～80	12～80
l 系列	2.5，3，4，5，6，8，10，12，(14)，16，20，25，30，35，40，45，50，(55)，60，(65)，70，(75)，80								

注：① 括号内的规格尽可能不采用。

② M1.6～M3 的螺钉、公称长度 l≤30 的，制出全螺纹；M4～M10 的螺钉、公称长度 l ≤45 的，制出全螺纹。

4) 内六角圆柱头螺钉(摘自 GB/T 70.1—2008)

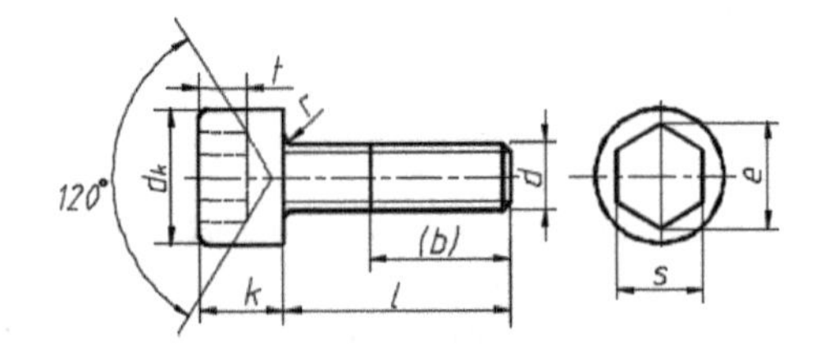

标记示例

螺纹规格 d = M8、公称长度 l = 20、性能等级为 8.8 级、表面氧化的内六角圆柱头螺钉：

螺钉　GB/T 70.1　M8×20

附表 9　内六角圆柱头螺钉　(单位：mm)

螺纹规格 d	M3	M4	M5	M6	M8	M10	M12	M14	M16	M20
P(螺距)	0.5	0.7	0.8	1	1.25	1.5	1.75	2	2	2.5
b	18	20	22	24	28	32	36	40	44	52
d_k	5.5	7	8.5	10	13	16	18	21	24	30
k	3	4	5	6	8	10	12	14	16	20
t	1.3	2	2.5	3	4	5	6	7	8	10
s	2.5	3	4	5	6	8	10	12	14	17
e	2.87	3.44	4.58	5.72	6.68	9.15	11.43	13.72	16	19.44
r	0.1	0.2	0.2	0.25	0.4	0.4	0.6	0.6	0.6	0.8
公称长度 l	5～30	6～40	8～50	10～60	12～80	16～100	20～120	25～140	25～160	30～200
l 系列	2.5，3，4，5，6，8，10，12，14，16，20，25，30，35，40，45，50，55，60，65，70，80，90，100，110，120，130，140，150，160，180，200，220，240，260，280，300									

5）紧定螺钉

开槽锥端紧定螺钉（GB/T 71—1985）　开槽平端紧定螺钉（GB/T 73—2017）　开槽长圆柱端紧定螺钉（GB/T 75—1985）

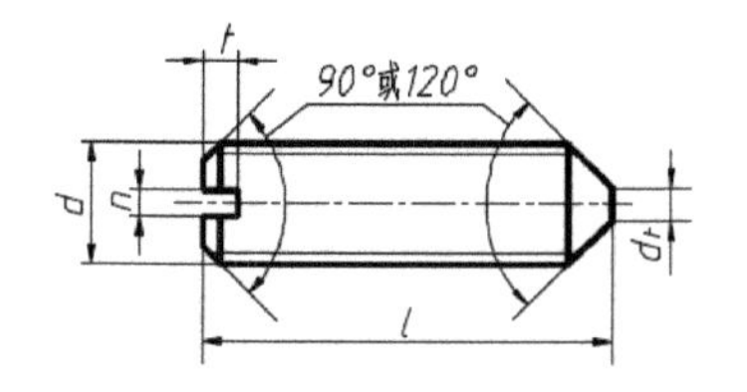

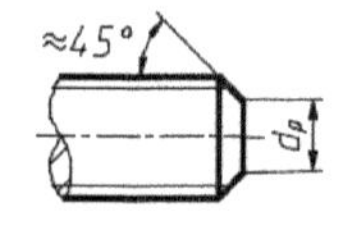

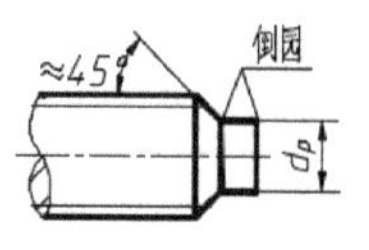

标记示例

螺纹规格 d = M8、公称长度 l = 20、性能等级为 14H 级、表面氧化的开槽长圆柱端紧定螺钉：

螺钉　GB/T 75　M8×20

附表 10　紧定螺钉　（单位：mm）

螺纹规格 d		M1.6	M2	M2.5	M3	M4	M5	M6	M8	M10	M12
P（螺距）		0.35	0.4	0.45	0.5	0.7	0.8	1	1.25	1.5	1.75
n		0.25	0.25	0.4	0.4	0.6	0.8	1	1.2	1.6	2
t		0.74	0.84	0.95	1.05	1.42	1.63	2	2.5	3	3.6
d_t		0.16	0.2	0.25	0.3	0.4	0.5	1.5	2	2.5	3
d_p		0.8	1	1.5	2	2.5	3.5	4	5.5	7	8.5
z		1.05	1.25	1.5	1.75	2.25	2.75	3.25	4.3	5.3	6.3
l	GB/T 71—1985	2～8	3～10	3～12	4～16	6～20	8～25	8～30	10～40	12～50	14～60
	GB/T 73—2017	2～8	2～10	2.5～12	3～16	4～20	5～25	6～30	8～40	10～50	12～60
	GB/T 75—1985	2.5～8	3～10	4～12	5～16	6～20	8～25	10～30	10～40	12～50	14～60
l 系列		2，2.5，3，4，5，6，8，10，12，（14），16，20，25，30，35，40，45，50，（55），60									

注：① l 为公称长度。

② 括号内的规格尽可能不采用。

6. 垫圈

1）平垫圈

小垫圈—A 级（GB/T 848—2002）　平垫圈—A 级（GB/ T 97.1—2002）　平垫圈　倒角型—A 级（GB/T 97.2—2002）

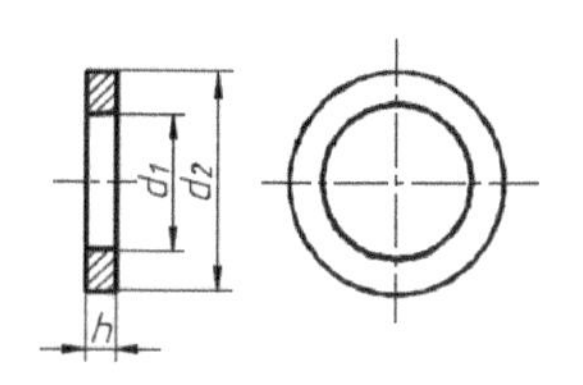

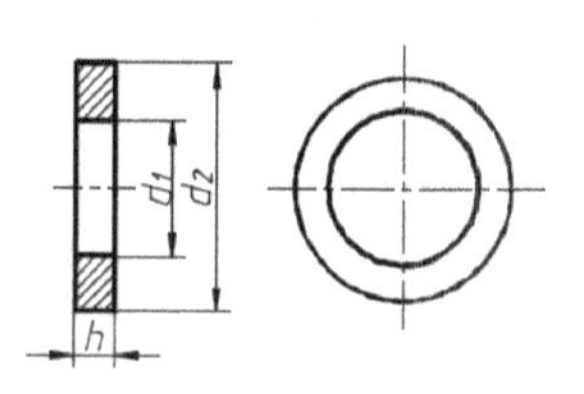

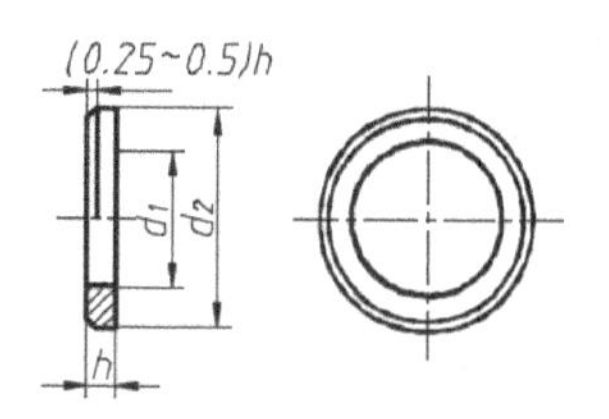

标记示例

标准系列、规格 8、性能等级为 200HV 级、不经表面处理的 A 级平垫圈：

垫圈　GB/T 97.1　8

附表 11　平垫圈　（单位：mm）

公称长度(螺纹规格) d		1.6	2	2.5	3	4	5	6	8	10	12	14	16	20	24	30	36
d_1	GB/T 848—2002	1.7	2.2	2.7	3.2	4.3	5.3	6.4	8.4	10.5	13	15	17	21	25	31	37
	GB/T 97.1—2002	1.7	2.2	2.7	3.2	4.3	5.3	6.4	8.4	10.5	13	15	17	21	25	31	37
	GB/T 97.2—2002						5.3	6.4	8.4	10.5	13	15	17	21	25	31	37
d_2	GB/T 848—2002	3.5	4.5	5	6	8	9	11	15	18	20	24	28	34	39	50	60
	GB/T 97.1—2002	4	5	6	7	9	10	12	16	20	24	28	30	37	44	56	66
	GB/T 97.2—2002						10	12	16	20	24	28	30	37	44	56	66
h	GB/T 848—2002	0.3	0.3	0.5	0.5	0.5	1	1.6	1.6	1.6	2	2.5	2.5	3	4	4	5
	GB/T 97.1—2002	0.3	0.3	0.5	0.5	0.8	1	1.6	1.6	2	2.5	2.5	3	3	4	4	5
	GB/T 97.2—2002						1	1.6	1.6	2	2.5	2.5	3	3	4	4	5

2）弹簧垫圈

标准型弹簧垫圈(GB 93—1987)　　轻型弹簧垫圈(GB 859—1987)

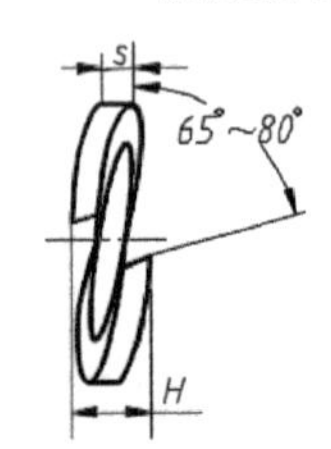

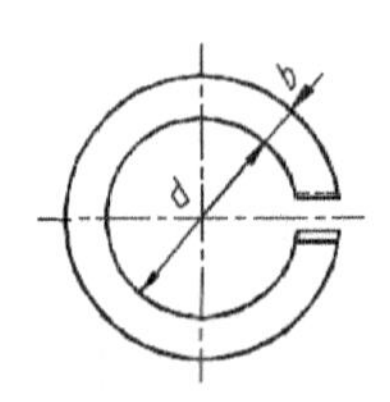

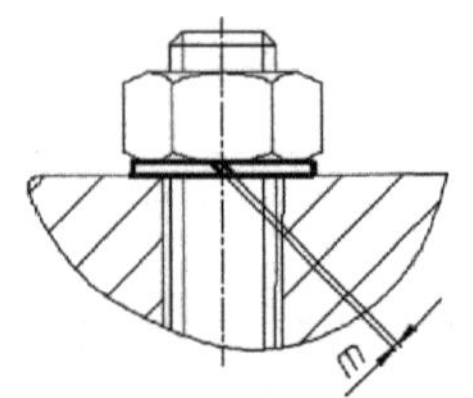

标记示例

规格 16、材料为 65Mn、表面氧化的标准型弹簧垫圈：

垫圈　GB/T 93　16

附表 12　弹簧垫圈　（单位：mm）

规格(螺纹大径)		3	4	5	6	8	10	12	(14)	16	(18)	20	(22)	24	(27)	30
d		3.1	4.1	5.1	6.1	8.1	10.2	12.2	14.2	16.2	18.2	20.2	22.5	24.5	27.5	30.5
H	GB 93—1987	1.6	2.2	2.6	3.2	4.2	5.2	6.2	7.2	8.2	9	10	11	12	13.6	15
	GB 859—1987	1.2	1.6	2.2	2.6	3.2	4	5	6	6.4	7.2	8	9	10	11	12
$S(b)$	GB 93—1987	0.8	1.1	1.3	1.6	2.1	2.6	3.1	3.6	4.1	4.5	5	5.5	6	6.8	7.5
S	GB 859—1987	0.6	0.8	1.1	1.3	1.6	2	2.5	3	3.2	3.6	4	4.5	5	5.5	6
$m\leqslant$	GB 93—1987	0.4	0.55	0.65	0.8	1.05	1.3	1.55	1.8	2.05	2.25	2.5	2.75	3	3.4	3.75
	GB 859—1987	0.3	0.4	0.55	0.65	0.8	1	1.25	1.5	1.6	1.8	2	2.25	2.5	2.75	3
b	GB 859—1987	1	1.2	1.5	2	2.5	3	3.5	4	4.5	5	5.5	6	7	8	9

注：① 括号内的规格尽可能不采用。

② m 应大于零。

7. 平键键槽的剖面尺寸(GB/T 1095—2003)

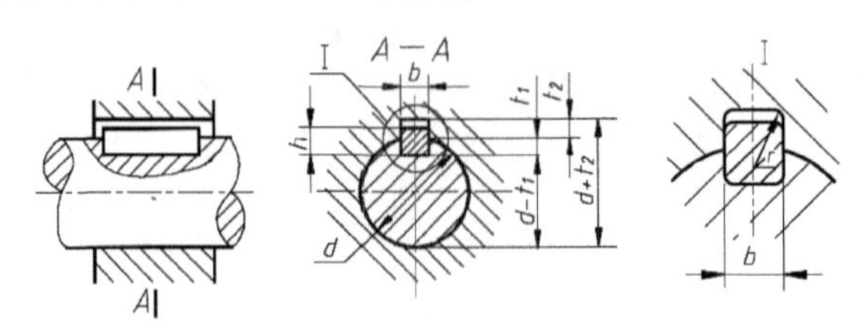

附表 13　平键键槽的剖面尺寸

（单位：mm）

键尺寸 $b\times h$	键槽											
	宽度 b						深度				半径 r	
	基本尺寸	偏差					轴 t_1		毂 t_2			
		正常连接		紧密连接	松连接							
		轴 N9	毂 JS9	轴和毂 P9	轴 H9	毂 D10	基本尺寸	极限偏差	基本尺寸	极限偏差	min	max
2×2	2	−0.004 −0.029	±0.0125	−0.006 −0.031	+0.025 0	+0.060 +0.020	1.2	+0.1 0	1	+0.1 0	0.08	0.16
3×3	3						1.8		1.4			
4×4	4	0 −0.030	±0.015	−0.012 −0.042	+0.030 0	+0.078 +0.030	2.5		1.8			
5×5	5						3.0		2.3		0.16	0.25
6×6	6						3.5		2.8			
8×7	8	0 −0.036	±0.018	−0.015 −0.051	+0.036 0	+0.098 +0.040	4.0	+0.2 0	3.3	+0.2 0		
10×8	10						5.0		3.3		0.25	0.40
12×8	12	0 −0.043	±0.0215	−0.018 −0.061	+0.043 0	+0.120 +0.050	5.0		3.3			
14×9	14						5.5		3.8			
16×10	16						6.0		4.3			
18×11	18						7.0		4.4			
20×12	20	0 −0.052	±0.026	−0.022 −0.074	+0.052 0	+0.149 +0.065	7.5	+0.2 0	4.9	+0.2 0	0.40	0.60
22×14	22						9.0		5.4			
25×14	25						9.0		5.4			
28×16	28						10.0		6.4			
32×18	32	0 −0.062	±0.031	−0.026 −0.088	+0.062 0	+0.180 +0.080	11.0		7.4			
36×20	36						12.0	+0.3 0	8.4	+0.3 0	0.70	1.00
40×22	40						13.0		9.4			
45×25	45						15.0		10.4			
50×28	50						17.0		11.4			
56×32	56	0 −0.074	±0.037	−0.032 −0.106	+0.074 0	+0.220 +0.100	20.0		12.4		1.20	1.60
63×32	63						20.0		12.4			
70×36	70						22.0		14.4			
80×40	80						25.0		15.4		2.00	2.50
90×45	90	0 -0.087	±0.0435	−0.037 −0.124	+0.087 0	+0.260 +0.120	28.0		17.4			
100×50	100						31.0		19.5			

8. 销

1）圆柱销（摘自 GB/T 119.1—2000）——不淬硬钢和奥氏体不锈钢

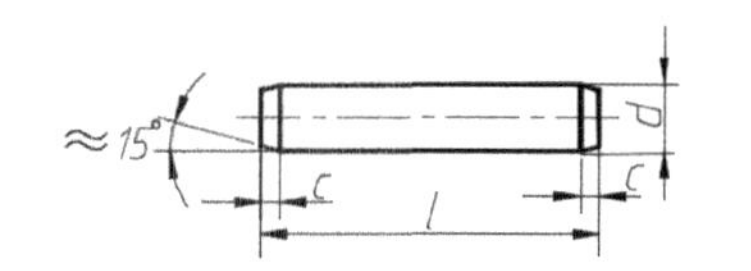

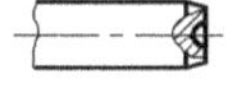

标记示例

公称直径 d=6、公差为 m6、公称长度 l=30、材料为、不经淬火、不经表面处理的圆柱销的标记：

销　GB/T 119.1　6m6×30

附表 14　圆柱销　（单位：mm）

公称直径 d(m6/h8)	0.6	0.8	1	1.2	1.5	2	2.5	3	4	5
c≈	0.12	0.16	0.20	0.25	0.30	0.35	0.40	0.50	0.63	0.80
l(商品规格范围公称长度)	2～6	2～8	4～10	4～12	4～16	6～20	6～24	8～30	8～40	10～50
公称直径 d(m6/h8)	6	8	10	12	16	20	25	30	40	50
c≈	1.2	1.6	2.0	2.5	3.0	3.5	4.0	5.0	6.3	8.0
l(商品规格范围公称长度)	12～60	14～80	18～95	22～140	26～180	35～200	50～200	60～200	80～200	95～200
l 系列	2，3，4，5，6，8，10，12，14，16，18，20，22，24，26，28，30，32，35，40，45，50，55，60，65，70，75，80，85，90，95，100，120，140，160，180，200									

注：① 材料用钢时硬度要求为 125～245 HV30；用奥氏不锈钢 Al(GB/T 3098.6)时，硬度要求为 210～280HV30。
② 公差 m6：Ra≤0.8μm；公差 h8：Ra≤1.6μm。

2) 圆锥销(摘自 GB/T 117—2000)

A 型(磨削)　　B 型(切削或冷镦)

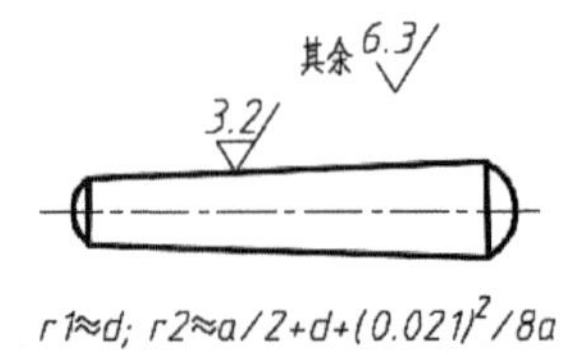

标记示例

公称直径 d = 10、长度 l = 60、材料为 35 钢、热处理硬度 28～38HRC、表面氧化处理的 A 型圆锥销：

销　GB/T 117　10×60

附表 15　圆锥销　（单位：mm）

公称 d	0.6	0.8	1	1.2	1.5	2	2.5	3	4	5
a≈	0.08	0.1	0.12	0.16	0.2	0.25	0.30	0.40	0.5	0.63
l(商品规格范围公称长度)	4～8	5～12	6～16	6～20	8～24	10～35	10～35	12～45	14～55	18～60
公称直径 d(m6/h8)	6	8	10	12	16	20	25	30	40	50
a≈	0.8	1	1.2	1.6	2	2.5	3	4	5	6.3
l(商品规格范围公称长度)	22～90	22～120	26～160	32～180	40～200	45～200	50～200	55～200	60～200	65～200
l 系列	2，3，4，5，6，8，10，12，14，16，18，20，22，24，26，28，30，32，35，40，45，50，55，60，65，70，75，80，85，90，95，100，120，140，160，180，200									

9. 公差与配合

附表 16　优先选用轴的极限偏差(摘自 GB/T 1800.2—2009)　（单位：μm）

基本尺寸/mm		公差带												
		c	d	f	g	h				k	n	p	s	u
大于	至	11	9	7	6	6	7	9	11	6	6	6	6	6
—	3	-60 -120	-20 -45	-6 -16	-2 -8	0 -6	0 -10	0 -25	0 -60	+6 0	+10 +4	+12 +6	+20 +14	+24 +18
3	6	-70 -145	-30 -60	-10 -22	-4 -12	0 -8	0 -12	0 -30	0 -75	+9 +1	+16 +8	+20 +12	+27 +19	+31 +23

续表

基本尺寸/mm		公差带												
		c	d	f	g	h				k	n	p	s	u
大于	至	11	9	7	6	6	7	9	11	6	6	6	6	6
6	10	-80 -170	-40 -76	-13 -28	-5 -14	0 -9	0 -15	0 -36	0 -90	+10 +1	+19 +10	+24 +15	+32 +23	+37 +28
10	14	-95 -205	-50 -93	-16 -34	-6 -17	0 -11	0 -18	0 -43	0 -110	+12 +1	+23 +12	+29 +18	+39 +28	+44 +33
14	18													
18	24	-110 -240	-65 -117	-20 -41	-7 -20	0 -13	0 -21	0 -52	0 -130	+15 +2	+28 +15	+35 +22	+48 +35	+54 +41
24	30													+61 +43
30	40	-120 -280	-80 -142	-25 -50	-9 -25	0 -16	0 -25	0 -62	0 -160	+18 +2	+33 +17	+42 +26	+59 +43	+76 +60
40	50	-130 -290												+86 +70
50	65	-140 -330	-100 -174	-30 -60	-10 -29	0 -19	0 -30	0 -74	0 -190	+21 +2	+39 +20	+51 +32	+72 +53	+106 +87
65	80	-150 -340											+78 +59	+121 +102
80	100	-170 -390	-120 -207	-36 -71	-12 -34	0 -22	0 -35	0 -87	0 -220	+25 +3	+45 +23	+59 +37	+93 +71	+146 +124
100	120	-180 -400											+101 +79	+166 +144
120	140	-200 -450	-145 -245	-43 -83	-14 -39	0 -25	0 -40	0 -100	0 -250	+28 +3	+52 +27	+68 +43	+117 +92	+195 +170
140	160	-210 -460											+125 +100	+215 +190
160	180	-230 -480											+133 +108	+235 +210
180	200	-240 -530	-170 -285	-50 -96	-15 -44	0 -29	0 -46	0 -115	0 -290	+33 +4	+60 +31	+79 +50	+151 +122	+265 +236
200	225	-260 -550											+159 +130	+287 +258
225	250	-280 -570											+169 +140	+313 +284
250	280	-300 -620	-190 -320	-56 -108	-17 -49	0 -32	0 -52	0 -130	0 -320	+36 +4	+66 +34	+88 +56	+190 +158	+347 +315
280	315	-330 -650											+202 +170	+382 +350
315	355	-360 -720	-210 -350	-62 -119	-18 -54	0 -36	0 -57	0 -140	0 -360	+40 +4	+73 +37	+98 +62	+226 +190	+426 +390
355	400	-400 -760											+244 +208	+471 +435
400	450	-440 -840	-230 -385	-68 -131	-20 -60	0 -40	0 -63	0 -155	0 -400	+45 +5	+80 +40	+108 +68	+272 +232	+530 +490
450	500	-480 -880											+292 +252	+580 +540

附表 17　优先选用孔的极限偏差(摘自 GB/T 1800.2—2009)　(单位：μm)

基本尺寸/mm		公差带												
		C	D	F	G	H				K	N	P	S	U
大于	至	11	9	8	7	7	8	9	11	7	7	7	7	7
—	3	+120 +60	+45 +20	+20 +6	+12 +2	+10 0	+14 0	+25 0	+60 0	0 -10	-4 -14	-6 -16	-14 -24	-18 -28
3	6	+145 +70	+60 +30	+28 +10	+16 +4	+12 0	+18 0	+30 0	+75 0	+3 -9	-4 -16	-8 -20	-15 -27	-19 -31
6	10	+170 +80	+76 +40	+35 +13	+20 +5	+15 0	+22 0	+36 0	+90 0	+5 -10	-4 -19	-9 -24	-17 -32	-22 -37
10	14	+205 +95	+93 +50	+43 +16	+24 +6	+18 0	+27 0	+43 0	+110 0	+6 -12	-5 -23	-11 -29	-21 -39	-26 -44
14	18													
18	24	+240 +110	+117 +65	+53 +20	+28 +7	+21 0	+33 0	+52 0	+130 0	+6 -15	-7 -28	-14 -35	-27 -48	-33 -54
24	30													-40 -61
30	40	+280 +120	+142 +80	+64 +25	+34 +9	+25 0	+39 0	+62 0	+160 0	+7 -18	-8 -33	-17 -42	-34 -59	-51 -76
40	50	+290 +130												-61 -86
50	65	+330 +140	+170 +100	+76 +30	+40 +10	30 0	+46 0	+74 0	+190 0	+9 -21	-9 -39	-21 -51	-42 -72	-76 -106
65	80	+340 +150											-48 -78	-91 -121
80	100	+390 +170	+207 +120	+90 +36		+35 0	+54 0	+87 0	+220 0	+12 -28	-10 -45	-24 -59	-58 -93	-111 -146
100	120	+400 +180											-66 -101	-131 -166
120	140	+450 +200	+245 +145	+106 +43	+54 +14	+40 0	+63 0	+100 0	+250 0	+10 -25	-12 -52	-28 -68	-77 -117	-155 -195
140	160	+460 +210											-85 -125	-175 -215
160	180	+480 +230											-93 -133	-195 -235
180	200	+530 +240	+285 +170	+122 +50		+46 0	+72 0	115 0	+290 0	+13 -33	-14 -60	-33 -79	-105 -151	-219 -265
200	225	+550 +260											-113 -159	-241 -287
225	250	+570 +280											-123 -169	-267 -313
250	280	+620 +300	+320 +190	+137 +56	+69 +17	+52 0	+81 0	+130 0	+320 0	+16 -36	-14 -66	-36 -88	-138 -190	-295 -347
280	315	+650 +330											-150 -202	-330 -382
315	355	+720 +360	+350 +210	+151 +62		+57 0	+89 0	+140 0	+360 0	+17 -40	-16 -73	-41 -98	-169 -226	-369 -426
355	400	+760 +400											-187 -244	-414 -471
400	450	+840 +440	+385 +230	+165 +68	+83 +20	+63 0	+97 0	+155 0	+400 0	+18 -45	-17 -80	-45 -108	-209 -272	-467 -530
450	500	+880 +480											-229 -292	-517 -580

附表 18　基本尺寸至 500mm 的基轴制优先和常用配合

基准轴	孔																				
	A	B	C	D	E	F	G	H	JS	K	M	N	P	R	S	T	U	V	X	Y	Z
	间隙配合								过渡配合			过盈配合									
h5						F6/h5	G6/h5	H6/h5	JS6/h5	K6/h5	M6/h5	N6/h5	P6/h5	R6/h5	S6/h5	T6/h5					
h6						F7/h6	◤G7/h6	◤H7/h6	JS7/h6	◤K7/h6	M7/h6	◤N7/h6	◤P7/h6	R7/h6	◤S7/h6	T7/h6	◤U7/h6				
h7					E8/h7	◤F8/h7		◤H8/h7	JS8/h7	K8/h7	M8/h7	N8/h7									
h8				D8/h8	E8/h8	F8/h8		H8/h8													
h9				◤D9/h9	E9/h9	F9/h9		◤H9/h9													
h10				D10/h10				H10/h10													
h11	A11/h11	B11/h11	◤C11/h11	D11/h11				◤H11/h11													
h12		B12/h12						H12/h12													

注：标注◤的配合为优先配合。

附表 19　基本尺寸至 500mm 的基孔制优先和常用配合

基准孔	轴																				
	a	b	c	d	e	f	g	h	js	k	m	n	p	r	s	t	u	v	x	y	z
	间隙配合								过渡配合			过盈配合									
H6						H6/f5	H6/g5	H6/h5	H6/js5	H6/k5	H6/m5	H6/n5	H6/p5	H6/r5	H6/s5	H6/t5					
H7						H7/f6	◤H7/g6	◤H7/h6	H7/js6	◤H7/k6	H7/m6	◤H7/n6	H7/p6	◤H7/r6	◤H7/s6	H7/t6	◤H7/u6	H7/v6	H7/x6	H7/y6	H7/z6
H8					H8/e7	◤H8 f7	H8/g7	◤H8/h7	H8/js7	H8/k7	H8/m7	H8/n7	H8/p7	H8/r7	H8/s7	H8/t7	H8/u7				
				H8/d8	H8/e8	H8/f8		◤H8/h8													
H9			H9/c9	◤H9/d9	H9/e9	H9/f9		H9/h9													
H10			H10/c10	H10/d10				H10/h10													
H11	H11/a11	H11/b11	◤H11/c11	H11/d11				◤H11/h11													
H12		H12/b12						H12/h12													

注：① $\frac{H6}{n5}$ $\frac{H7}{p6}$ 在基本尺寸小于或等于 3mm 和 $\frac{H8}{r7}$ 在小于或等于 100mm 时，为过渡配合。

② 标注◤的配合为优先配合。

参考文献

刘培晨，1996. 关于讲授看图法的一点探讨. 青岛大学高教研究，1：82-84

刘培晨，1997. 尺寸标注问题的探讨. 青岛大学高教研究，2：64-66

刘培晨，2001. 选择机件表达方案的探讨. 青岛大学高教研究，2：52, 53, 56

刘苏，2013. 现代工程图学教程. 北京：科学出版社

唐克中，朱同钧，2009. 画法几何及工程制图. 4 版. 北京：高等教育出版社

许睦旬，徐凤仙，温伯平，2017. 画法几何及工程制图习题集. 5 版. 北京：高等教育出版社

FRENCH T E, VIERCK C J, FOSTER R J, 2007. Engineering Drawing and Graphic Technology. 影印版. 北京：清华大学出版社